Der Werdegang eines Ingenieurs

Von

E. Rosenberg
Bogotá

Springer-Verlag Wien GmbH

ISBN 978-3-211-80165-9 ISBN 978-3-7091-7758-7 (eBook)
DOI 10.1007/978-3-7091-7758-7

Vorwort.

Als ich vor 60 Jahren die Hochschule bezog, um Maschinenbau und Elektrotechnik zu studieren, gab es Telegraphie und Telephonie, elektrische Beleuchtung und Kraftübertragung, in einzelnen Städten auch elektrische Straßenbahnlinien; die Dampfturbinen und elektrische Schweißung waren erfunden, Hertz hatte die elektrischen Wellen entdeckt. Jetzt wissen wir, daß diese Keime große Industrien geschaffen und das Leben vieler Menschen verändert haben; aber damals wurde manches als physikalisches Spielzeug und Modeding betrachtet, das mit der Zeit verschwinden würde, wie so viele andere Erfindungen, auf die große Hoffnungen gesetzt worden waren und von denen die Nachwelt nicht spricht. Selbst Phantasten konnten damals nicht voraussehen, daß die mit einer Dynamomaschine gekuppelte Dampfturbine, die soviel Dampf verzehrte wie eine alte Dampfmaschine von weit größerer Leistung, einmal ihre ältere Schwester weit überflügeln würde, sowohl in Wirtschaftlichkeit als in erreichbarer Leistung; daß man imstande sein würde, sowohl Dampf- als Wasserturbinen mit ihren Generatoren in Einheiten von fast hunderttausend Kilowatt herzustellen; daß das elektrische Licht nicht mehr das Vorrecht der Reichen bleiben und die elektrische Fernleitung die Möglichkeit geben würde, Gletscherwasser, das früher verheerend gewirkt hatte, in großen Talsperren nutzbringend aufzuspeichern und weit entfernte Städte mit Licht und Kraft zu versehen. Die zwei Generationen, die seitdem wirkten, haben mehr erzielt, als manche weitblickende Techniker des neunzehnten Jahrhunderts erwarteten. Die Entwicklung ist nicht in stetiger Linie nach aufwärts gegangen, es gab Rückschläge technischer und wirtschaftlicher Art. Vor 60 Jahren sagten kluge Leute, daß die Elektrotechnik noch in ihren Kinderschuhen stecke; und vielleicht haben die Leute recht, die dasselbe heute nicht nur von der Elektrotechnik, sondern von der ganzen Technik sagen.

Ich hatte das Glück, in bescheidenem Maße an der Entwicklung der Elektrotechnik mitzuarbeiten. Das vorliegende Büchlein ist keine einfache Aufzählung von technischen und wirtschaftlichen Dingen; mit der Technik sind Menschenschicksale verknüpft, und die großen politischen Umwälzungen und Kriege, die in diese Zeitspanne fallen, haben ihren Einfluß geübt. Es war mir beschieden, mit bedeutenden Männern zusammenzuarbeiten. Viele von ihnen sind nicht mehr am Leben, manche von ihnen sind im Buch nicht mit Namen genannt, denn der größte Teil meiner Bücher und Aufzeichnungen ist verschwunden und mein Gedächtnis hat nicht alle Namen behalten.

Bogotá, Colombia, Südamerika, 28. Oktober 1950.

E. Rosenberg

Inhaltsverzeichnis.

Seite

Schule.

Ich wurde am 28. November 1872 in Wien geboren und besuchte bis zum Juli 1890 das humanistische Gymnasium. Elektrische Beleuchtung sah ich zuerst im Jahre 1883, zwei flackernde Bogenlampen auf dem Balkon des Carltheaters in der Praterstraße, und bald darauf wurde die erste „Elektrische Ausstellung" in Wien in der Rotunde eröffnet, bei der nicht nur elektrische Lampen, sondern auch eine normalspurige elektrische Straßenbahn vom Praterstern zur Rotunde zu sehen war. In der Ausstellung gab es nicht nur Dinge für Fachleute, sondern auch häusliche Anwendungen, wie ein elektrischer Zigarrenanzünder.

Im Mathematik-Unterricht wurde uns gelehrt, daß es wohl Teilbarkeitsregeln für 2, 3, 4, 5, 6, 8, 9, 10 . . . . , aber nicht für 7 gäbe. Ich fand eine, deren Begründung ich allerdings nicht geben konnte. Ihre Anwendung erfordert bei mehrstelligen Zahlen mehr Zeit als die Division durch 7 selbst. Die Mitteilung der Regel brachte mir einen Brief des Universitätsprofessors Weir mit der Anrede „Mein lieber, junger Herr Kollege".

Bis zum Tage nach der Maturitätsprüfung hatte ich keinen festen Plan für meine Zukunft. Die Technik interessierte mich wohl, doch fürchtete ich, daß es mir unmöglich sein würde, die Aufnahmsprüfung an der Technischen Hochschule zu bestehen, weil ich am Gymnasium nie gezeichnet hatte. Der Dekan Hauffe beruhigte mich aber darüber; in den Ferien lernte ich darstellende Geometrie, geometrisches und Freihandzeichnen und bestand die Prüfung, obwohl ich nie im Leben lernte, aus freier Hand gut zu zeichnen.

Technische Hochschule.

Zu meiner Zeit war der Lehrplan der ersten Jahre zu sehr mit Theorie überladen. Anschauungsunterricht gab es während der ersten zwei Jahre nur in einem nichtobligaten Fach, Land- und Forstwirtschaft, wo wir auf Felder und in Lagerhäuser geführt wurden, auch Fabriken landwirtschaftlicher Maschinen und Ziegeleien sahen, in denen Drainagerohre erzeugt wurden. Von großem Interesse waren auch die Vorlesungen über Nationalökonomie. Zu Ende des zweiten Jahres gab es auch praktische Übungen in Feldmessung, die eine willkommene Abwechslung in die theoretischen Vorlesungen brachte.

Marine.

Nach Ende des zweiten Studienjahres machte ich mein „Freiwilligenjahr“ im Maschinendienst der österreichisch-ungarischen Kriegsmarine. Sowohl in der Marinekaserne in Pola als auch auf den Schiffen waren fast alle Nationen der Monarchie vertreten, unter den Berufsseeleuten am meisten die Italiener und Kroaten. Die Fahrten auf den Kreuzern und Torpedobooten führten uns längs der herrlichen dalmatinischen Küste mit ihren Tausenden von Inseln und durch die Bucht von Cattaro (slawisch Kotor), die auch erfahrene Reisende bewundern. Der Dienst an Bord der Torpedoboote war schwer. Man hatte in den Häfen auf dem Rücken Kohlensäcke zu schleppen, da es mechanische Einrichtungen für die Bekohlung der Schiffe nicht gab und Ölfeuerung damals unbekannt war. Wohl gab es 1892 ein Admiralsboot mit einem Benzinmotor, aber dieser war oft dienstunfähig. Der Hauptdienst der Freiwilligen während der Fahrten bestand darin, die Maschinenlager mit einer Ölkanne zu schmieren und mit der Hand die Temperatur aller Lager zu prüfen. Auch hatten sie den Dienst bei den Destillierapparaten. Der regelmäßige Wachtdienst dauerte vier Stunden, dann folgte vier Stunden Bereitschaftsdienst für gelegentliche Arbeiten und vier Stunden Ruhe. Aber gewöhnlich bestand die Bereitschaft im gleichen Wachtdienst wie die ersten vier Stunden, und während der folgenden vier Stunden gab es keine Ruhe, wenn Schiffsmanöver folgten. So hatte man nicht nur sechzehn Stunden im Tag Dienst, sondern auch wenig Rast während der restlichen acht Stunden. Manchmal konnte man auf Deck die Schönheit eines Sonnenunterganges mit herrlicher Bergszenerie im Hintergrund bewundern.

Für einen angehenden Techniker waren die Schiffe ein Schatzkasten. Schon an der Hochschule hatte ich mich glücklich geschätzt, wenn ich im Maschinenraum des Physiklaboratoriums eine kleine Gasmaschine gerochen hatte: jetzt war ich mitten unter Riesenmaschinen mit Schraubenmuttern, so groß wie ein Kindskopf. Es gab Dampfmaschinen aller Art, Pumpen, Kondensatoren, Destillierapparate, Steuermaschinen und sogar eine Parsonsche Dampfturbine mit einer Dynamo, deren Bürsten „herrliche Funken“ gaben. Damals und wohl noch einige Jahre später gab es noch Maschinenwärter, die die Bürsten einer Dynamomaschine so einstellten, daß sie die schönsten Funken erhielten.

Die Torpedos und Torpedo-Lancierapparate wurden im ungarischen Hafen Fiume in der Fabrik von Whitehead erzeugt. Die dünnen Rohre, die komprimierte Luft von mehr als 100 Atmosphären Überdruck führten, machten großen Eindruck.

Unsere eigene Arbeit an Bord war nicht sehr interessant. Die Aufgabe, bei einem außer Dienst gesetzten Destillierapparat die Salzkruste von der Außenseite der Kupferrohre zu entfernen, wurde nicht zur Zufriedenheit des Vorgesetzten ausgeführt: „Sie sind intelligent, aber ihre Arbeit ist schlechter als die eines kroatischen Heizers.“ Auch das Polieren der Messingteile, das Waschen und das Anstreichen mit neuer Ölfarbe brachten selten besonderes Lob.

Kameraden.

Von einigen meiner Kameraden lernte ich viel. Nur einer war aus meinem eigenen Jahrgang, fast alle anderen hatten ihre Studien schon beendigt, entweder an technischen Hochschulen oder Mittelschulen. Manche hatten schon praktische Anstellungen gehabt. Einer der älteren Kameraden war Koloman de Kandó, der nach Absolvierung der Technischen Hochschule Budapest in Paris an der Ecole des Ponts et Chaussées studiert hatte. Kandó betätigte sich später als Konstrukteur elektrischer, besonders dreiphasiger Lokomotiven, war Generaldirektor der italienischen Westinghouse Company bis zum Jahre 1916 und starb als Generaldirektor von Ganz & Co. in Budapest zu Ende der Zwanzigerjahre. Von Danielli, einem Italiener, der als Schiffbauingenieur in einer Budapester Werft gearbeitet hatte, lernte ich Technisches und Italienisch. Manches lehrten mich auch Kameraden, die die Reichenberger Gewerbeschule absolviert hatten.

Mit Kallos, Ingenieur der ungarischen Staatsbahnen, nahm ich mir zusammen ein Zimmer in der Stadt Pola, um dort ruhig in den Freistunden lesen und arbeiten zu können. Die Privatstunden verhalfen mir später zu einem guten Ruf als Lehrer. Ein Vorgesetzter, der sich zur Prüfung als Maschinist vorbereitete, sagte später zu einem Kameraden, daß ich seiner Meinung nach mehr wisse als die geprüften Ingenieure. In Wirklichkeit wußte ich viel weniger als diese, aber konnte vielleicht das, was ich wußte, besser erklären. Ich hatte den Vorteil, schon seit meinem dreizehnten Jahr „Stunden“ gegeben zu haben, und besaß eine gewisse Lehrbefähigung. Die Prüfung zu Ende des Jahres bestand ich mit bestem Erfolg und kehrte Ende September 1893 mit drei Sternen auf meinem Matrosenkragen zurück.

Ingenieur Cermak, der mich bei den Vorlesungen an der Hochschule in Wien dazu begeistert hatte, bei der Marine einzutreten, hatte früher beim Kommissariat gedient und auf sein Ansuchen die Erlaubnis erhalten, zu studieren und die Ingenieurlaufbahn zu ergreifen, mußte aber mit einem niedrigeren Rang beginnen. Als ich ihn zum ersten Mal in seinem Haus besuchte, beabsichtigte er, bei mir Privatstunden in höherer Mathematik zu nehmen, was mich mit Begeisterung erfüllte. Zu meiner großen Enttäuschung kam es nicht dazu, weil er das Gerede fürchtete, als Eingeständnis, daß sein Wissen nicht seiner Stellung entsprach.

Seine Frau war Italienerin, er war Tscheche, und zwar Jungtscheche, wie er betonte. Die Jungtschechen wurden damals als sehr radikale Partei angesehen.

Nationalitäten.

Vielfach war die Meinung verbreitet, daß in Österreich alle Nationalitäten mit Ausnahme der deutschen unterdrückt wurden. Aber in Triest und Pola war die Gemeindesprache italienisch. In einem Museum in Ragusa an der dalmatinischen Küste (nach 1918 Dubrovnik genannt) war viele Jahre später ein kaiserliches Patent aus dem Jahre 1873 betreffs des Stadtsiegels zu sehen, vom Staatsminister Schmerling eigenhändig unterzeichnet. „L. I. R. Ministro Di Stato Antonio Cavaliere di Schmerling." So viel Rücksicht wurde auf nationale Empfindlichkeit genommen, daß der Minister seinen Titel und Vornamen ins Italienische übersetzte. Natürlich ist es möglich, daß er damit die Kroaten beleidigte, die vielleicht eine deutsche Unterschrift einer italienischen vorgezogen hätten. Das Nationalitätenproblem in Österreich-Ungarn war nicht leicht, aber es wurde nicht leichter, nachdem die Monarchie zertrümmert war. Dann mußten Jugoslawen an der italienischen Küste und Italiener an der jugoslawischen Küste sich sehr still verhalten.

Kein Pflichtenkonflikt.

Wunderbar fand ich es im Marinedienst, daß es nie einen Pflichtenkonflikt gab. Der Vorgesetzte war verantwortlich; wenn man dem Befehl folgte, gab es keine Schwierigkeiten. In meinem Schülerleben war es nicht leicht gewesen, verschiedene Pflichten miteinander zu vereinbaren: Vorlesungen, Privatstunden, Zusammenkünfte mit Kollegen, Familienpflichten. Jetzt gab es niemals einen Auftrag, an zwei verschiedenen Orten zu gleicher Zeit zu erscheinen, und der Vorgesetzte mußte selbst darauf Rücksicht nehmen, wieviel Zeit der Marsch von einer Stelle zur anderen erforderte. Wenn man gescholten wurde, genügte die Antwort: „Jawohl, Herr Korvettenkapitän!" Man brauchte keine Erklärungen zu geben, keine Entschuldigungen zu erfinden. Das Schelten tat nicht weh. Wir hörten immer das einleitende Kompliment: „Sie sind intelligent", und dann erst folgte der Tadel.

Beim ersten Rapport, als wir dem Korvettenkapitän vorgeführt wurden, gab es auch einige alte Matrosen, die etwas angestellt hatten. Der Offizier ließ sich den Bericht erstatten und gab sein Urteil in zwei Worten: „Drei Tage Arrest" dem einen, „14 Tage" dem anderen; kein Wort der Ermahnung oder des Tadels, und die Sache war beendigt. Auf mich machte das den größten Eindruck.

Der Dienst in diesem Jahr zeigte eine große Mannigfaltigkeit. Zuerst mußten wir gehen lernen („Sie sind intelligent, aber marschieren tun sie wie die Schweine!"), dann lernten wir schießen und sogar Säbelfechten (ohne es darin zur Meisterschaft zu bringen) und das Dienstreglement für alle Vorkommnisse im militärischen Leben, einschließlich Begräbnisse und Kriegsgerichte. Das Dienstreglement las sich interessant wie ein Roman. Ich glaube, es war im wesentlichen zu Anfang des 19. Jahrhunderts von Gentz verfaßt.

In unserem Arbeitsplan gab es nicht nur Übungen und Schulunterricht; wir wurden auch durch die Werkstätten und Abteilungen des Seearsenals geführt und jeder hatte während bestimmter Halbtage in solch einer Abteilung zu arbeiten. Die großen Werkzeugmaschinen waren mir neu. Die Hilfe, die wir den Abteilungsleitern leisten konnten, war sehr beschränkt. Ich wurde einem Zeichenbüro zugeteilt und begann die Leinwandpause einer Zeichnung. Als ich zwei Tage später die Zeichnung wiedersah, war sie fertig und so schön, als wenn die Heinzelmännchen für mich gearbeitet hätten. Die Erklärung war einfach. Die Pause wurde dringend benötigt: der Berufszeichner konnte nicht warten und zog es vor, eine neue Pause zu beginnen, als meine angefangene zu benutzen. Für Meister und Bürovorstände war es schwer, eine Arbeit zu finden, die dem Freiwilligen anvertraut werden konnte, ohne daß dabei etwas verdorben wurde, und daher erhoben sie keinen Einwand, wenn der Freiwillige verschwand, nachdem er beim Tor des Arsenals einmarschiert war. Doch mußte er wieder durch eine Seitentür eintreten, um beim Abmarsch pünktlich zugegen zu sein. Davon machte auch ich häufig Gebrauch und lernte die Karstlandschaft kennen und las auch italienische Bücher im Freien.

Bei Einschiffung auf Kreuzern und Schlachtschiffen gab es im Stundenplan eine sonderbare Beschäftigung. Analphabeten unter den verschiedenen Nationalitäten mußten durch Unteroffiziere und Freiwillige im Lesen und Schreiben unterrichtet werden. Auf einer Weltumseglung von zwölf Monaten hätte der Unterricht manchen Schülern das Lesen und Schreiben beigebracht, aber bei einer Kreuzerfahrt von vier Tagen oder zwei Monaten zeigten die zwei oder drei wöchentlichen Stunden wenig Erfolg. Es war aber Vorschrift, und „Befehl ist Befehl".

Ehrenstandpunkt.

Der Maschinen-Unteroffizier eines Torpedobootes achtete darauf, daß er bei der Ausrüstung einen reichlichen Vorrat an Material aller Art mitnahm, wie Besen, Wischer, Ölkannen und Schraubenschlüssel. Ausgegeben wurden sie nur in mäßigen Quantitäten, aber die Leute wußten aus Erfahrung, daß solche Hilfsmittel auf der Reise bei Sturm über Bord gewaschen wurden, verloren gingen und bei Landungsmanövern oft brachen. Verluste zu melden erforderte unangenehme Erklärungen, und daher war es ein Ehrenpunkt, vor der Abfahrt so viel zu stehlen als möglich. Von Booten, die außer Dienst standen, wurden Sachen mitgenommen, die nicht niet- und nagelfest waren, sogar eine fehlerhafte Dampfpumpe an Bord des eigenen Schiffes wurde „ausgetauscht" gegen eine anscheinend fehlerlose des Nachbarbootes, ohne daß offiziell irgend etwas davon gemeldet wurde. Jeder Unteroffizier versah sich, ohne offizielle Mitwissenschaft der Offiziere, mit einer stillen Reserve, aber er mußte gut achtgeben, daß andere ihm nicht das antaten, was er anderen tat. Einmal erhielten wir einen Freundschaftsbesuch des Maschinen-Unteroffiziers eines anderen Torpedobootes, und der unsrige rief laut eine Warnung an alle: „Gebt acht! Der stiehlt mit den Augen."

Anderseits verstand der erfahrene Maschinen-Unteroffizier, daß man das beste Olivenöl, das zum Schmieren der Torpedos reserviert war, einem angenehmeren Gebrauch zuführen könne. Er bestimmte es als Zutat für Salat und wußte, daß der Torpedomechanismus sich auch mit Mineralöl begnügen würde.

Wir hatten damals Torpedoboote mit einer Bemannung von etwa einem Dutzend Leuten, befehligt von zwei Offizieren. Die Arbeit war schwerer als auf großen Schiffen, aber die Disziplin lokkerer. Der Schlafraum für die Mannschaft war sehr eng, und ich zog es vor, oben an Deck zu schlafen, trotz der Möglichkeit, über Bord zu fallen, und trotz der Notwendigkeit, bei plötzlichem Regen in der Nacht unter Deck kriechen zu müssen.

Interessant waren Nachtmanöver, um unsichtbaren Stellen durch elektrische Scheinwerfer, die gegen die Wolken gerichtet wurden, Signale zu übermitteln. Der Versuch war unbefriedigend, wir sahen keine Antwortsignale, aber es bereitete uns großes Vergnügen, nach dem Versuch die Küstengebäude zu beleuchten. Ein großes Haus mit vielen Fenstern sah wie ein Feenschloß aus. Es war das Gefängnis.

Zu jener Zeit waren noch alte Schiffe mit „Kofferkesseln" in Betrieb, prismatischen Gefäßen, die mit Seewasser gespeist wurden und deren Dampfdruck mit zwei Atmosphären begrenzt war. Die damals modernen Schiffe hatten zylindrische Kessel mit sechs Atmosphären Dampfdruck, obwohl in stationären Anlagen schon Drücke bis zu zwölf Atmosphären üblich waren.

Die damaligen österreichischen Schiffe waren klein, verglichen mit solchen von größeren Seemächten und mit denen, die später auch in der österreichischen Marine verwendet wurden. „Kronprinz Rudolf", das erste Schiff, auf dem ich Dienst tat, hatte eine Wasserverdrängung von 7000 Tonnen.

Eines von den vielen Dingen, deren Anfangsgründe wir lernten, waren Flaggensignale, und ich sah auch einen Signalkodex, aus dem ich mir ein einziges Wort gemerkt habe. „Einjährig-Freiwilliger" hatte im Kodex die Nummer 8525.

Geschichte von verschiedenen Seiten.

Wir hörten immer von der ruhmreichen Tradition der jungen österreichischen Marine. Auf dem Sockel des Tegetthoff-Denkmals am Praterstern in Wien waren zwei Daten in goldenen Lettern eingegraben: „Helgoland 1864, Lissa 1866." In der Encyclopädia Britannica ist Lissa als entscheidender Sieg der österreichischen Flotte gegen überlegene italienische Streitkräfte erwähnt. Das berühmteste Geschehnis in dieser Schlacht war das Rammen des italienischen Flaggschiffes „Ré d' Italia" durch Tegetthoff. Aber bei beiden Seeschlachten lernte ich später, daß die österreichische Auffassung in den Schulen der Gegenseite nicht geteilt wurde.

Bei Helgoland fochten die Österreicher und Preußen gegen die Dänen. In einem Schloß von Kopenhagen sah ich ein Bild dieser Seeschlacht und hörte zu meinem Erstaunen, daß die Dänen sie als eigenen Sieg feierten. Noch mehr erstaunt war ich, von einem italienischen Bekannten zu erfahren, daß er in der Schule gelernt hätte, die Schlacht von Lissa sei ein italienischer Sieg gewesen, der aber vom italienischen Admiral Persano nicht ausgebeutet worden sei. Ein amerikanischer Freund tröstete mich durch seine eigene Erfahrung, daß die Schlachten im amerikanischen Bürgerkrieg von 1861 bis 1865, die er in einer Schule des Südens gelernt hatte, sehr verschieden waren von denen, die seinen Bekannten in Schulen des Nordens gelehrt worden waren.

Viel später sah ich einmal in der Kunstgalerie von Salford bei Manchester ein Bild „Schlacht von Lissa", gemalt von einem Künstler, der vor Tegetthoff gelebt hatte, und erfuhr erst dann, daß es zu Beginn des 19. Jahrhunderts dort eine Seeschlacht zwischen britischen und französischen Schiffen gegeben hatte.

Besuche von Bildergalerien im Ausland helfen viel dazu, den Gesichtskreis eines Menschen zu erweitern. Sogar noch im Jahre 1931, als ich in verschiedenen Ländern gelebt und gelernt hatte, Gesichtspunkte anderer Leute zu verstehen, gab es mir fast einen Schreck, als ich in Istambul die Beschriftung eines Panoramas las, das die Belagerung von Wien durch die Türken im Jahre 1683 zeigte. Die Türken sahen darin einen Beweis von der Größe des türkischen Reiches, das Europa bis zu diesem weit vorgeschobenen westlichen Punkt beherrscht hatte, während in den christlichen Ländern das Jahr 1683 als das des größten Sieges gegen die Türken gefeiert wurde. Mein Erstaunen war unberechtigt: in Wirklichkeit war gar kein Widerspruch in den beiderseitigen Angaben.

Außer dem Tegetthoff-Denkmal in Wien gab es zu meiner Zeit auch eines in Pola. Als Italien nach dem Krieg von 1918 Pola erhielt, wurde das Standbild entfernt und im Arsenal von Venedig gelagert; aber Mussolini schenkte es kurz vor dem abessinischen Krieg den Österreichern zur Wiederaufstellung in Graz.

Unbekannt ist mir, was aus dem „Löwen von Lissa" wurde, den die Italiener nach dem Waffenstillstand von 1918 von der Insel wegtrugen, die unter jugoslawische Herrschaft kam.

Radinger.

Im Oktober 1893 ging ich wieder an die Wiener Technische Hochschule, in deren drittem Jahr die eigentliche technische Lehre begann. Ich zweifelte zuerst daran, ob ich dort viel lernen könnte, nachdem ich selbst so große Maschinen gesehen und bedient hatte, aber bald merkte ich den Unterschied zwischen Sehen und Schaffen. Die Vorlesungen, die auf die Hörer den größten Eindruck machten, waren die von Radinger, der sich damit begnügen mußte, Maschinenelemente vorzutragen, während der Unterricht über Dampfmaschinen, Turbinen und Krane dem Hofrat Hauffe zufiel, dessen Wissen, Kunst und Persönlichkeit weit unter der Radingers stand. In Radingers Vorlesungen lernten wir sehr viel mehr als Maschinenteile. Seine Freihandzeichnungen auf der Schultafel waren Kunstwerke. Wenn er uns einen Träger oder ein Lager erklärte, machte er den Hörsaal zum Schauplatz eines Dramas. „Wenn Sie nicht auf Ihren eigenen Schultern die Last spüren, die die Stütze zu tragen hat, werden Sie nie ein Ingenieur sein." „Wenn sich eine Fliege auf eine Panzerplatte setzt, biegt sich die Panzerplatte durch. Wer das nicht versteht, wird nie ein Ingenieur." Dies hört sich sicherlich wie arge Übertreibung an; aber es gibt mehr als einen Weg, auf dem ein Lehrer seine Schüler zum Denken und Fühlen erziehen kann.

Wenn Radinger eine Zeichnung prüfte und irgend eine Dimension ungenügend fand, nützte es nichts, daß ihm der Schüler antwortete, er hätte sie gerechnet. Radinger antwortete: „Rechnen Sie wieder und rechnen Sie, bis es genügend stark ist. Mein Auge sagt mir, der Teil ist zu schwach, Ihre Rechnung kann falsch sein, mein Auge nicht." Er verlangte von uns, wir sollten alles so gut machen, daß kein Mensch in der Welt es besser machen kann. „Wenn Sie als Volontär in der Mühle Mehlsäcke zu tragen haben, müssen Sie sie so tragen, daß sie kein Hausknecht in der Welt besser tragen kann." „Verlassen Sie sich nicht auf Bücher oder Hilfsmittel. Wenn Sie in Schwimmhosen auf einer wüsten Insel landen, müssen Sie ein Ingenieur sein." Ich hatte mehrmals in meinem Leben Gelegenheit, den letzterwähnten Lehrsatz anzuwenden, als ich durch viele Jahre von all meinen Büchern und Notizen getrennt war.

Radinger warnte davor, sich auf Formeln oder Tabellen zu verlassen, die wir nicht selbst überprüft hätten. Wenn ein Rohr platzt, so nützt es dem Ingenieur, der es verwendet hat, nichts, den Verfasser der Tabellen zu bezichtigen, dem bei der Berechnung der Rohrwandstärke ein Rechenfehler unterlaufen war.

Einer von Radingers Aussprüchen war: „Ingenieure sind keine Bettler. Wir würden in Gold konstruieren, wenn es einen Vorteil böte. Auch Diamanten werden in Bohrapparaten verwendet. Aber Hohn dem Ingenieur, der etwas Besseres macht, als notwendig ist!“ Radinger hatte allerdings Gegner, die behaupteten, daß er sich weniger an den letzten Wahlspruch halte als an den, „in Gold zu konstruieren“. In der Wiener Staatsdruckerei war er als Berater für die Kraftanlage verwendet worden, und um zu beweisen, daß in einer von ihm konstruierten Transmission kein totes Gewicht mitgeführt werde, gab er 10 000 Gulden Staatsgeld aus, um Bohrmaschinen zu beschaffen, mit denen die „neutralen Fasern“ aus den Transmissionswellen entfernt wurden. Er untersuchte in einem ausgezeichneten Buch die Wirkung der hin- und hergehenden Massen bei Dampfmaschinen mit hoher Kolbengeschwindigkeit und war eine der bedeutendsten Persönlichkeiten unter den Professoren.

Radinger hatte seine eigene Theorie über die Bewegungen der Planeten. Er beobachtete einmal in schnellaufenden Transmissionsriemen Einbuchtungen, die anscheinend fest im Raum stehen, ohne weiterzuwandern und ohne abzuklingen. Diese Erscheinung ist oft zu bemerken. Radinger erklärte sie dadurch, daß die Bewegung des Riemens nach einer Seite genau mit der gleichen Geschwindigkeit erfolgte als die natürliche Fortpflanzung der Bewegung nach der anderen Seite. Die Erklärung war zweifellos richtig, aber Radinger verallgemeinerte sie und glaubte, er hätte das Geheimnis der ewigen Bewegung der Himmelskörper gefunden. Wenn jeder Planet sich innerhalb eines Gürtels von solcher Substanz bewegt, daß die Fortpflanzungsgeschwindigkeit in ihr gleich ist der Geschwindigkeit des Himmelskörpers, dann gibt es keine Reibung und die Bewegung kann ewig dauern. Am Ende des Studienjahres gab er uns als besonderes Geschenk eine Vorlesung „Meine Weltanschauung“, die uns Schüler leicht überzeugte. Er beklagte sich, daß die Akademie der Wissenschaften, der er die Theorie eingesendet hatte, ihn nicht einmal einer Antwort gewürdigt hätte. Später erfuhr ich, daß sein Aufsatz sorgfältig geprüft worden war, daß der Prüfer die Theorie als ganz unmöglich angesehen hatte, aber es vorzog, nicht in eine Diskussion einzutreten, die nur Unannehmlichkeiten bringen konnte.

Mittel und Menschen.

Im Lehrplan jener Jahre fehlte so manches, was nachher in technischen Schulen als unumgänglich notwendig angesehen wurde. Wir hatten nur zweijährigen Unterricht in der Konstruktion von Maschinen aller Art, ohne ein Laboratorium dafür. Der Technologieprofessor hatte ein hübsches kleines, veraltetes Museum ohne Laboratorium, führte uns aber an Samstagen in Wiener Fabriken. Radinger und Hauffe machten einmal im Jahr mit uns einen etwa zehntägigen Ausflug in Industriegebiete. Trotz des Mangels an Laboratorien lernen wir doch etwas. Bei einer Diskussion in Manchester hörte ich einmal ein schönes Wort von Cramp, der später, 1939, als Professor der Universität Birmingham starb. Er bezeichnete es als den wirklichen Zweck der Schule, „den höchsten Selbstinstruktionskoeffizienten" zu vermitteln (the highest factor of self-instruction). Ein richtiger Schüler Radingers lernte das, er lernte ein neues Problem anzugreifen. Auch wenn er in Schwimmhosen auf eine wüste Insel geworfen wurde.

Ungefähr zehn Jahre nach meiner Studentenzeit zeigte mir Professor Mollier in Dresden sein vorzüglich eingerichtetes hydraulisches Laboratorium, das ich bewunderte. Er fragte mich aber: „Glauben Sie, daß die Schüler so etwas würdigen? Vor wenigen Tagen hatten wir ein wichtiges Experiment. Ein sonst recht tüchtiger Hörer entschuldigte sich, er könne nicht anwesend sein, seine Verbindung hätte eine wichtige offizielle Zusammenkunft. Das war ihm wichtiger als das Laboratorium!"

Zu einer anderen Zeit beklagte sich Pichelmayer, der nach einer früheren Tätigkeit als Ingenieur und Direktor der Wiener Siemens-Werke von 1906 bis 1913 an der Wiener Hochschule über Konstruktion elektrischer Maschinen vortrug, wie gleichgültig seine Hörer eine Tabelle mit den Dimensionen elektrischer Motoren aufgenommen hätten, in denen er ihnen das Resultat seiner vieljährigen Erfahrung geschenkt hätte.

Ich glaube nicht, daß dies so verwunderlich ist oder daß man deshalb Anlaß hätte, sich über die Undankbarkeit der Jugend aufzuregen. Die Summe von Wissen, die einem Schüler im Verlauf von 4 oder 5 Jahren eingepaukt wird, ist ungeheuer. Niemals im praktischen Leben wird eine solche Menge neuer Erkenntnisse in das Gehirn eingepfropft. Eine Tabelle mit den Dimensionen einer Motorreihe ist gewiß nicht bedeutsamer als die euklidische Geometrie oder das Ohmsche Gesetz. Manche dieser Erkenntnisse sind zweitausend Jahre alt, andere hundert Jahre, aber unaufhörlich wird das junge Gehirn mit der kondensierten Weisheit der Vergangenheit und Gegenwart belastet. Warum sollten die Dimensionen einer Motorreihe auf den jungen Menschen so ganz besonderen Eindruck machen und ihn besonders dankbar stimmen? Nebenbei wird er in 99 Fällen von 100 im praktischen Leben nicht in die Lage kommen, eine neue Reihe von Motoren auszulegen, und wenn dies nach zehn Jahren geschieht, so sind die Daten, die ihm der Professor aus der Fülle der eigenen Erfahrung gegeben hat, dann schon veraltet.

Unterricht in Elektrotechnik.

Die Vorlesungen über Elektrotechnik begannen im Jahre 1893 und wurden von Waltenhofen gegeben, einem erfahrenen Physiker, der sich aber hauptsächlich mit Meßmethoden beschäftigte. Als er berufen wurde, sollte ein schönes Laboratorium gebaut werden, und verschiedene kleine Häuser in unmittelbarer Nachbarschaft des alten Baues der Technischen Hochschule wurden zu diesem Zwecke angekauft. Eines gehörte aber einem Schuster, der sich weigerte, zu verkaufen, und so wurden die anderen kleinen Häuser notdürftig adaptiert und mit dem Hauptgebäude der Hochschule verbunden, derart, daß der Hörsaal durch zwei Gebäude durchreichte. Im Jahre darauf hatten wir im gleichen Hörsaal jeden Samstag Abend von 5 bis 7 Uhr Vorlesungen von Sahulka über Theorie der Wechselströme. Sie waren wichtig, aber die Vortragsweise war nicht interessant, und es passierte mir regelmäßig, daß ich in der Mitte der abendlichen Vorlesungen einschlief, aber um 6 Uhr erfrischt erwachte und dann mit vollem Interesse den Ausführungen des Dozenten folgte. Das gleiche passierte mir oft in den Vorlesungen über Technologie, die sich am Nachmittag abspielten.

Das elektrotechnische war das einzige Laboratorium, in dem wir während unserer vierjährigen Studien arbeiten konnten. Wir nahmen die Charakteristik elektrischer Maschinen auf, machten Widerstandsmessungen, einige Versuche mit Elektrolyse, wickelten selbst einen Teil eines zweipoligen Ankers und lernten ein paar Meßinstrumente kennen. Einige Jahre später wurde unter Waltenhofens Nachfolger Hohenegg ein prachtvolles neues elektrotechnisches Institut errichtet und es wurden mehrere Professoren für Spezialfächer ernannt. Die Schüler, die von dort kamen, hatten erheblich größeres Spezialwissen, aber ich konnte in der Praxis beobachten, daß sie manches nicht wußten oder verstanden, was meine Mitschüler und ich uns zu eigen gemacht hatten. Gute und schlechte Studenten erwachsen aus den armseligsten und aus den besteingerichteten Instituten. In der Praxis muß jeder viel zulernen.

Alte Studenten.

Auf denselben Bänken und an Zeichentischen mit uns saßen zwei reife Leute, Dr. Tuma und Kress; der letztere hatte graues Haar. Tuma war Privatdozent für Physik an der philosophischen Fakultät und wünschte, technisches Zeichnen zu erlernen, um sich für die Professur an einer Technischen Hochschule vorzubereiten. Während des Jahres, in dem er mit uns im Zeichensaal arbeitete, 1893/94, zeigte er als erster in Österreich im Ingenieurverein die Teslaschen Experimente mit Strömen sehr hoher Spannung und sehr hoher Frequenz, die Aufsehen erregten. Radinger selbst erzählte uns während eines Besuches im Zeichensaal vom Erfolg des Tumaschen Vortrages. Tesla war in Österreich geboren und erzogen worden, machte aber seine bedeutsamen Erfindungen in Amerika, wo er 1943 in hohem Alter starb. Sein Geburtsort wurde nach dem Krieg von 1918 dem jugoslawischen Staat einverleibt.

Kress war ein Klavierfabrikant aus den baltischen Provinzen Rußlands und zog sich im vorgerückten Alter ins Privatleben zurück, um eine Flugmaschine zu konstruieren. Deshalb besuchte er Vorlesungen über Maschinenbau und war so fleißig wie irgend einer von uns. Einmal gestatteten ihm die Professoren, ihnen und uns einen Vortrag zu halten und seine Modelle von Drachenfliegern, „schwerer als Luft", den heutigen Flugzeugen, vorzuführen. Es waren kleine Modelle, deren Propeller durch vorher tordierte Gummifäden angetrieben wurden, und ihren Anlauf von einem Tisch aus nahmen und durch den Saal flogen. Im folgenden Jahr gab Kress eine Vorführung im großen Musikvereinssaal bei Gelegenheit der Jahresversammlung des Vereines der Naturforscher und Ärzte, als Boltzmann über die Möglichkeit des künstlichen Fluges sprach. Diese beiden Vorführungen überzeugten uns, daß doch in den Ideen unseres grauhaarigen Kollegen etwas stecke, das ernste Leute ernst nahmen. Bis dahin wußte man nur von Fehlschlägen aller Versuche. Kress erzählte uns etwas von Hiram Maxim und war überzeugt, daß Maxim mit den großen Mitteln, die ihm zur Verfügung stünden, Erfolg haben würde. In der Folge bestätigte sich das nicht.

Zu jener Zeit arbeitete Kress nur mit eigenen Mitteln und versuchte nicht, durch öffentliche Sammlungen etwas zu erreichen. Aber ein Professor der Brünner Technischen Hochschule, Wellner, hielt einst im Ingenieurverein in Wien einen Vortrag über das Problem der Flügel und Schrauben bei solchen Maschinen, und Radinger stellte den Antrag, daß der Verein Mittel zur Durchführung seiner Versuche in größerem Maßstab zur Verfügung stellen solle. Man wunderte sich darüber, daß Radinger solchen Enthusiasmus für die Ideen seines Kollegen zeigte. Sein Vorschlag wurde angenommen und Radinger wurde zum Mitglied des Komitees gemacht, das über die Verwendung der Mittel zu entscheiden hatte. Es ist mir nicht bekannt, was aus diesen Versuchen wurde.

Kress konnte erst im Jahre 1899 die Mittel sammeln, um ein wirkliches Flugzeug zu bauen. Er zeigte es im Sommer 1900 den

Mitgliedern des elektrotechnischen Vereines in Tullnerbach auf dem Reservoir der Wiener Wasserleitung, wo es „wie ein schöner weißer Vogel“ vor seinem ersten Aufstieg ruhte.

Fünf Jahre vorher, bei einer Exkursion in die Schweiz, die Kress mit uns anderen Hörern gemacht hatte, war er auf der Suche nach einem geeigneten Antrieb für seinen Propeller und mußte zu seinem Leidwesen in der elektrotechnischen Fabrik von Örlikon erfahren, daß die Akkumulatoren und Elektromotoren, die für den Antrieb notwendig wären, weitaus zu großes Gewicht hätten. Auch im Jahre 1900 erlebte er eine Enttäuschung mit dem Gewicht des Benzinmotors, der für ihn gebaut worden war und fast doppelt so schwer war, als er es erwartet hatte. Bei der Rückkehr vom Reservoir Tullnerbach, als die Zukunft der Maschine noch in den Sternen geschrieben war, wurde übers Radfahren gesprochen, und einer der älteren Herren erklärte, er sei zu alt dafür. Kress kam gerade dazu und rief aus: „Sie sind zu alt zum Radfahren und ich bin noch jung genug zum Fliegen!“

Ein paar Tage später war er so weit, den Flug zu versuchen, aber die Maschine stürzte. Er wurde gerettet, aber das Flugzeug war unbrauchbar und es wäre notwendig gewesen, mehr Geld zu sammeln, um ein zweites zu bauen, wozu Kress nicht imstande war. Er erlebte die Erfolge der Brüder Wright und Blériots, der im Jahre 1909 den Ärmelkanal überflog.

Ich erinnere mich nicht, je während der Studienzeit mit meinem Kollegen Rumpler übers Fliegen gesprochen zu haben. Nach Beendigung seiner Studien hatte er in seiner ersten Anstellung lediglich Kesselpratzen zu zeichnen. Dann kam er in eine Automobilfabrik, und das brachte ihn dem Flugproblem näher, in dem er sich später auszeichnete.

Italienisch und Englisch.

In den zwei Jahren, die meinem Seedienst folgten, nahm ich Unterricht in Italienisch und Englisch. Zamboni, ein italienischer Dichter, trug seine Muttersprache vor. Er war auch Amateur-Astronom und hatte entdeckt, daß der „Mann im Monde“ in Wirklichkeit ein „Kuß im Monde“ ist. Bei Vollmond sah er zwei einander zugeneigte Gesichter im Profil, eines ähnlich einem männlichen, das andere einem weiblichen Gesicht. Zamboni führte an klaren Vollmondnächten, mit einem Fernrohr bewaffnet, seine Schüler auf einen freien Platz und zeigte seine Entdeckung, die ihm zu einem Drama Stoff gegeben hatte. An der Hochschule war Zamboni nur Privatdozent und hatte in seinen Vorträgen für Vorgeschrittene außer mir nur noch zwei Hörer. Einer davon war ein Baumeister, der, wie es damals in Wien üblich war, italienische Arbeiter beschäftigte.

Englisch lernte ich zusammen mit meinem Bruder Wilhelm und Max Brauchbar von Mr. James William Tucker, der uns oft sehr interessante Geschichten erzählte. Von ihm lernte ich den Mut, im kalten Winter ohne Winterrock zu spazieren, trotz aller Bemerkungen, die ich von meinen Bekannten hören mußte. Es gab allerdings auch einen als verschroben angesehenen Chemieprofessor Bauer an der Technischen Hochschule, der lehrte, daß ein mit zureichender Fettnahrung gespeister Körper im Winter keiner zusätzlichen Kleidung bedürfte. Jedenfalls versuchte ich es und fand es weitaus angenehmer, meine langen Schnellmärsche ohne Überrock zu machen, und bin dabei Zeit meines Lebens geblieben. Im Anfang mußte ich allerdings teilnehmendes Bedauern und Scherze darüber einstecken, daß ich meinen Rock hätte verkaufen müssen.

Exkursionen.

Radinger unternahm mit uns zu Ostern 1894 und Hauffe 1895 zweiwöchige Exkursionen, Radinger innerhalb Österreichs und Hauffe in die Schweiz. Beide waren anstrengende Vergnügungsreisen. Es gab viel zu sehen; Wasserkraftanlagen mit ihren Silber-Wasserfällen und Hochöfen mit ihren goldenen Strömen geschmolzenen Eisens. Wir sahen den Erzberg in Steiermark, wo schon zur Römerzeit Erz gewonnen wurde und dessen Tagbau im Sonnenschein wie ein Berg aus Gold erschien. Nicht nur für den eifrigen Techniker, sondern auch für den Touristen gab es genug zu tun und zu arbeiten. Radinger strengte uns ordentlich an. An einem einzigen Nachmittag besuchten wir in Linz eine Pumpstation, eine Lokomotivfabrik und spät am Abend eine Brauerei. Alles mögliche sahen wir in wenigen Tagen: Fabriken, wo Hanfseile gemacht wurden, Papierfabriken, Eisenwerke, Kohlengruben; auch während der Fahrt, bei einem kurzen Aufenthalt auf einer Haltestelle, gab uns Radinger die Aufgabe, die Wagenfedern nachzurechnen. Nicht einmal am späten Abend gab es ein Ausspannen. In Pöchlarn an der Donau, der berühmten Nibelungenstadt, wurden wir am Abend unserer Ankunft vom Ingenieur erwartet, der uns am nächsten Morgen durch eine Seilfabrik führen sollte. Als Radinger beim Abendessen hörte, daß der Ingenieur einmal in Galizien nach Öl geschürft hatte, ließ er ihm keine Ruhe, bis er uns unmittelbar nach dem Abendessen in einem improvisierten Vortrag etwas über Ölbohrungen erzählte, und wir lauschten mit Interesse bis in die späte Nacht.

Während der Reise erzählte Radinger uns viel von der Weltausstellung in Chicago 1893. Am meisten Eindruck hatte es auf ihn gemacht, wie bei der Anlage neuer Straßen mehrstöckige Häuser parallel verschoben oder gedreht wurden, eine Sache, die in Europa nicht bekannt war.

Er erzählte uns von den „breitesten Riemen der Welt“, die ausgestellt waren (drei Meter breit) und von der Frage eines amerikanischen Bekannten: „Haben Sie sich die Riemen aufrollen lassen?“ Der Bekannte glaubte nämlich, daß die Riemen nicht die Länge von Treibriemen hatten und daß es kurze Stücke waren, die um einen Holzkern herumgelegt waren. Am meisten bewunderte Radinger die Gastfreundschaft, die man ihm überall bewiesen hatte. Er verstand es nicht, daß seine Führer, die ihn durch die Ausstellung oder Hochschulsammlungen geführt hatten, dann noch Zeit fanden, ihm Museen und andere Sehenswürdigkeit zu zeigen.

In der Schweiz sahen wir Bergbahnen mit Dampfmaschinenantrieb. Mit einer fuhren wir auf den noch mit Schnee bedeckten Pilatus; wir sahen die berühmten Werke von Sulzer und Escher-Wyss, auch die elektrotechnische Fabrik von Örlikon. Hauffe erzählte uns, daß kurz vorher ein früherer Örlikon-Ingenieur, Brown, eine Konkurrenzfabrik, Brown-Boveri, gegründet hatte. Wir sahen bei Schaffhausen große Gleichstrommaschinen in einer chemischen Fabrik. Damals gab es auch noch eine sonderbare mechanische Kraftübertragung: lange schiefe Wellen, die längs eines Bergabhanges gelagert waren, vom Wasser des Rheins durch Wasserräder und Kegelräder angetrieben, teilten ihre Bewegung Transmissionen mit, die in den einzelnen Häusern am Bergesabhang Heimindustriemaschinen antrieben. Später wurde die mechanische Kraftübertragung durch elektrische verdrängt.

Wir wußten, daß von Örlikon, in Verbindung mit der Allgemeinen Elektrizitätsgesellschaft in Berlin, die erste Kraftübertragung über weite Entfernungen auf der elektrischen Ausstellung in Frankfurt im Jahre 1891 vorgeführt worden war. Als wir das Programm unserer Exkursion erhielten, war ich tief betrübt, zu sehen, daß dem Besuch von Örlikon, der Wiege des Drehstroms, nur zwei Stunden an einem Samstag Vormittag gewidmet waren. Damals wußte ich nicht, daß zwei Stunden die ideale Dauer für einen Fabriksbesuch sind, auch wenn die Fabrik zehnmal so groß ist, wie Örlikon damals war. Wenige Besucher können mehr als zwei Stunden angestrengten Fabriksbesuches ohne Übermüdung vertragen.

Schnell fertig ist die Jugend mit dem Wort.

Im Sommer 1895 hatte ich meine Studien beendet und bereitete mich für die Prüfung vor, die im Dezember stattfinden sollte. Ich glaubte, meine zukünftige Laufbahn so klar vorauszusehen, daß ich ohne das leiseste Bedenken einen sehr verlockenden Vorschlag des Rektors Czuber ablehnte. Ein Großindustrieller, Baron Guttmann, hatte sich an die Hochschule um Empfehlung eines Hofmeisters gewendet, der seinen Sohn unterrichten und über die Ferien in die Alpen begleiten sollte. Zu anderer Zeit wäre mir dies als etwas Ideales erschienen, aber jetzt fürchtete ich, mit meiner Vorbereitung zur Staatsprüfung nicht fertig zu werden und den Termin zu versäumen, auch hatte ich Bedenken, daß ich in einem reichen Hause von der Arbeit abgelenkt würde. Baron Guttmann hatte geschrieben, er wäre bereit, nach Beendigung des Unterrichtes in seinem Hause dem Kandidaten eine Stellung in einem seiner Werke zu geben. Selbst diese, für einen Anfänger so verführerische Aussicht machte keinen Eindruck auf mich. Ich war der Meinung, Baron Guttmann hätte nur Stahlwerke und Kohlengruben, und dies sei für mich von keinem Interesse, da in Wien nur drei Fabriken elektrischer Maschinen existierten, von denen keine Guttmann gehörte. Czuber machte mich vergebens darauf aufmerksam, daß ein Großindustrieller auch Einfluß außerhalb seiner eigenen Werke hat. Dabei wußte ich oder hätte wissen sollen, was eine Hofmeisterstelle im Hause eines reichen, einflußreichen Mannes als erster Schritt auf einer Laufbahn bedeuten kann, denn Schüller, ein Kollege meines Bruders Wilhelm, war durch eine solche Hofmeisterstelle in eine vielversprechende Karriere gekommen.

Ich nahm in diesem Sommer nur wenige Tage Urlaub, um meinen Bruder Heinrich auf einem Ausflug nach Steiermark zu begleiten. Durch einen Geschäftsfreund war er eingeladen worden, sich ein Federweißbergwerk in Mautern anzusehen. Heinrich war nur ein Jahr älter als ich, aber er war damals schon sachverständig in der Anwendung von Talkum oder Federweiß in allen Industrien. Ich hatte Kohlenbergwerke gesehen, aber ein Talkumbergwerk ist etwas anders: schön, trocken, weiß. Ich glaube mich zu erinnern, daß der Schacht ungefähr 136 m tief war, gleich wie die Höhe des Stephansturms in Wien, der Cheopspyramide und des Tequendama-Wasserfalls bei Bogotá.

Naturforscher und Ärzte.

Im Oktober 1895 hatte ich zum ersten Mal Gelegenheit, einer großen wissenschaftlichen Versammlung beizuwohnen. Die Gesellschaft der Naturforscher und Ärzte hatte eine Tagung in Wien; vorgeschrittene Studenten wurden als freiwillige Schreibkräfte angenommen und hatten Zutritt zu den Versammlungen, Vorträgen und einer Ausstellung, die in den Räumen der Universität veranstaltet wurde. Die Schreibarbeit brachte freudige Überraschungen: beim Ausfüllen der Teilnehmerkarten fand man sich plötzlich gegenüber einem berühmten Mann, dessen Namen man in den Vorlesungen gehört hatte. In der Eröffnungssitzung im Großen Musikvereinssaal sah man vier Minister in Uniform und hörte eine ganz prachtvolle Vorlesung von Felix Klein aus Göttingen über „Mathematik“, vielleicht ein merkwürdiger Gegenstand, um eine Versammlung von 2000 Teilnehmern zu enthusiasmieren. Es gab auch einen Vortrag des Physikers Boltzmann über die Zukunft der Luftschiffahrt, in dem Kress das Modell seines Drachenfliegers vorführte. Viele Jahre später hörte ich, daß Boltzmann einen ganz verschiedenen Vortrag vorbereitet hatte, aber in Wien etwas von Kress' Versuchen hörte, sich sie vorführen ließ und daß diese einen solchen Eindruck auf ihn machten, daß er seine Schlußfolgerungen vollkommen umstieß: er glaubte jetzt an die Zukunft der Flugzeuge.

In der wissenschaftlichen Ausstellung, die mit der Versammlung verbunden war, sah ich zum ersten Mal flüssige Luft in offenen, doppelwandigen Glasgefäßen mit einem Vakuum im Zwischenraum zwischen den beiden spiegelnden Wänden. Ungefähr 25 Jahre später sprach ich darüber zu meiner Frau und zu meinen Kindern und es zeigte sich, daß es gar nicht notwendig war, den Kleinen irgend eine Erklärung über das sonderbare Gefäß zu geben. Ich wurde mit der Frage unterbrochen: „War es eine Thermosflasche?“ Das, was mir im Jahre 1895 als ein Wunder erschien, war 1920 den Kindern aus der täglichen Erfahrung wohlbekannt.

Staatsprüfung.

Die Klausurarbeit zu Ende des Jahres gab eine arbeitsreiche Woche. Wir mußten eine Pumpstation berechnen und konstruieren und hatten dazu einen „Motiven-Bericht“ zu schreiben. Wir arbeiteten eine Woche lang von 8 Uhr früh bis 9 Uhr am Abend, obwohl weder elektrische noch Gasbeleuchtung im Zeichensaal installiert waren, wo die Prüfungen stattfanden. Man fragt sich eigentlich vergebens, warum Prüflinge so ehrgeizig sind. Wenn alle ihre Arbeit mit Einbruch der Dunkelheit eingestellt hätten, so wäre die Prüfungsarbeit weniger umfangreich geworden, aber an der relativen Beurteilung hätte sich nichts ändern können. Unsere Demonstrationen während des Jahres hatten nichts genützt, da es ja immer lang dauert, bis von den maßgebenden Stellen die Mittel auch zu einer als notwendig erkannten Installation bewilligt werden. Einmal hatte sich jeder von den Zeichnern ein Wachskerzchen neben seinem Brett aufgestellt, als der Hofrat Hauffe eintrat; er aber fühlte sich nicht betroffen und machte nur eine freundliche Bemerkung über die Weihnachtsatmosphäre des Saales. Ein anderes Mal kauften wir eine billige Küchenlampe, hängten sie an der Decke in der Mitte des Zeichensaales auf und versahen die Wand mit einer Inschrift in großen Lettern: „TRIUMPH DER BELEUCHTUNGSTECHNIK“. Hauffe murmelte nur etwas über den unangebrachten Scherz. Während der Prüfungswochen ließen wir es uns nicht nehmen, bis in die späte Nacht hinein zu zeichnen. Jeder brachte seine Petroleumlampe mit und stellte sie neben das Zeichenbrett und arbeitete fünf Stunden bei diesem Licht. Nach der Heimkehr gab es eine schwere Mahlzeit und der Schlaf war gestört. Mancher von uns gestand, daß er auch während der ganzen Nacht in seinen Träumen an der Pumpstation gearbeitet hatte.

Nach der Klausurarbeit gab es eine mündliche Prüfung, und wenige Tage vor Weihnachten hatte ich die Staatsprüfung bestanden. Aber ich mußte vier Monate warten, bis ich meine erste Stelle erhielt. Diese vier Monate erschienen mir unendlich lang, obwohl ich die Wartezeit nicht vergeudete. Ich schrieb Hunderte von Anstellungsgesuchen, gab Privatunterricht, studierte in der Bibliothek die Bücher von Thompson, Kapp und anderen und arbeitete als freiwilliger, unbezahlter Helfer im elektrotechnischen Institut der Hochschule.

Zu jener Zeit gab es zwei bahnbrechende Errungenschaften in der Technik. Röntgen veröffentlichte seine Entdeckung der X-Strahlen, und ich wollte es zuerst nicht glauben, als man mir erzählte, daß es möglich sei, Münzen zu photographieren, die in einer hölzernen Schachtel eingeschlossen waren. Marconi gelang es, über den Atlantischen Ozean Zeichen zu schicken. Er empfing das verabredete Signal S, im Morsecode drei Punkte, und tanzte vor Freude. Es gab Skeptiker, die seine Freude für unbegründet hielten und glaubten, daß das Signal nicht von der anderen Seite des Ozeans kam, sondern von irgend einer nahen Versuchsstation, die zufällig ein solches Zeichen an jemand anderen geschickt hatte. Ein Jahr später gab es keinen Zweifel mehr.

Am 7. Mai 1896 sah ich eine kleine Anzeige in der Zeitung, daß ein Kabelwerk in Schwechat einen Ingenieur suche, fuhr nach Schwechat und erhielt die Stelle. Bisher hatte ich mich überall vergebens beworben, obwohl ich Empfehlungen von allen Seiten erhielt. Ein Redakteur der Zeitschrift, an der mein Bruder Wilhelm arbeitete, hatte Verbindungen in aller Welt und verschaffte mir Empfehlungen von Leuten in hoher Stellung und mit berühmten Namen. An den Direktor von Siemens, der viel in Musikerkreisen verkehrte, erhielt ich sogar eine Empfehlung von Brahms.

Es war vielleicht meine eigene Schuld, daß auch die Empfehlung eines so berühmten Komponisten erfolglos war. Ich wurde zum Ober-Ingenieur gerufen, der sich mit mir unterhielt und mich fragte, wieso Brahms ein Interesse an mir nehme. Ich gestand freimütig, daß ich Brahms nicht kenne und daß er mir seine Empfehlung auf Ersuchen eines Bekannten gegeben hätte. Dann erhielt ich nach einiger Zeit die Mitteilung, daß keine Stelle bei Siemens frei wäre. Hätte ich weniger freimütig geantwortet, so wäre meine Unaufrichtigkeit vielleicht nicht entdeckt worden und man hätte einen Platz für mich gefunden, obwohl „keiner frei war“.

Drei Monate in einem Kabelwerk.

In meiner ersten Stelle hatte ich vieles zu lernen und noch mehr zu vergessen.

Ich wußte wenig von Kautschuk, Guttapercha und isolierten Drähten, aber noch weniger von Menschenbehandlung.

Als der Besitzer des Werkes mich eines Tages fragte, ob ich ihm etwas von gekreuzten Riemen sagen könnte, antwortete ich ihm mit einer mathematischen Formel, die die Abhängigkeit der Zugkraft vom Winkel gab, mit dem der Riemen die Riemenscheibe umspannte, und es war, als wenn ich mit ihm chinesisch gesprochen hätte. Er hatte wohl einmal eine Hochschule besucht, aber wenn er je die Formel gelernt hatte, so hatte er sie längst vergessen, und was er brauchte, war keine Formel, sondern praktischer Rat.

Eine noch größere Schwierigkeit war es, das zu vergessen, was ich bei der Marine über Disziplin gelernt hatte: Wenn ich den alten Heizer tadelte, weil er den Dampfdruck nicht einhielt, und er wütend wurde, daß man statt der schlechten Kohle ihn verantwortlich machte, und sich anschickte, von seinem Posten wegzulaufen, so erinnerte ich mich an das todeswürdige Verbrechen: „Pflichtverletzung im Wachtdienst“ und fand nur schwer den Weg zur Wirklichkeit.

Einmal paßte mir eine Antwort nicht, die mir ein Schlosser gab, und ich nannte ihn einen Esel. Er blieb im Bilde und antwortete: „Wenn ich ein Esel bin, sind Sie ein dummer Kerl! Wenn Sie auch ein Ingenieur sind, so sind Sie in der praktischen Arbeit ein dummer Kerl.“ Es war eine ganz natürliche Antwort, aber sie wirkte auf mich so niederschmetternd, daß ich mich in ein Zimmer einschließen mußte; kalter Schweiß rann mir aus allen Poren, und es dauerte minutenlang, bis ich mich erholt hatte.

Dem Besitzer machte es Freude, oft die Aufstellung seiner Maschinen zu ändern. Aber der kaufmännische Disponent pries mich glücklich, daß es nicht so leicht sei, Maschinenfundamente niederzureißen und anderswo wieder aufzubauen als Briefe umzuschreiben.

Die Arbeit dieser Fabrik bot manche Anregung. Die Fabrik war ursprünglich eine Mühle und wurde durch ein altes Wasserrad getrieben, das stets bei Ausführung wichtiger Bestellungen schadhaft wurde. Es war wohl auch eine Dampfmaschine zur Aushilfe da, aber der Kessel war ungenügend, und wenn die Dampfmaschine langsamer ging, wollte auch das Licht erlöschen, obwohl die Dynamomaschine einen selbsttätigen Regler hatte, der die Spannung konstant halten sollte. Es gibt viele Leute, die es nicht verstehen können, daß ein selbsttätiger Regler machtlos ist, wenn die Antriebskraft zu klein ist.

Um unser Elend zu beendigen, sollte eine neue Turbine aufgestellt werden, und eines Tages, als gerade „Bachräumung" war und der Wasserkanal trockengelegt war, um den Schlamm zu entfernen, der sich während des Jahres angesammelt hatte, kam ein Ingenieur von der Turbinenfabrik, um die Messungen zu machen. Ich schätzte mich glücklich, ihm helfen zu können, aber die Freude dauerte nicht lange, denn ich trat beim Messen in einen Schlammhaufen und mußte Kleider wechseln. Die Messungen waren vollendet, ehe ich wieder arbeitsfähig war.

Die technologischen Probleme des Drahtisolierens und der Vulkanisation von Gummi waren interessant und ich lernte viel in diesen drei Monaten. Aber als ich Gelegenheit hatte, in eine Fabrik für elektrische Maschinen einzutreten, zögerte ich nicht.

Eine Empfehlung Radingers an den Generaldirektor von Ganz & Co., Budapest, war ohne Erfolg, wie alle Empfehlungen an einflußreiche Leute, die ich erhalten hatte. Ich fuhr während der Pfingsttage nach Budapest und sah nicht nur die Ganzsche Fabrik, sondern auch die schöne Stadt und die Milleniums-Ausstellung, die das tausendjährige Bestehen Ungarns feierte. Meine Kameraden von der Kriegsmarine halfen mir: einer, Dénes, beherbergte mich und zeigte mir in Stadt und Ausstellung alles Sehenswerte. Die Turbinen und Dampfmaschinen in der Ausstellung waren alle in Bewegung, weil sie durch elektrische Motoren angetrieben waren. Dem Uneingeweihten schien es, als trieben sie die elektrischen Maschinen an. De Kando ließ mich durch die Fabrik von Ganz führen und ich sah viel Interessantes.

Erfolgreiche Empfehlung.

Die erstrebte Stellung in einer Dynamofabrik erhielt ich nicht durch Empfehlungen, sondern durch die Mitteilung eines jungen Technikers, daß er seine Stellung bei Kremenezky aufzugeben gedenke und daß Chefelektriker Seidener das Konstruktionsbüro leitete. Sowohl dieser als auch Kremenezky, beide russische Ingenieure, waren mit mir einverstanden und die Rücksprache war so zufriedenstellend, daß ich den bedeutenden Monatsgehalt von 70 Gulden erhielt, während mein Vorgänger, der wie ich Hochschulbildung genossen hatte, nur 30 Gulden bezog. Das war meine erste Erfahrung, daß eine einfache Mitteilung, es sei ein Posten frei, hundertmal wertvoller ist als die Empfehlung hochstehender Personen oder selbst eines berühmten Komponisten.

Ein Ingenieur erzählte mir einst, daß ein kleiner Eisenbahnbediensteter sich ihm gegenüber als mächtiger erwiesen hatte als der König von Dänemark. Es war im Jahre 1892, als in Hamburg Cholerafälle vorkamen. Der Ingenieur war über Hamburg nach Kopenhagen gereist und mußte sein Gepäck als choleraverdächtig auf dem Bahnhof lassen, obwohl er darauf hinwies, daß er keine Berührung mit Kranken gehabt hatte. Jeder Beamte, an den er sich wandte, bedauerte, ihm nicht die Erlaubnis geben zu können, sein Gepäck in die Stadt zu bringen, empfahl ihm aber, bei einer höheren Stelle vorstellig zu werden. Das Ministerium empfahl ihm zuletzt, ein Gesuch an den König zu richten, aber auch dieses wurde abschlägig beschieden und er mußte sich in Kopenhagen neue Kleider kaufen. Eines Tages ging er auf den Bahnhof, um eine neue Aktentasche abzuholen, die er Tags vorher in den Aufbewahrungsraum gegeben hatte. Der Bedienstete gab ihm die Aktentasche und zeigte auf sein großes Gepäck: „Gehört das nicht auch Ihnen?" Auf seine Bejahung erhielt er seine Koffer, deren Ausfolgung ihm der König hatte verweigern müssen.

Kremenezky.

Kremenezky hatte schon vor der elektrischen Ausstellung im Jahre 1883 mit der elektrischen Beleuchtung von Wien viel zu tun. Es war hochbefriedigend für mich, elektrische Maschinen zu zeichnen und täglich durch die Werkstätten zu gehen. Meine Aufgabe war, eine begonnene Reihe vierpoliger Maschinen zu vollenden, durch die die größeren zweipoligen Maschinen der Manchester- und Kapptype ersetzt werden sollten. Seidener staunte über mein Arbeitstempo in den ersten Tagen. Manche meiner Genossen hörten mit der Arbeit im Augenblick auf, wo der Bürochef den Saal verließ, und erzählten lieber Geschichten. Eine meiner ersten Aufgaben war, das Gewicht einer Dynamomaschine für die elektrische Beleuchtung von Eisenbahnzügen zu berechnen, ein Feld, das später für mich sehr wichtig wurde. Ich kam bei dieser Gelegenheit mit dem schweizerischen Ingenieur Dick zusammen, der ein erfolgreiches Zugsbeleuchtungssystem entwickelte. Dick arbeitete damals für eine Akkumulatorenfabrik und kam mit den Zeichnungen einer von ihm konstruierten Dynamomaschine zur Firma Kremenezky, um ein Angebot für diese Maschine zu erhalten. Seidener gab mir die Zeichnungen, um das Gewicht zu berechnen, und empfing meine Berechnung, ohne sie nachzuprüfen und ohne irgend welche Frage zu stellen. Er sah sich nicht einmal meine Einzelziffern über benötigtes Eisen, Kupfer und Isolationsmaterial an, was mich ein wenig enttäuschte.

Einen Anfänger überrascht es oft, daß seine Ziffern ohne Prüfung angenommen werden, aber für den, der glaubt, daß er sich Nachlässigkeiten leisten kann, weil seine Angaben nicht geprüft werden, kommt einmal der Tag der Rache!

Für Seidener lag keine Notwendigkeit vor, die Einzelheiten zu überprüfen. Wahrscheinlich stimmten meine Ziffern mit seiner Schätzung annähernd überein und das genügte. Auch das Verhältnis von Kupfer zu Eisen bleibt bei verschiedenen elektrischen Maschinen annähernd gleich. Später, als ich öfter Gewicht und Preis einer Maschine anzugeben hatte, für die nur ein roher Entwurf existierte, konnte ich in wenigen Minuten einen Zylinder vom gleichen Gesamtvolumen skizzieren und das Gewicht sofort dadurch bestimmen, daß ich für jeden Kubikdezimeter ein Gewicht von 2,4 kg zugrunde legte. Viele Leute wollten mir diese Ziffer nicht glauben, weil die Teile einer elektrischen Maschine aus weit schwererem Material gefertigt sind: Kupfer hat ein spezifisches Gewicht von 9, Eisen beinahe von 8. Aber zum Ausgleich wiegt das Isolationsmaterial wenig und Luft nichts. Es gibt in einer elektrischen Maschine erkleckliche leere Räume. Auch wenige Leute können es glauben, daß eine Kiste mit einer elektrischen Maschine leichter ist als eine solche, die mit Wasser vollgefüllt wäre.

Die Firma Kremenezky, Mayer & Co. war bis zum Jahre 1896 in Verbindung mit der Brush Co., Loughborough, England, die in alten Zeiten die Brush-Maschine hergestellt hat. 1896 kaufte Schuckert in Nürnberg die Fabrik von Kremenezky an. Aber auch nachher bestellte Brush in Wien einzelne Generatoren, die für Loughborough nicht interessant waren, weil sie Einzelausführungen darstellten. Kremenezky war damals ohne weiteres bereit, ein neues Modell für einen einzigen Auftrag zu konstruieren. So stellten wir damals unsere ersten sechspoligen Maschinen her, die Seidener berechnete und ich nach seinen Angaben konstruierte. Später erfuhren wir aus der Korrespondenz, daß sie für einen Kunden in Australien bestimmt waren. Die Maschinen funktionierten gut.

Der beratende Ingenieur der Brush Co. war Mordey, damals wohlbekannt als Erfinder einer neuartigen Ankerwicklung für Gleichstrommaschinen. Ein Vortrag, den er zu jener Zeit in der Institution of Electrical Engineers in London hielt, wirkte sensationell durch eine Vorführung, die bewies, daß auf Wicklungsstäbe in geschlossenen Nuten sehr geringe mechanische Kraft ausgeübt wird und daß die Zugkräfte hauptsächlich auf die Zähne des Eisenkörpers wirken.

Mordey war auch der erste, der den sogenannten „verkürzten Schritt" anwendete. Er berichtete, daß durch Anwendung dieses Schrittes bei Umwicklung einer von unseren Maschinen („eine Maschine kontinentalen Ursprungs") die Leistung bedeutend erhöht werden konnte, ohne daß am Kollektor Funken auftraten. In Wirklichkeit war der Erfolg dieser Maßregel nicht so groß, als Mordey damals glaubte. Aber Seidener rief beim Durchlesen des Aufsatzes im „Electrician" aus: „Ich war der Meinung, daß die Erfindung der Dynamomaschine abgeschlossen ist. Jetzt kommt Mordey auf einmal und zeigt, daß wir alle unrecht hatten." Nun fing Seidener mit Versuchen an, die Ankerrückwirkung dadurch zu kompensieren, daß er jeden Magnetpol in zwei Teile teilte und eine Hälfte mit einer Reihenschlußwicklung versah. Man dachte damals, großartige Erfolge erreicht zu haben, wenn man eine Zehn-Kilowatt-Maschine mit 15 oder 20 Kilowatt belastete, ohne daß starke Funken auftraten. Parallelversuche mit einer Normalmaschine wurden nicht angestellt, denn Serienfabrikation existierte damals bei Maschinen solcher Größe nicht, und es war nicht tunlich, zur gleichen Zeit auf dem Prüffeld eine gewöhnliche Dynamo mit gleicher Ankerwicklung und anderem Magnetgestell der gleichen Überlastung zu unterziehen, um zu sehen, ob das Verhalten der neuen Maschine wirklich nur an der neuen Konstruktionseigentümlichkeit lag. Erst viel später wurden normale Überlastungsproben festgesetzt.

Ich blieb nicht lange am Zeichenbrett. Bald hatte ich bei der Berechnung elektrischer Maschinen und bei der Führung der technischen Korrespondenz auszuhelfen. Später wurde der Techniker des Prüffeldes, Brammer, zu einer kurzen militärischen Übung einberufen und ich übernahm seine Stelle; allmählich vertrat ich auch den Chefelektriker bei Abwesenheit in der Leitung des Konstruktionsbüros. Das Prüffeld war das Interessanteste. Einst, an einem Winterabend, kam ich vom Leichenbegängnis eines alten Arbeiters und war aus irgend einem Grund sehr niedergeschlagen. Aber es war ein besonderer Versuch auszuführen, um zu prüfen, inwieweit die Leistung einer Wechselstrommaschine, die mit einer anderen parallel läuft, durch Änderung des Erregerstromes beeinflußt werden konnte, und plötzlich war all meine Müdigkeit verschwunden und ich fühlte, daß das Leben lebenswert war.

Meine Arbeit wurde durch die Vorgesetzten anerkannt. Im September 1896 hatte ich mit einem Gehalt von 70 Gulden monatlich begonnen und schon zu Neujahr wurde es auf 90 Gulden erhöht. Keine Beförderung im späteren Leben verursachte mir größere Freude. Im nächsten Jahr erhielt ich sogar 140 Gulden.

Transformatorenschalter.

Mein erstes Patent meldete ich bald nach meinem Eintritt bei Kremenezky an, aber über einen Gegenstand, der keine Verbindung mit meinem Arbeitsfeld in der Fabrik hatte. Während ich noch in der Kabelfabrik beschäftigt war, erkundigte ich mich einmal bei Herrn Hartmann, Ingenieur eines von Ganz & Co. gebauten Elektrizitätswerkes, wie ich bei Ganz unterkommen könnte, und er gab mir, nicht ganz im Ernste, eine Aufgabe. Wenn ich eine Methode fände, um unbelastete Transformatoren auszuschalten, so könnte ich seiner Gesellschaft jährlich große Summen ersparen und dann würde mir Ganz & Co. nicht nur eine Stelle, sondern eine gut bezahlte Stelle geben. Ganz & Co. waren damals Spezialisten in Wechselstrom und ihre Ingenieure Zipernovsky, Déri und Blathy hatten das System des Parallelbetriebes von Wechselstrom-Transformatoren eingeführt. Fast alle anderen elektrischen Fabriken arbeiteten hauptsächlich mit Gleichstrom, so auch Edison und die General Electric Company in Amerika, während Westinghouse so wie Ganz Wechselstrom bevorzugte. Die von Ganz errichteten Elektrizitätswerke arbeiteten mit 2000 Volt Wechselstrom, hatten in den einzelnen Häusern kleine Transformatoren für ein oder zwei Kilowatt aufgestellt und formten damit den hochgespannten Wechselstrom in solchen von annähernd 100 Volt um, mit dem die Lampen betrieben wurden. Motoren und Heizapparate waren in Privathäusern kaum in Verwendung. Die Lampen brannten im tiefen Winter etwa acht Stunden im Tag und im Hochsommer kaum ein bis zwei Stunden. Die Transformatoren waren aber immer eingeschaltet, obwohl sie im Jahresdurchschnitt etwa 20 Stunden täglich unbelastet waren. Während der ganzen Zeit nahmen die Transformatoren den „Leerlaufstrom" auf. Man konnte dem Verbraucher nicht zumuten, einen Hochspannungsschalter zu bedienen, sondern hielt den Transformator mit seinem Schalter in einem geschlossenen und versperrten Raum, den nur besonders instruierte Beamte des Elektrizitätswerkes öffnen durften.

Sowie ich meine Zeichenarbeiten bei Kremenezky begonnen hatte, dachte ich über Mittel nach, das Transformatorenproblem zu lösen, aber in der Fabrik wollte ich keine Versuche machen.

Nahe bei der Fabrik waren die Physiklaboratorien der philosophischen Fakultät, und einer meiner Bekannten war dort Assistent. Der Professor hatte nichts dagegen, daß ich meine Versuche in seinem Laboratorium in meinen freien Stunden ausführte, vorausgesetzt, daß ich mich als Hörer in seinen Vorlesungen einschreibe, was ohne weiteres ging. Aber Transformator hatten sie keinen.

Der Ingenieur des Elektrizitätswerkes hatte mich gewarnt, ich dürfe keinen Hochspannungsraum öffnen, weil es ein Einbruch wäre und ich mit dem Strafgesetz in Konflikt käme. In der Fabrik von Kremenezky gab es zwei Transformatoren, die einmal zu einem Versuch gebaut worden waren und nicht gebraucht wurden. Seidener wies mich auf meine Bitte an Kremenezky, der mir erlaubte, die Transformatoren ins Universitätslaboratorium zu schaffen, obwohl ich keinem von ihnen etwas vom Zweck meiner Versuche verriet. (Ein neugeborener Erfinder ist meist sehr schweigsam.) Ich benutzte den einen Transformator, um den Niederspannungsstrom des Laboratoriums in hochgespannten umzuformen, und den zweiten, um die Hochspannung wieder in Niederspannung zu verwandeln. Ich arbeitete in den Nachtstunden, war gewöhnlich allein anwesend und hatte selten den Besuch des Professors oder eines Assistenten.

Meine Einrichtung bestand in der Benutzung eines Umschalters mit Quecksilberkontakten, betätigt durch eine Spule, durch welche der Lampenstrom floß. Solange auch nur eine einzige Lampe eingeschaltet war, war der Hochspannungsstromkreis geschlossen. Wurde die letzte Lampe ausgeschaltet, so wurde die Spule stromlos, der Schalter legte sich um und unterbrach den Primärstromkreis des Transformators, brachte aber den unterbrochenen Lampenkreis in Reihe mit dem Primärstromkreis. Dies blieb so lange der Fall, als keine Lampen eingeschaltet wurden. Wenn die erste Lampe eingeschaltet wurde, erhielt sie ihren Strom vom Hochspannungskreis in Reihe mit der Oberspannungswicklung des Transformators, die den Strom so niedrig hielt, daß weniger als der normale Strom die Lampe durchfloß; die Spule, von diesem kleinen Strom durchflossen, bewirkte die Umschaltung des selbsttätigen Schalters.

Als ich meine Versuche begann, wußte ich noch sehr wenig von Wicklungen, nicht einmal, daß man in Spulen für Hochspannung baumwollisolierte Drähte verwenden könnte. Ich nahm Drähte mit Gummiisolation und wickelte sie von Hand auf hölzerne Spulen, die ich bei einem Drechsler bestellt hatte. Die anderen Teile des automatischen Ausschalters machte ich eigenhändig und fühlte mich jeden Abend meinem Ziele näher. Zum Schluß funktionierte der selbsttätige Schalter und im menschenleeren Laboratorium sang ich begeistert ein paar Takte aus einem Lied von Grieg:

„Oh, lass dich halten, gold'ne Stunde,
Die nie so schön sich wieder beut!"

Bald verständigte ich Herrn Hartmann, daß ich sein Problem gelöst hätte. Zuerst war er beunruhigt, ob ich vielleicht einen Einbruch in die Hochspannungskammer des Elektrizitätswerkes verübt hätte. Ich versicherte ihm, daß das nicht der Fall war, und er kam mit einem anderen Ingenieur, um meine Erfindung zu besichtigen. Der andere dämpfte aber meine Begeisterung und hielt einen solchen Schalter für gar nicht wichtig. Wenn der Einkäufer die Kohle ein paar Prozent billiger kauft, so macht das mehr aus als die Kosten des Leerlaufstroms aller Transformatoren zusammengenommen. Beide Ingenieure überzeugten sich, daß mein Modell funktionierte, sagten mir aber, daß es beim praktischen Gebrauch erheblich modifiziert werden müßte: Quecksilberkontakte wären ungeeignet, und es sei auch nicht zulässig, den Transformator vollständig auszuschalten, wenn er unbelastet wäre. Im Fall einer Familienreise z. B. würde ein im Keller stehender Transformator feucht werden und würde beim Wiedereinschalten Schaden nehmen.

Ich hatte meine Patentanmeldung geschrieben und zeigte sie einem Patentanwalt Monath mit dem Ersuchen, nur die Ansprüche durchzusehen. Er wollte die ganze Anmeldung umschreiben, aber ich ging nicht darauf ein. Äußerste Eile war notwendig! „Warum?" Jetzt gestand ich, daß ich die Einrichtung schon jemandem gezeigt hätte, und erwartete, daß der Anwalt mich wegen einer solchen Unbesonnenheit auf das schwerste tadeln würde. Er blieb aber vollkommen ruhig. „Ist Ihr Bekannter ein Schuft, und glauben Sie, daß er Ihre Erfindung stehlen will?" Nein. „Selbst wenn er es wollte, so würde er zu einem Patentanwalt gehen; eine Beschreibung, Ansprüche und Zeichnungen müssen angefertigt werden, und das braucht Zeit." Trotzdem bat ich ihn, sich nur die Patentansprüche anzusehen und die Beschreibung so zu lassen, wie sie war. Er berechnete mir großherzigerweise für diese Arbeit nur zehn Gulden, gab mir aber eine Empfangsbestätigung für 50 Gulden, um seinem Ruf nicht zu schaden.

Später stellte ich die geliehenen Transformatoren der Fabrik zurück und erklärte die Einrichtung Herrn Seidener. Auch er war nicht begeistert und hatte daran auszusetzen, daß es aus Sicherheitsrücksichten unzulässig wäre, Lampen der Verbraucher in Reihe mit der Hochspannungswicklung eines Transformators zu schalten, auch wenn der Strom auf einen kleinen Wert herabgedrückt wäre. Ich beugte mich den begründeten Einwendungen und verfolgte die Sache nicht weiter, auch nach der Erteilung des Patents. Andere Techniker arbeiteten in der gleichen Richtung, aber die Sache verlor mit der Zeit ihre Wichtigkeit, da die kleinen Haustransformatoren allmählich durch große Transformatoren ersetzt wurden, die in Unterwerken mit Bedienung untergebracht wurden.

Überwindung von Schwierigkeiten.

Später, als ich Prüffeldleiter war, hatte ich oft genug Schwierigkeiten bei Kunden zu überwinden, die mir Anlaß zu „Erfindungen" boten. Fast jedes Problem kann von verschiedenen Seiten angegangen werden; manchmal ist eine juristische oder kaufmännische Lösung das Richtige, aber ein Mann mit Prüffelderfahrung wählt in der Regel einen anderen Weg.

Einmal brauchte ich einen Steckkontakt von 500 Volt und hatte meine Zweifel, ob einer der gewöhnlichen Steckkontakte, die wir für 100 Volt verwendeten, für diesen Dienst geeignet sei. Der Einkäufer verlangte von unseren Lieferanten einfach schriftlich ein Angebot für einen 500-Volt-Steckkontakt und betrachtete die Frage als gelöst, als dieser den gleichen Steckkontakt anbot, den wir schon früher von ihm bezogen hatten. Mir genügte das nicht; ich machte einen Versuch mit 500 Volt und der Steckkontakt ging beim Einschalten in Trümmer, eine Sache, die in einem Versuchsfeld weiter nicht gefährlich ist. Wahrscheinlich hatte im Büro des Lieferanten jemand die Anfrage behandelt, der von der Sache nichts verstand. Wenn das Versagen des Stückes nicht bei uns im Prüffeld, sondern bei unserem Kunden eingetreten wäre, hätte es uns nichts genützt, uns auf den Irrtum des Unterlieferanten auszureden.

Wenn ich irgendwohin geschickt wurde, war ich nicht damit zufrieden, die Schwierigkeiten zu berichten, sondern fühlte mich immer dazu verpflichtet, die Krankheit mit den mir zur Verfügung stehenden Mitteln zu heilen, manchmal mit Unrecht. Bei einem Walzwerk, das die Fabrik auf elektrischen Antrieb umgebaut hatte, funktionierte die mechanische Kupplung nicht und ich korrigierte diesen Fehler durch eine Spule, durch die ich Gleichstrom hindurchschickte, so daß die beiden Teile der Kupplung auch bei hoher Last gut zusammenhielten. Ich war enttäuscht, als Herr Brock, der Vorstand des Projektierungsbüros, dies nicht als Dauerlösung hinnahm, sondern dem Lieferanten der Kupplung einfach schrieb, er müsse seine Kupplung in Ordnung bringen. Selbstverständlich war Brock im Recht und ich im Unrecht, daß ich einen unzulänglichen mechanischen Teil durch einen zusätzlichen elektrischen Teil flicken wollte.

Eine andere Schwierigkeit, die viele Fahrten in arger Sommerhitze zu einer Zementfabrik erforderte, gab mir einen Einfall, der vielversprechend erschien. Dort war ein Aufzugsmotor mit einer Bremsscheibe am freien Wellenende. Die Bremsen wurden durch vier kleine Spulen von der Scheibe abgehoben, wenn der Motor unter Strom war; beim Ausschalten des Motors drückten Federn die Bremsschuhe nieder und brachten den Motor zum Stillstand. Kinzbrunner, ein junger Techniker, hatte die Wicklung der Spulen angegeben. Sie wurden bei der Prüfung des Motors so heiß, daß sie umgewickelt werden mußten. Nachher war die Temperatur in Ordnung und die magnetische Anziehung wohl geringer, sie schien aber genügend. In der Zementfabrik funktionierte aber die Bremse schlecht und ich mußte vom ungeduldigen Fabriksdirektor böse Vorwürfe anhören.

Ich glaube, wir konstruierten die Bremse um und lieferten stärkere Magnete und Spulen. Für künftige Anwendungen schaltete ich aber die ursprünglichen Spulen an einem Ende an eine kleine Hilfsbürste, die ich zwischen den beiden Hauptbürsten auf dem Kollektor schleifen ließ und so mit dem Anlasser verband, daß die Spulen beim Anlassen volle Spannung erhielten und im Betriebe halbe Spannung. Der doppelte Strom im Moment des Anlassens gibt vierfachen magnetischen Anzug, dieser Strom dauert aber so kurze Zeit, daß die Spulen sich nicht überhitzen. Der kleine Dauerstrom hingegen, der nur den vierten Teil der Erwärmung verursachte, genügt, um den Bremsschuh in der oberen Stellung zu erhalten, nachdem er einmal in diese Stellung gebracht worden war. Die Hilfsbürste, um Spulen mit der halben Spannung zu betreiben, war schon früher von Sayers und Sengel vorgeschlagen worden. Aber hier wurde durch die Verbindung mit einer Magnetbremse eine neue Wirkung erzielt. Jeder, dem ich die Einrichtung auf dem Prüffeld zeigte, einschließlich des neuen Direktors Neureither, war mit meinem Vorschlag sehr einverstanden. Jetzt, nach fast 50 Jahren, muß ich mein Gewissen erleichtern und gestehen, daß vielleicht die ganze Schwierigkeit in der Zementfabrik auf mein Konto zu schreiben ist. Hätte ich damals nicht beanstandet, was ich als groben Fehler Kinzbrunners ansah, wäre vielleicht alles in schönster Ordnung gewesen. Ich glaube, daß die Betriebszeit des Aufzuges in der Zementfabrik so kurz war, daß sich die Magnetspulen nicht übermäßig erwärmt hätten, und die magnetische Anziehung wäre groß genug gewesen. Damals gab es keine Normalien für die Prüfung von Aufzugs- und Kranmotoren.

Personaländerungen.

Ich konnte mich glücklich schätzen, daß ich Gelegenheit hatte, an so verschiedenen Aufgaben zu arbeiten und so verschiedenartige, interessante Probleme zu lösen. Andere Leute blieben ihr ganzes Leben lang beim Zeichenbrett oder bei der Berechnung der gleichen Art Maschinen.

Kremenezky löste 1899 seine Verbindung mit den österreichischen Schuckertwerken, kaufte von ihnen das alte Fabriksgebäude und erzeugte nur Glühlampen. Vor seinem Ausscheiden baute er nahe dem Donaustrom eine große moderne Fabrik für die Erzeugung elektrischer Maschinen. Für mich war es die erste Erfahrung dieser Art. Wo immer ich früher war, im Gymnasium, an der Technischen Hochschule, am elektrotechnischen Institut, wurde immer von einem bevorstehenden Neubau gesprochen, aber er wurde niemals während meiner Verbindung mit diesen Instituten durchgeführt. Jetzt konnte ich den Neubau verfolgen und nach seiner Vollendung dort einziehen. Seidener verließ die Schuckertwerke ungefähr zur selben Zeit wie Kremenezky und wurde Direktor der Wiener „Union"-Elektrizitätsgesellschaft. Er errichtete auch einen Neubau. Neureither, der neue Direktor der österreichischen Schuckertwerke, war bei Ganz Projektierungsingenieur und Wiener Vertreter gewesen. Er war ein sehr guter Ingenieur, der Verfasser eines beliebten Buches über Stromverteilung, und hatte eine Art, Leute zu behandeln wie ein gütiger Arzt, der schon durch seine Persönlichkeit Vertrauen einflößt. Wenn einer seiner Untergebenen um eine Gehaltserhöhung ansuchte, so verließ er das Direktionsgebäude mit so strahlendem Gesicht, als wenn alle seine Wünsche erfüllt worden wären. In Wirklichkeit sagte ihm Neureither in den meisten Fällen nur, wie glücklich er wäre, wenn er den anderen nach seinem Verdienst belohnen könnte, daß aber bei der gegenwärtigen Geschäftslage dies nicht möglich wäre. Man nannte ihn später „Ferdinand den Gütigen".

Elektrischer Kongreß Wien 1899.

Im Sommer 1899 fand ich eine Methode, um die Schlüpfung von Induktionsmotoren mit Kurzschlußläufern zu messen. In der Wiener Zeitschrift für Elektrotechnik veröffentlichte Dr. Moritz

v. Hoor eine solche Methode für Schleifringmotoren, und ich entdeckte, daß es möglich war, mit einer nahe der Welle gehaltenen Prüfspule den vom Läufer ausstrahlenden Streufluß zu benutzen, um in einem mit der Prüfspule verbundenen Telephon die Schlüpfung zu hören. Ich nahm auch objektive Aufzeichnungen der Schlüpfung durch Betätigung eines Morse-Telegraphenapparates mittels eines Relais vor. Seidener kam einmal von einer Ausschußsitzung des elektrotechnischen Vereins mit der Neuigkeit, daß Professor Sahulka, der Herausgeber der Zeitschrift, von meinem Bericht so beeindruckt war, daß er ihn zum Abdruck in der Sondernummer zur Gelegenheit des Elektrotechnischen Kongresses in Wien gewählt hatte. Für mich war das ein bedeutendes Ereignis: mein erstes Erscheinen in der technischen Welt als Schriftsteller und Forscher. Ungefähr zwanzig Jahre später meldete Siemens ein Patent für die gleiche Methode an; aber seine Anmeldung wurde auf Grund meines alten Aufsatzes zurückgewiesen.

Der Kongreß brachte die erste öffentliche Vorführung der Nernst-Lampe, und mehrere junge Leute, die nachher bekannt wurden, hatten Gelegenheit, sich der Öffentlichkeit vorzustellen. Eichberg, mein Kollege während der Hochschulstudien, hielt einen Vortrag über das kombinierte Gleichstrom-Wechselstrom-System Déri für Bahnbetrieb, und Ossanna, ein junger Ingenieur von Siemens in Wien, veröffentlichte einen Aufsatz über „Aufgeschnittene Gleichstromwicklungen", ein Meisterwerk geometrischer Untersuchung. Ossanna, der auch ein wertvolles neues Diagramm über die Berechnung von Induktionsmotoren veröffentlichte, wurde bald als Professor für Elektromaschinenbau an die Technische Hochschule München berufen über Empfehlung seines Vorgesetzten Pichelmayer, dem der Lehrstuhl angeboten worden war, der es aber damals vorzog, bei Siemens als Fabriksdirektor zu bleiben. Einige Jahre später, als Siemens und Schuckert sich vereinigten, gab Pichelmayer seine praktische Tätigkeit auf und übernahm die Professur für Elektromaschinen an der Wiener Hochschule.

Das kombinierte Gleichstrom-Wechselstrom-System Déris fand keine praktische Anwendung. Aber zu seiner Ausführung bedurfte es eines Motors, der sowohl mit Wechselstrom als mit Gleichstrom arbeiten konnte, und dazu war vollständige Kompensation der Ankerrückwirkung erforderlich. Das wichtige Resultat der Ideen und Versuche war die kompensierte Gleichstrommaschine. Déri arbeitete am Wechselstrom-Kollektormotor seit den Achtzigerjahren des 19. Jahrhunderts und verlor niemals seinen Glauben an ihn, zur Zeit, als die Welt den Motor als tot und begraben ansah. Eichberg arbeitete als Déris Privatassistent und lernte von ihm vieles, was er in keiner anderen Schule hätte lernen können. Anderseits war die wissenschaftliche Schulung Eichbergs für die gemeinsame Arbeit sehr wertvoll. Einige Jahre später brachte sowohl ein Repulsionsmotor Déris als ein solcher von Winter und

Eichberg der Elektrotechnik wertvolle Beiträge, ungefähr zur selben Zeit, als Lamme von der amerikanischen Westinghouse-Gesellschaft in Amerika für Traktionsprobleme den toten Wechselstrom-Kollektormotor zu neuem Leben erweckte.

Über die Anregungen, die die kombinierte Déri-Maschine mir bot, werde ich später berichten.

Im Gaswerk.

In Wien wurde im Jahre 1899 ein städtisches Gaswerk eröffnet, für das die Schuckertwerke elektrische Motoren und Generatoren lieferten. Im Dezember gab es eine schreckliche Aufregung. Die Beamten des Gaswerkes waren nervös, weil die liberalen Zeitungen, die der Errichtung neuer Werke abhold waren und für die Übernahme des alten Werkes der englischen Gasgesellschaft eingetreten waren, jeden Vorfall im neuen Werk auf das heftigste kritisierten. Für Schuckert war es von größter Wichtigkeit, die städtische Verwaltung zufriedenzustellen, da die Stadt auch beabsichtigte, ein neues Elektrizitätswerk zu bauen. Neureither sandte mich in seinem eigenen Fiaker, um jeden Zeitverlust zu vermeiden. Was war los? Die Dampfmaschinen, die zum Antrieb der Dynamos dienten, hatten eine neue Reglerkonstruktion. Die Regler waren noch nicht richtig eingestellt, so daß ein gewisses Pendeln auftrat. Man hatte versucht, zwei Maschinen parallel zu schalten, weil die Belastung an Motoren- und Lampenstrom die Leistung einer Maschine überstieg, und es entstand so starkes Feuer an den Kollektorbürsten, daß sich niemand getraute, den Versuch zu wiederholen. Als ich die Maschinen parallelschalten wollte, verlangte ein Beamter von mir, daß ich im eigenen Namen und im Namen der Schuckertwerke die Verantwortung für alle Folgen dieses Schrittes übernehme. Das klang schrecklich, und Leute, die nur an juristische Verantwortung denken, wären wohl zurückgezuckt und hätten den Juristen das Wort gelassen. Ich ließ mich auf keine juristischen Erklärungen ein und schaltete die Maschinen parallel, die allerdings zuerst bösartig funkten; aber nach Einstellung der Bürsten verschwanden die Funken und der Betrieb konnte fortgesetzt werden. Zu jener Zeit wurden die Dynamos nicht mit Wendepolen ausgerüstet und hatten Metallbürsten, die eine Verstellung des Bürstenapparates erforderten, wenn die Belastung sich änderte. Eine Unstetigkeit im Dampfmaschinenregler, durch die die Dampfeinströmung unregelmäßig vermehrt und vermindert wurde, konnte bei parallel geschalteten Maschinen häßliche Funkenbildung erzeugen, aber die Krankheit war mehr eingebildet als wirklich, weil niemand sich traute, die funkenden Maschinen in Parallelschaltung zu belassen und die Bürstenstellung sorgfältig zu regulieren, bis sich gute Stromwendung einstellte.

In den Gaswerken hatte ich Gelegenheit, die Stärke eines elektrisches Schlages von 220 Volt Gleichstrom zu spüren, wenn man in nassen, mit Kohlenpulver überdeckten Schuhen auf einem Eisenboden steht. Aus meiner Prüffelderfahrung war ich an Schläge von viel höherer Spannung gewöhnt, die viel weniger fühlbar waren, weil diese äußeren Bedingungen fehlten. Der elektrische Schlag hatte keine weiteren Folgen.

Elektrische Schmiede.

Ich hatte Gelegenheit, eine Methode des Schmiedens mit elektrischem Strom kennenzulernen, die meines Wissens nirgends praktische Wichtigkeit erlangte, aber auf Augenzeugen einen großen Eindruck machte. In Österreich wie in anderen Staaten konnten Patente als nichtig erklärt werden, wenn die Erfindungen nicht im Inland ausgeführt wurden: um dies zu verhindern, führten Patentanwälte die Sitte ein, vor einer amtlichen Kommission die Ausführung gerade solcher Erfindungen vorzuführen, die im Inland keine Lizenznehmer gefunden hatten. Ein solcher Patentanwalt war in Geschäftsverbindung mit den österreichischen Schuckertwerken, und im Prüffeld wurden die Vorbereitungen getroffen, um der Kommission das Schmieden vorzuführen, bei dem gleichzeitig Elektrolyse und elektrischer Lichtbogen benutzt wurden.

Ein Blechkübel war mit Wasser gefüllt, das durch Salz oder eine Säure leitend gemacht wurde. Der Kübel wurde mit einem Pol einer Gleichstrom- oder Wechselstromdynamo verbunden, das zu schmiedende Stück mit dem anderen Pol, so daß Wasserstoff- oder Knallgasblasen am Werkstück aufstiegen. Durch das Aufsteigen der Gasblasen wird die unmittelbare Berührung zwischen Schmiedestück und Flüssigkeit gestört und es entwickeln sich kleine elektrische Lichtbogen, die das Gas entzünden. Lichtbogen und Wasserstoffflamme bringen das Schmiedestück zum Glühen, und es kann dann auf dem Ambos geschmiedet werden.

Der Versuch macht großen Eindruck, aber der elektrische Strom dient hier nur zum Ersatz des Schmiedefeuers und die Sache ist unwirtschaftlich. Bei der elektrischen Schweißung, die später solche Wichtigkeit erreichte, ist es nicht notwendig, das ganze Werkstück auf Glühhitze zu bringen und dann zu hämmern, sondern es werden zwei kalte Stücke miteinander durch eine Schweißnaht vereinigt.

Vortrag im elektrotechnischen Verein.

Während der Weihnachtsbesuche im städtischen Gaswerk arbeitete ich im Kopf einen Vortrag über „Gewichtsökonomie bei Dynamomaschinen“ aus, den ich unmittelbar nach Neujahr im Wiener elektrotechnischen Verein zu halten hatte. Es wurde nicht verlangt, vor der Versammlung den Aufsatz schriftlich zu überreichen. Ich sprach fast ohne Aufzeichnungen, hatte aber große Wandtafeln vorbereitet, für die Kinzbrunner, der mir dabei half, die vorzügliche Regel hatte: Keine Linie dünner als einen halben Zoll! Wenn man dicke Striche benutzt, dann können Zeichnungen nicht mit Einzelheiten überlastet werden, die wertlos sind, weil sie die Zuhörer nicht sehen können.

Als ich mit der Straßenbahn zum Vereinslokal fuhr, las ich im Abendblatt einen sensationellen Bericht über eine Exekution durch den Strang und hatte die Empfindung, selber zu einer Exekution zu gehen, bei der ich das Opfer war. Aber es kam nicht so schlimm. Der Vortrag wurde freundlich aufgenommen.

Einige Wochen später, durch manche interessante Reisen unterbrochen, schrieb ich den Vortrag nieder, und er wurde im April 1900 veröffentlicht. Ich untersuchte, durch welche Faktoren Gewicht und Preis einer elektrischen Maschine beeinflußt werden. „Electrician", London, brachte einen Auszug aus dem Aufsatz und kritisierte die angeblich von mir geäußerte Meinung, daß keine erheblichen Fortschritte in der Verringerung des Maschinengewichtes mehr zu erwarten seien. „Electrician" prophezeite, daß die Elektrotechniker der Zukunft ebenso wie die der Vergangenheit bestrebt sein würden, immer weitere Gewichtsreduktionen zu erzielen. Ich glaube, daß der Schriftleiter meinem Aufsatz etwas unterlegte, was nicht darin zu finden war, aber seine Prophezeiung war richtig! Das Gewicht elektrischer Maschinen wurde seit 1900 in einem Maße verringert, das damals niemand voraussehen konnte.

Den Aufsatz schrieb ich eigenhändig zu Hause in den Nacht- und Sonntagstunden. Später erst lernte ich den Vorteil schätzen, den es bringt, Aufsätze einem anderen zu diktieren, der sie dann auf der Schreibmaschine schreibt. Der Hauptvorteil ist, daß der Verfasser viel eher bereit ist, Teile zu streichen und umzuschreiben, wenn ein anderer die mechanische Arbeit macht, und daß deshalb der Aufsatz besser und übersichtlicher wird.

In der Zukunft blieb ich bei der Methode, meine Vorträge frei zu sprechen, auch wenn ich sie vorher schon veröffentlicht hatte. Im allgemeinen zeigen die Zuhörer mehr Interesse an einem freien Vortrag als an einer Vorlesung. Es ist vollkommen richtig, daß ein freier Vortrag im allgemeinen weniger methodisch ist, daß Grammatik und Stil weniger korrekt sind, daß wichtige Punkte vergessen oder nicht an der richtigen Stelle gebracht werden: aber der Eindruck der freien Rede auf das Publikum ist größer. Teile, die beim Vortrag nicht vorgebracht wurden, können manchmal in der Diskussion zur Sprache kommen, manchmal in der Niederschrift des Vortrages. Aber selbst wenn dies nicht der Fall ist, ergibt sich oft später eine andere Gelegenheit. Über seine eigene Tätigkeit hat man mehr als einmal zu berichten.

Ich fand aber später, daß es keinen großen Vorteil bietet, einen noch nicht zu Papier gebrachten Vortrag durch einen Stenographen mitschreiben zu lassen und dann die Niederschrift zu korrigieren. Das geschriebene Wort erfordert einen anderen Ausdruck als das gesprochene.

Beim Abdruck des Vortrages über Gewichtsökonomie bei Dynamomaschinen zeigte es sich, daß ich Herrn Déri fast ernstlichen Schaden zugefügt hätte durch Erwähnung einer Verbesserung, die sich später als sehr wichtig erwies und die ich in der Zwischenzeit zwischen dem Vortrag und ihrer Veröffentlichung von ihm erfahren hatte. Ich mußte vor einem Notar eine Erklärung abgeben, daß ich die Verbesserung nicht bei meinem Vortrag, sondern erst später bei der Niederschrift des Aufsatzes erwähnt hatte, sonst wäre Déris Patentanmeldung vielleicht wegen früherer Veröffentlichung angefochten worden.

Déri.

Es war für mich ein großer Vorteil, daß ich damals einige Zeit mit Déri arbeitete. Er hatte sich von seiner Stelle als Direktor der Internationalen Elektrizitätsgesellschaft zurückgezogen, um sich seinen Erfindungen zu widmen. Er war mit Neureither befreundet und erhielt von ihm die Erlaubnis, im Prüffeld der Schuckertwerke eine Versuchsmaschine auszuprobieren, die nach Déris Angaben von Kummer in Dresden hergestellt worden war. Auf diese Art hatte ich die Gelegenheit, diese sonderbare Maschine zu probieren, die als Einphasen- und als Gleichstrommaschine mit verschiedener Polzahl laufen konnte und in der die Ankerrückwirkung kompensiert war. Ich nahm alle von Déri gewünschten Versuche vor. Einmal fragte er mich, was ich von der Maschine in Verwendung als lediglich kompensierte Gleichstrommaschine hielte. Ich sah darin keinen großen Vorteil, weil ich die Kommutierung der gewöhnlichen Gleichstrommaschine für genug gut hielt. Ich hatte Unrecht. Gerade dies war die einzige Anwendung von praktischer Wichtigkeit von all den halb Dutzend Anwendungen, die die Kombinationsmaschine ermöglichte. Während der nächsten paar Jahre tauchten Probleme auf, die mit der üblichen Gleichstrommaschine nicht zu lösen waren: Turbogeneratoren sehr hoher Drehzahl, große Fördermaschinen für Bergwerke, Walzwerksmotoren mit rasch wechselnder Belastung und großer Überlastungsfähigkeit: die kompensierte Déri-Maschine löste alle diese Aufgaben. Später fanden Konkurrenten die Möglichkeit, die Kompensation (die an sich nicht neu war) zu verwenden, ohne Benutzung der Patente Déris, und fanden auch, daß einige dieser Probleme sich durch Wendepole allein lösen ließen, ohne die vollständige Kompensation Déris anzuwenden. Aber Déri wirkte bahnbrechend. Auch auf die Konstruktion gewöhnlicher Maschinen wirkte sein Beispiel zurück. Funkenfreie Stromwendung konnte bei viel höherer Last erreicht werden. Als dies mit besserer Ventilation kombiniert wurde, konnte die Leistung einer gegebenen Maschinentype ganz erheblich erhöht werden.

Angenehme und unangenehme Pflichten.

Beim Beginn meiner Tätigkeit als Assistent des Chefelektrikers gab mir mein Vorgänger den Rat, immer eine oder zwei Sachen unerledigt zu lassen, um auf dringend zu erledigende Geschäfte hinweisen zu können, falls eine neue Aufgabe auftauchte, die mir widerstrebte und die ich auf jemand anderen abwälzen wollte. Ich befolgte den gutgemeinten Ratschlag nicht, und er hätte mir auch niemals in meiner künftigen Laufbahn dazu verholfen, jene Dinge abzuschieben, die ich in Wirklichkeit haßte: Korrespondenz mit Patentämtern und Lohnverhandlungen mit Arbeitern und Angestellten. Ein Patentanwalt kann dem Erfinder meist nur wenig helfen, wenn die Neuheit einer Erfindung durch den Prüfer des Patentamtes oder einen Gegner bezweifelt wird. In der Regel muß der Erfinder selbst die zitierten Vorveröffentlichungen durchwaten, um den wirklichen Unterschied zwischen dem Bekannten und dem Neuen herauszufinden. Bei Lohnverhandlungen nützt es auch wenig, jemand anderen mit den Verhandlungen zu beauftragen; zum Schluß muß doch der Mann herbeigerufen werden, der zu entscheiden hat. Kein Vorschützen wichtiger anderer Geschäfte hilft, wenn Arbeiter sich im Streik befinden. Oft kommt es sogar dazu, daß einem die verhaßte Tätigkeit zum Schluß Freude macht, wenn sie erfolgreich ist.

Reisen.

Die vier Jahre bei Kremenezky und Schuckert brachten manche interessante Reise. Ehe ich den Posten antrat, machte ich eine hübsche viertägige Fußtour in den Alpen. Im Jahre 1898 unternahm ich statt einer Fußtour eine Reise nach Prag und deutschen Städten, wo ich eine stattliche Zahl elektrotechnischer Fabriken und zwei Ausstellungen besuchen konnte. Zu Allerheiligen 1897 unternahm ich eine winterliche Besuchsreise zu Dr. Max Brauchbar, der in den Stahlwerken Witkowitz als Chemiker arbeitete. Im Stillen hatte ich gehofft, von diesem Ausflug große Bestellungen der Witkowitzer Gewerkschaft nach Hause zu bringen, denn damals wußte ich nicht, wieviel Wochen und Monate ernster Werbetätigkeit erforderlich sind, um eine Bestellung zu erlangen. Damit war es nichts, aber was ich sah, war der Reise wert. Ich kam am frühen Morgen an, nach einer Reisenacht, während der in meinem Kopfe die Melodien von „Tannhäuser“ summten, die ich am Abend zuvor das erste Mal in meinem Leben in der Hofoper gehört hatte. In den finsteren Stunden des Wintermorgens loderten die Feuersäulen von Hoch- und Koksöfen zum Himmel auf und bereiteten einen herrlichen Anblick. In späteren Jahren lernten die Techniker die Gas- und Dampfverschwendung zu vermeiden. Gas, das damals bei Nacht den Himmel erhellte und bei Tag ihn verdüsterte, wird heute in Gasmaschinen nutzbar verwendet. Leute jammern, daß der Fortschritt der Industrie, besonders die Ausnützung von Wasserfällen, der Menschheit Naturschönheiten raubt. Die Feuer- und Rauchsäulen in den Stahlwerken hat die Industrie geschaffen, und niemand bestreitet ihr das Recht, das Gas einem anderen Zweck zuzuführen als dem, die Nacht zu erhellen. Leider oder zum Glück ist auch die Technik nicht so wirksam, daß Wasserfälle oder Feuersäulen gänzlich unterdrückt würden. Gelegentlich sieht man sie noch in ihrer ganzen Schönheit. Die Benutzung des elektrischen Stromes in den Stahlwerken war interessant genug, obwohl sehr klein, verglichen mit der Ausnützung in späterer Zeit.

Eine sonderbare Sache verfolgte mich auf meiner ganzen Reise. Am Abend meiner Abfahrt von Wien hatte Dr. Lecher, Abgeordneter der Brünner Handelskammer, im Abgeordnetenhaus eine lange Rede begonnen, um eine Abstimmung, die seine Partei bekämpfte, zu verhindern. In jedem Zeitungsblatt, das ich während meiner ganzen Reise und des Aufenthaltes in Witkowitz zu Gesicht bekam, hieß es: „Lecher spricht noch immer.“ Seine Obstruktionsrede, die ihn berühmt machte, dauerte mehr als zwölf Stunden, und das Ende davon fand sich in den Wiener Abendzeitungen des nächsten Tages. Aber es dauerte einige Zeit, bis die Wiener Zeitungen die Provinz erreichten; die Berichte der Provinzzeitungen waren verspätet; der Feiertag: alles wirkte zusammen, um den Eindruck zu erwecken als ob Lecher nicht nur eine Nacht, sondern drei Tage und drei Nächte gesprochen hätte.

Ein Kabeldurchschlag.

Eine vierzehntägige Abwesenheit im Anfang des Frühlings 1900 zum Zwecke der Prüfung von Wasserkraftgeneratoren und Inbetriebsetzung der Zentrale in Auer, Südtirol (italienisch Ora, Alto Adige), zeitigte eine unerfreuliche Erfahrung. Von Auer sollte Strom an acht kleine Ortschaften geliefert werden und es wurden in der Wasserkraftzentrale Einphasenstromerzeuger für 5000 Volt aufgestellt. Zuerst trockneten wir die Maschinen bei Kurzschluß mit normalem Strom, während eines oder zweier Tage; dann wurden alle Transformatoren in den Ortschaften angeschlossen und bei niedriger Spannung und kurzgeschlossenem Sekundärkreis mit vollem Strom belastet. Es war wunderbar, in der stillen Sternennacht durch die altertümlichen tirolischen Straßen von einem Transformator zum anderen zu wandern und ihrem regelmäßigen leisen Geräusch zu lauschen. Im allgemeinen war das ganze Hochspannungsnetz oberirdisch, aber für drei kurze Strecken hatten die Behörden verlangt, daß die Oberleitung unterbrochen und durch kurze Kabelstrecken ersetzt werde, so beim Schießplatz, um die Gefahr einer zufälligen Beschießung eines Hochspannungsdrahtes zu vermeiden. Die Kabelfabrik probierte bei dieser Gelegenheit eine neue Type der Isolation aus, die in ihrem Laboratorium gute Resultate ergeben hatte. Sie boten diese Kabel mit fünfjähriger Garantie an, anstatt der üblichen einjährigen, und die Schuckertwerke, die daraus den Eindruck gewannen, daß das Kabelwerk völliges Vertrauen in die neue Isolation setzte, gaben die Erlaubnis, das Kabel zu verwenden. Aber auf der Anlage schlug ein Kabel nach dem anderen durch. Zuerst das beim Schießplatz, gerade als beim allmählichen Hochgehen mit der Spannung der Punkt von 5000 Volt erreicht war. Wir ersetzten das Kabel zeitweilig durch eine Drahtoberleitung und versprachen, diese am Sonntag während der Schießübungen spannungslos zu machen. Dann schlug ein zweites Kabel durch und schließlich das letzte. Jeder Kabeldurchschlag war, infolge der plötzlichen Spannungserhöhung, vom Durchschlag einer Spule in einem der Generatoren oder vom Durchschlag eines oder mehrerer Meßwandler in der Schaltanlage begleitet. Diese Sekundärerscheinungen betrübten uns nicht allzusehr. Wir konnten eine, zwei oder drei Spulen des Einphasen-Generators abschalten und mit den restlichen noch immer auf Spannung kommen, da die Belastung im Anfang nur klein war; ebenso konnten wir den Betrieb mit Ausschaltung mehrerer Instrumente führen. Nach jedem Kabeldurchschlag setzten wir daher unsere Anlage still, wickelten die beschädigte Generatorspule aus, entfernten die beschädigten Strom- oder Spannungswandler, schnitten das beschädigte Kabelstück aus und setzten die Maschine wieder neuerlich in Betrieb. In die zwei Fabriken nach Wien wurden zuerst schriftliche und später telegraphische Berichte geschickt mit der täglichen Unfallsliste. Es war klar, daß neue Kabel geliefert werden mußten, aber ich hoffte doch, die Situation zu retten und den Tag der Einweihung des Werkes einzuhalten durch einen provisorischen Betrieb mit halber Spannung. Zu jener Zeit gab es nirgends lagernde 5000-Volt-Kabel und ihre Neuherstellung erforderte Monate. Die zu erwartende Last während der ersten Betriebsmonate war klein, und wir hätten sowohl bei den Generatoren als auch bei den Transformatoren die Wicklungen in zwei Hälften parallelschalten können. Aber die Leiter der Schuckertwerke und der Kabelfabrik genehmigten dies nicht. Sie dachten mit Recht, daß ein Kabel, das bei 5000 oder 4000 Volt durchschlägt, nicht verläßlich genug ist, um dauernd mit 2500 Volt zu arbeiten. Die Verschiebung einer Inbetriebsetzung um einige Monate ist unangenehm, wird aber nach ein paar Monaten ungestörten Betriebes wieder vergessen, während die Unterbrechung eines Betriebes, der einmal begonnen hat, eine viel ernstere Sache ist und den Ruf der Werke viel mehr schädigt.

Es gab noch ein Nachspiel. Eines Nachmittags kam ein Ingenieur eines anderen Tiroler Kraftwerkes nach Auer, um diese neue Anlage zu besichtigen. Die Türen der Station waren verschlossen, aber durch die Fenster hatte er gesehen, daß die Maschinen in Betrieb waren und daß die Lampen an der Schalttafel brannten. Später aber, als er eingelassen wurde, war alles abgestellt. Er beklagte sich beim kaufmännischen Vertreter der Gesellschaft bitterlich über die Unhöflichkeit, die man ihm bewiesen hatte. Es ist nicht leicht, bei Inbetriebsetzung einer neuen Anlage, bei der sich Schwierigkeiten ergeben, zu entscheiden, wie weit man den Besitzer und Gelegenheitsbesucher ins Vertrauen ziehen soll. Es ist gewiß unerwünscht, sie zu verletzen; aber Schwierigkeiten an die große Glocke zu hängen, ist auch nicht ratsam.

Elektropathologie.

Im Jahre 1899 oder 1900 kam ein junger Arzt, Dr. Jellinek, in die Fabrik. Er hatte die Absicht, sich auf Krankheiten zu spezialisieren, die durch den elektrischen Strom hervorgerufen wurden, und bat um Erlaubnis, zuerst Ingenieure, wie den Direktor Neureither und mich, und dann die Arbeiter zu untersuchen. Wir bereiteten ihm eine Enttäuschung: in der Fabrik würde er nicht viele Leute finden, die elektrische Leiter berührten; sehr wenige unserer Leute hatten irgend etwas mit elektrischem Strom zu tun, die meisten seien Dreher, Schlosser, Hobler, die nur mechanische Arbeit machten, und auch bei Technikern und Bürobeamten würde er kaum elektrische Krankheiten vorfinden. Wer mit elektrischen Stromkreisen zu tun hatte, nahm sich wohl in acht, unter Spannung stehende Drähte anzurühren. Sein Besuch brachte ihm keine unmittelbaren Resultate, aber er spezialisierte sich in Elektropathologie, und einige 20 Jahre später konnte man in jeder Hochspannungsstation der Wiener Elektrizitätswerke ein Plakat des Inhaltes sehen, daß bei elektrischen Unfällen Professor Jellinek sofort telephonisch gerufen werden müsse.

Ich selbst erlebte in späterer Zeit vier durch Berührung einer Hochspannungsleitung erfolgte Todesfälle, aber niemals traf ich jemanden, der durch Anwendung der künstlichen Atmung wieder ins Leben zurückgerufen worden wäre. Wohl machte ich die Bekanntschaft eines Monteurs, der einen 10 000-Volt-Schlag überlebt hatte. Durch einen glücklichen Zufall war er von der Hochspannungsleitung weggerollt und kam ohne fremde Hilfe wieder zu sich.

Zauberstab.

Aufgetretene Störungen führten mich zu Zuckerfabriken in Mähren, Kohlenbergwerken in Ungarn, Besitzungen in Kroatien und zu Zeitungsdruckereien. In der Regel war es möglich, wie mit dem Zauberstab alles in schönste Ordnung zu bringen: meist war es nur eine falsche Schaltung oder falsche Wartung der Maschine, die die Klagen verursachte. Ein hübsches Erlebnis war, mitten im Winter eine Fabrik in Lilienfeld zu besuchen und alle Klagen zu beseitigen, dabei auch die ersten Skiläufer auf den beschneiten Hügeln zu bewundern und vom Besitzer der Fabrik mit all den Ehren empfangen zu werden, die einem Erlöser zukommen. Viele interessante Eindrücke gab eine Reise nach Graz, wo nicht nur industrielle Anlagen, sondern auch zwei einander benachbarte Klöster besucht wurden, das eine für Mönche, das andere für Nonnen.

Der Laienbruder, der die elektrische Anlage in beiden Klöstern betreute, war in seinem bürgerlichen Leben ein Schuster gewesen und erzählte mir, daß er niemals Seelenfrieden gefunden hätte, bis er sich dem religiösen Leben widmete, daß er aber jetzt in Wahrheit glücklich war. Seine Wartung von Dynamomaschine und Motoren war gut, und in der Kapelle des Frauenklosters hatte er eine Anlage für die Flutlichtbeleuchtung der Marienstatue ausgeführt. Bei diesem Besuch machte ich auch in einem Vorort von Graz die ersten Aufnahmen und Messungen für eine Papiermaschine, die elektrischen Antrieb erhalten sollte. Papiermaschinen mit stark wechselnder Geschwindigkeit waren damals eine besondere Aufgabe für elektrischen Antrieb.

Nicht allen Klagen der Kunden konnte durch den Zauberstab abgeholfen werden. In einem Fall beklagte sich ein Kunde, daß der Wirkungsgrad eines Motors sich plötzlich furchtbar verschlechtert hätte. (Ich glaube, es gibt noch heute Leute, die behaupten, daß ihre Maschinen einen Wirkungsgrad von 50 % statt 90 % haben.) Es war eine tragikomische Geschichte. Ein Bekannter von ihm hatte sich über die hohen Angaben seines Elektrizitätszählers beklagt und der vom Werk installierte neue Zähler ergab dann wirklich eine niedrigere Stromrechnung. Er versuchte das gleiche Kunststück. Das Elektrizitätswerk untersuchte den Zähler und fand, daß er wirklich falsch zeigte, aber zuwenig! Sie ersetzten den Zähler durch einen richtigen, und der arme Mann mußte jeden Monat doppelt soviel für seinen Strom zahlen als vorher. Er versuchte die Schuld dem Motor zuzuschieben, der plötzlich doppelten Strom brauchte. Ich konnte ihm nicht helfen: der Motor war in Ordnung und der Zähler war in Ordnung.

Konstruktionsfehler.

In manchen Fällen waren die Maschinen oder Apparate ungeeignet und mußten ausgewechselt werden. Einem Anfänger erscheint dies als ein schreckliches Unglück; der erfahrene Geschäftsmann aber weiß, daß es weitaus besser ist, einen Apparat mit Verlust auszutauschen, um den Kunden zufriedenzustellen, als eine Anlage zu haben, bei der dauernd Störungen auftreten. In einer Druckerei waren zum Antrieb von Schnellpressen einige Dutzend Motoren installiert, bei denen die Verbindungen zwischen der Ankerwicklung und den Kollektorsegmenten ständig brachen. Ich habe niemals vor- oder nachher von der gleichen Schwierigkeit gehört, obgleich viele Fälle von Maschinenteilen bekannt sind, die anscheinend schwach belastet sind, aber unter den immer wiederholten Beanspruchungen schließlich brechen. Der Fall der Motoren wurde niemals völlig aufgeklärt, aber zweifellos waren die Motoren überlastet. Als sie gegen größere von anderer Konstruktion ausgewechselt wurden, hörte man nichts mehr von der Druckerei. Das passiert Technikern in vielen Fällen: die Ursache einer Störung bleibt unaufgeklärt, aber alle Teile sind zufrieden, wenn sie beseitigt wird.

Ernstliche Störungen gab es in einem großen Stahlwerk mit den Anlaßapparaten bei elektrischen Kranen. Zu jener Zeit war es noch nicht üblich, die Anlaßschalter zu verwenden, die bei Straßenbahnen allgemeinen Eingang fanden, und für diese Krane hatte der Nürnberger Apparatekonstrukteur eine sehr komplizierte und sehr teure Konstruktion versucht, die nichts taugte. Alle Anlaßapparate mußten ausgetauscht werden.

Geschäftliche Weisheit lernte ich von Seidener in einem Falle, als ich in seiner Abwesenheit einen Auftrag für eine Gleichstromniederspannungsmaschine mit hoher Stromstärke angenommen hatte. Ich schrieb die richtige Wicklung und einen Kollektor der notwendigen Länge vor, ohne zu berücksichtigen, daß die Verlängerung ohne Vergrößerung des Wellendurchmessers die Durchbiegung der Welle erhöht. Die Maschine arbeitete zufriedenstellend, wenn der Riementrieb nach einer bestimmten Seite gerichtet war, aber unglücklicherweise war der Riementrieb beim Kunden in Australien so gerichtet, daß die natürliche Durchbiegung vergrößert wurde. Die Brush Co. beklagte sich, und ich überlegte die notwendige Umkonstruktion mit stärkerer Welle und neuen Schnitten für die Ankerbleche, aber Seidener zeigte mir eine ganz andere Alternative als die, mit sehr großen Kosten eine neue Maschine zu konstruieren: Wir können die Maschine zurücknehmen und es der Brush Co. überlassen, woanders eine Maschine zu kaufen. Zu meiner großen Überraschung war damit wirklich für uns die Sache erledigt. Im späteren Leben diente mir diese Erinnerung dazu, in einem oder vielleicht zwei Fällen einen unangenehmen Zwischenfall mit mäßigem Verlust zu beendigen. Aber die Regel darf dies nicht werden: ein Fabrikant würde seinen Ruf aufs Spiel setzen, wenn er dies zu oft täte.

Glatte Anker.

Eines Sonntagnachmittags, vielleicht im Jahre 1897, wurde ich zu Herrn Kremenezky gerufen, wo ich auch Herrn Seidener antraf. Es war nicht nur eine Einladung zum Tee. Der Anlaß war ein Hilferuf von der Zentralstation der Wiener Hoftheater, Burg und Oper, die ursprünglich von einem britischen Unternehmer gebaut worden war und deren Leiter damals Mr. Melwhuish war. Colonel Crompton spricht in seinen Lebenserinnerungen von diesem Werk. Die ersten Dampfmaschinen waren von Williams & Robinson geliefert worden, aber der jetzige Schaden war an einem Örlikon-Generator mit glattem Anker aufgetreten, dessen Wicklung die Polschuhe berührt hatte und zerrissen worden war. Die Ankerwicklung bestand aus Rundkabeln, die über dem glatten Anker gewickelt waren: sie war gründlich zerstört. Seidener hatte großen Ehrgeiz, die Maschine zu reparieren und einen neuen Nutenanker zu liefern, und so war merkwürdigerweise unser Voranschlag für die Reparatur weitaus niedriger als der der Örlikonfabrik, die alle Zeichnungen und Werkzeuge hatte, und wir versprachen auch kürzere Lieferzeit. Daher erhielten wir den Reparaturauftrag, und er wurde zur Zufriedenheit des Kunden ausgeführt.

Die Frage, ob glatter Anker oder Nutenanker, traf einen empfindlichen Punkt in Seideners Herz. Bei seinen eigenen Konstruktionen für die Firma Kremenezky hatte er immer Nutenanker gewählt und betrachtete sie mit Recht als einen Fortschritt in der Konstruktion elektrischer Maschinen. Schuckert hingegen hatte damals noch glatte Anker, und nach einigem Zögern mußten auch wir sie übernehmen. Das schmerzte ihn.

Die Kunden merkten im allgemeinen nicht den Unterschied in der Ankerwicklung, denn Fälle wie die in der Theater-Zentralstation ereignen sich selten, aber die äußere Form der Maschinen war sehr verschieden, und unsere Kunden reagierten darauf in ganz verschiedener Art. Ein alter Kremenezky-Kunde in Böhmen, dem ein Schuckertmotor mit Lagerschildern geliefert wurde, schrieb, er sei mit dem neuen Motor sehr unzufrieden. Er wünsche eine Maschine mit der soliden Grundplatte, den Stehlagern und der Jochform wie früher, an die die Leute in seinem Bezirk gewöhnt waren. Dagegen schrieb eine andere Gesellschaft, früher Kundin von Schuckert in Nürnberg, der man noch auf Lager befindliche Maschinen des Manchester- & Kapp-Typs geliefert hatte, daß sie nicht so altertümliche Maschinen haben wollte, die alle Uhren in der Nachbarschaft verderben. Daß im Angebot die Maschinen mit anderen Buchstaben und anderer Nummer genannt waren, hatte bei ihnen nicht den Verdacht erweckt, daß man ihnen eine ganz andere Form liefern würde. Die Fabrik mußte wirklich tadellose Maschinen zurücknehmen und die Nürnberger Type liefern. Ein

Jurist hätte sich wohl gesträubt, aber in späteren Jahren hörte ich von einem Geschäftsmann ein schönes Wort: Laß den Juristen reden, aber stell' deine Kunden zufrieden!

Die Behauptung, daß die Manchester- & Kapp-Maschinen Uhren verdarben, die in die Nähe kamen, war richtig. Die Magnetgehäuse dieser Maschinenarten hatten eine große magnetische Streuung, und es war in Kraftstationen üblich, die Besucher vor dem Eintritt in das Maschinenhaus zu ersuchen, ihre Taschenuhren abzulegen, denn durch den Streufluß magnetisierte Uhren wurden verrückt. Zu jener Zeit war fast jeder Elektriker ein Sachverständiger in der Entmagnetisierung von solchen Uhren. Für einen gewöhnlichen Uhrmacher war es ein Problem, das ihm schlaflose Nächte bereitete. Das Problem verschwand im Laufe der Zeit mit der allgemeinen Anwendung runder Joche bei Gleichstrommaschinen und mit der Anwendung des Wechselstroms als Norm. Heute gibt es viele Elektriker, die gar nichts davon wissen, daß man eine Uhr ruinieren kann, indem man sich einer elektrischen Maschine nähert.

Tausend-Volt-Gleichstrom-Installation.

Im Jahre 1900, gerade vor meinem Weggang von Schuckert, wurde ich zu einer Anlage in Kärnten gerufen, die Kremenezky vor meiner Zeit errichtet und die der Gesellschaft viel Geld gekostet hatte. Es war eine Papierfabrik mit einer Wasserturbine und einem 1000-Volt-Gleichstrom-Generator, dessen Strom durch eine Hochspannungsleitung ohne Schaltapparate zu einem einzigen Motor in der Papierfabrik geleitet wurde. Generator und Motor hatten Reihenschlußwicklung. Durch Inbetriebsetzung und Abstellen der Turbine wurde auch die ganze Fabrik angelassen und abgestellt. Zur Zeit, als die Anlage errichtet wurde, war sie bemerkenswert. Die ersten 1000-Volt-Maschinen arbeiteten nicht zufriedenstellend und mußten durch andere ersetzt werden. Seidener erzählte mir, daß sein Vorgänger so sonderbare Ideen hatte, daß er bei Herausgabe einer Liste die Leistung in zweiter Potenz mit der Drehzahl erhöhte. Wenn er eine Maschine für eine andere als die normale Spannung zu wickeln hatte, änderte er nicht die Zahl der Kollektorsegmente, sondern wickelte einen Teil der Ankerspulen mit zwei, einen anderen mit vier Windungen. Zu jener Zeit hielten die Kunden Funkenbildung am Kollektor für eine natürliche Erscheinung und beklagten sich nicht über zu große Abnützung des Kollektors und der Bürsten. Es war eine gewöhnliche Praxis, gleichzeitig mit jeder neuen Maschine einen Reservekollektor zu bestellen. Zur Zeit meines Besuches arbeitete die elektrische Anlage zufriedenstellend und es wurde nur eine Erweiterung der Anlage besprochen. Aber nach Beendigung der technischen Angelegenheiten wurde ich vom dänischen Direktor der Papierfabrik zu einer Mahlzeit eingeladen und mit so viel Gläschen Benediktiner bewirtet, daß ich meinen Zug versäumte und an die Fabrik telegraphieren mußte, daß mein Abschiedsvortrag für die Arbeiter 24 Stunden später, als vorgesehen, stattfinden würde.

Fabriksvorträge.

Im Anfang des Jahres 1900 hatte ich mit dankbarer Zustimmung von Neureither einen Vortragskurs über Elektrotechnik für Arbeiter und Angestellte begonnen. Die Vorträge wurden am Abend nach Arbeitsschluß im großen Speisesaal für Arbeiter gehalten, und der Saal war immer voll. Da ich ein Prüffeldmann war und alles zu meiner Verfügung hatte, konnte ich Experimente vorbereiten, um jedes gesprochene Wort klar zu machen.

Einmal war ich ziemlich müde und eröffnete meinen Vortrag etwas schläfrig. Ich zeigte das Abbremsen eines Einphasen-Motors durch Auflegen meiner durch einen Lappen geschützten Hand auf die Riemenscheibe. Der Lappen fing sich in den Speichen der Scheibe und wirbelte herum, so daß die Zuhörer Gefahr vermuteten und große Aufregung herrschte. Aber es geschah nichts, mit Ausnahme dessen, daß mein Schlaf verschwunden war und sowohl ich als die Zuhörer von diesem Moment an wach und mit großem Interesse dem Vortrag folgten.

Die Vorträge waren für mich und die Zuhörer ein Vergnügen. Ein Bekannter von mir, der bei einer anderen Gesellschaft arbeitete, kam zu den Vorträgen und stenographierte sie, und unsere Korrespondentinnen schrieben sie dann auf der Maschine und vervielfältigten sie in mehrere hundert Exemplare.

Stellungsänderung.

Im Jahre 1900 sah ich mich nach einer anderen Stellung um, hauptsächlich, weil ich nicht in dem Maß vorrückte, als es in den beiden ersten Jahren geschehen war. Ohne Angabe meines Namens inserierte ich in der Elektrotechnischen Zeitschrift und erhielt mehrere Angebote, von denen eines zur Anstellung als Oberingenieur der Elektrotechnischen Abteilung von Gebrüder Körting in Hannover führte. Ich hatte als Referenzen Professor Hohenegg, früheren Direktor von Siemens in Wien, Herrn Seidener und Kremenezky angegeben. Körtings schrieben mir, daß die Auskünfte zufriedenstellend waren, daß aber die sehr wichtige von Kremenezky keine Einzelheiten enthielt und ich ihn persönlich ersuchen möge, Einzelheiten nachzutragen. Ich besuchte Herrn Kremenezky und erfuhr, daß er seinem kaufmännischen Leiter einfach den Auftrag gegeben hätte, über mich die beste Auskunft zu geben, und dieser im Brief ungefähr geschrieben hatte: „Ich kann über ihn die beste Auskunft geben“, in der Meinung, wie er sagte, daß das genügen müsse, wenn es von Kremenezky unterzeichnet sei. Ich fand, wie notwendig es ist, Leute an all das zu erinnern, was sie bezeugen sollen, auch wenn ihre gute Absicht und ihre Erinnerung an die Tatsachen feststeht.

Nach Abschluß der Vereinbarung mit Körting zeigte ich Herrn Maltsch, dem Assistenten der Werkstättenleitung, der auch seine Stelle verändern wollte, einen anderen Brief, den ich bisher nicht beantwortet hatte. Eine französische Fabrik elektrischer Maschinen in Lille suchte einen Werkstättenleiter. Maltsch eröffnete die Korrespondenz, als wenn er das Inserat veröffentlicht hätte, und erhielt die Stellung. Zwei Fliegen mit einem Schlag!

Die französische Firma bat um seine Zustimmung, „in diskreter Art“ eine Auskunft von Schuckert einzuholen, indem sie durch einen Wiener Anwalt sich über ihn erkundigte, als ob es sich um ein „projet de marriage“ handelte. Ich hätte nie vorher geglaubt, daß das eine diskrete Art darstellt.

Weltausstellung Paris 1900.

Im Juli verließ ich Wien und reiste nach Hannover auf dem Umweg über Paris. Die wunderbare Weltausstellung war ein finanzieller Mißerfolg, weil wegen des Burenkrieges keine britischen Besucher kamen. Technisch war die Ausstellung hervorragend. Zum ersten Mal waren die meisten ausgestellten Maschinen, durch elektrische Motoren angetrieben, in wirklichem Betrieb. Große Dampfmaschinen trieben Generatoren von ungeheurem Durchmesser an, und die Leuchtfontäne war ein besonderes Schaustück. Ein besonders interessantes Ausstellungsstück war die S t u f e n b a h n, die ein Muster für den Massenverkehr im Innern großer Städte bilden sollte. Sie bestand aus vier konzentrischen kontinuierlichen Plattformbahnen, deren jede eine relativ kleine Geschwindigkeitsdifferenz gegenüber der vorhergehenden hatte, so daß es für einen normalen Menschen leicht war, vom Boden auf die erste Stufe und allmählich auf die vierte Stufe und zurück zu gelangen und nirgends eine Unterbrechung der gleichmäßigen Bewegung zu erfolgen brauchte. Es schien ein wunderbaren Einfall, aber meines Wissens wurde er in keiner Stadt der Welt eingeführt. Storer, von der amerikanischen Westinghouse Company, modifizierte etwa 40 Jahre später die Idee derart, daß er die Stufen mit oszillierender Geschwindigkeit betrieb, so daß in einem gewissen Moment zwei Nachbarstufen relativ zueinander stillestanden, aber ich glaube nicht, daß sein Vorschlag im American Institute of Electrical Engineers einen größeren praktischen Erfolg hatte als das Schaustück in der Weltausstellung 1900.

Ein Ausstellungsstück in der französischen Abteilung war ein kleiner Wechselstromerzeuger, vielleicht einen Meter im Durchmesser, mit der Aufschrift „Generator für 30 000 Volt“. Er war nicht in Betrieb. Ich vermute, daß der Konstrukteur den Generator einfach mit zehnmal so vielen Windungen versah als einen 3000-Volt-Generator und damit glaubte, die Aufgabe beendigt zu haben. Wer es durchgemacht hat, was für eine Entwicklung erforderlich war, um dreißig Jahre später Maschinen zu bauen, die für Dauerbetrieb mit 30 000 Volt geeignet waren, wird ermessen können, wie weit im Jahre 1900 Konstrukteure von diesem Ziel entfernt waren, und daß es kein Zufall war, daß der Generator nicht in Betrieb war.

Paris besuchte ich mit meinem Bruder Heinrich und traf dort den Wiener Ingenieur Drexler, der große Erfahrung hatte und einmal im Wiener elektrotechnischen Verein einen humorvollen Vortrag über Elektroinstallationen gehalten hatte. Drexler und ich besichtigten die Ausstellung in den heißen Julitagen mit großer Gewissenhaftigkeit. Drexler veröffentlichte als Achtzigjähriger, fast 40 Jahre später, die Erfahrungen seiner Jugend und manche recht interessante Erlebnisse.

Ich verabschiedete mich von Drexler und meinem Bruder und machte auf dem Weg nach Hannover nur einen Haltepunkt in Köln, um mir die Stadt und den Dom anzusehen. In Hannover wurde ich von den Körting-Leuten und meinem Vorgänger Dettmar freundlich aufgenommen und arbeitete einen Monat lang mit Dettmar zusammen, um in meinen Wirkungskreis eingeführt zu werden. Er war ein sehr methodischer Ingenieur und hatte im Verband deutscher Elektrotechniker die Einsetzung einer Kommission für Normalisierung von Bewertung und Prüfung elektrischer Maschinen durchgesetzt, zu deren Obmann er gewählt wurde. Er war ein Familienvater mit einem großen Bart und schien weit älter als ich. Er verheimlichte sein Alter deshalb, weil er sehr jung war, als er die erste verantwortungsvolle Stelle übernahm. Jahrzehnte später wurde sein 60. Geburtstag gefeiert, und ich sah, daß er gar nicht viel älter war als ich.

Wenige Tage nach meiner Ankunft in Hannover erhielt ich eine traurige Nachricht: mein Bruder Ludwig war in Philadelphia im Alter von 30 Jahren gestorben. Seit seiner Abreise aus Wien im Jahre 1890 hatte ich ihn nicht gesehen.

Gebrüder Körting.

Die elektrische Abteilung von Körting, deren Oberingenieur ich wurde, war viel kleiner als die Fabrik der österreichischen Schuckertwerke, aber zusammen mit den anderen Abteilungen bildete sie eine große Fabrik, und die anderen Abteilungen brachten interessante Aufgaben für den Elektriker. Die Gasmaschinen-Abteilung arbeitete damals an einer großen Zweitakt-Maschine für Hochofen- und Koksofengas, aber die Normalmaschinen arbeiteten im Viertakt. Körtings bauten viele kleine Elektrizitätswerke für

Beleuchtung von kleinen Städten und Eisenbahnstationen, die im allgemeinen zwei Gasmotoren von etwa 100 Pferdestärken mit Gleichstrommaschinen und eine Akkumulatorenbatterie enthielten. Die Batterie übernahm die kleine Tagesbelastung. Die Maschinen arbeiteten meist mit 200 bis 300 Volt und liefen während der Beleuchtungsstunden mit voller Last. In Bentheim-Gildeshausen, nahe der holländischen Grenze, wurde wegen der großen Entfernung der beiden Orte Wechselstrom von 2000 Volt verwendet, aber ebenfalls mit Akkumulatorenbatterie. Durch einen Motorgenerator wurde bei Gas-Maschinenbetrieb der Wechselstrom auf Gleichstrom zur Akkumulatorenladung umgeformt, bei Stillstand der Gasmaschinen der Gleichstrom in Wechselstrom.

Hochspannungsunfall.

Während meiner Zusammenarbeit mit Dettmar wurden wir eines Tages nach Bentheim zitiert, wo nach einem Unwetter zwei tödliche Unfälle vorgekommen waren. Bei einem Blitzschlag entstand eine Verbindung zwischen der Hoch- und Niederspannungsseite eines Transformators, ohne daß sich dies äußerlich kenntlich machte. Die Häuser hatten holzgetäfelte Decken und Wände, aber Steinböden. Jemand, der gerade von der nassen Straße kam, fiel tot um beim Versuch, das Licht einzuschalten. Ein junger Mann hörte von dem Unfall und wollte zeigen, daß dieser sich nicht ereignet hätte, wenn das Opfer nur die Drahtisolation angerührt hätte. Auch er fiel tot zu Boden. Eine Wiederholung solcher Unfälle wurde in Bentheim durch Erdung der Transformatoren verhindert. Dies waren die ersten tödlichen Unfälle durch elektrischen Strom, mit denen ich zu tun hatte; später erlebte ich auch bei anderen Gesellschaften einzelne tragische Fälle, die meist nur auf Nachlässigkeit beim Einschalten oder Nichtausschalten zurückzuführen waren. In Fabriken gibt es viel mehr Unfälle, die mechanischen Ursachen zuzuschreiben sind als elektrischen.

Gasmaschinenpatente.

Jedes Mal, wenn es sich um Patentangelegenheiten handelte, sagte mir mein Vorgesetzter Fricke: „Besprechen Sie die Angelegenheit mit Herrn Ernst Körting; er hat große Erfahrung.“ Dieser hatte einige Jahre früher eine der wichtigsten Patentstreitigkeiten mit Erfolg durchgeführt. Der Ottosche Viertaktmotor war der Firma Deutz patentiert, und Deutz brachte gegen Körting eine Klage wegen Patentverletzung ein. Die Viertaktmaschine war damals und ist heute noch wichtiger als die Zweitaktmaschine und hat einen besseren Wirkungsgrad. Der Prozeß wurde zugunsten Körtings entschieden, hauptsächlich auf Grund einer Vorveröffentlichung von Beau de Rochas, die den Viertakt noch vor der Ottoschen Anmeldung beschrieb, obwohl der Aufsatz von Beau de Rochas nicht einmal gedruckt, sondern hektographiert war. Eine gegenteilige Entscheidung hätte die Sperrung der Gasmaschinen-Abteilung von Körting zur Folge gehabt. Ich hörte, daß der Gerichtsbescheid an einem Tage der Wochenauszahlung erwartet wurde und schon alle Vorbereitungen getroffen waren, um die Arbeiter dieser Abteilung im Falle eines ungünstigen Bescheides zu entlassen. Andere Leute empfanden es wohl als Unrecht, daß eine unbekannte und nur im Prozeß ausgegrabene Schrift eines Theoretikers das wichtige und bedeutsame Ottosche Patent nichtig machte; aber die hannoverschen Arbeiter waren mit dem Urteil einverstanden.

Außer der Gasmaschinen- und elektrischen Abteilung hatten Körtings noch Abteilungen für Dampfheizung und für Strahlapparate (Injektoren). Der Vorstand der letztgenannten Abteilung hatte durch 20 Jahre hindurch seine Preise nicht geändert und zeigte Erstaunen darüber, daß die Preise der Glühlampen in dieser Zeit auf den zehnten Teil zurückgegangen waren.

Parallelbetrieb von Wechselstrommaschinen.

Einige Zeit nach meinem Eintritt bei Körting setzte ich eine Anlage in der Julien-Hütte bei Beuthen in Oberschlesien in Betrieb, in der Koksofen-Gasmaschinen zum Antrieb von Wechselstrommaschinen dienten. Die Fachwelt erwartete mit Spannung die praktischen Erfahrungen im Parallelbetrieb von Wechselstrommaschinen bei Antrieb durch Gasmotoren. Die Resultate der Inbetriebsetzung waren günstig. Fricke empfahl mir, darüber einen Aufsatz zu schreiben und hatte zweifellos einen gewöhnlichen Propagandaartikel im Auge. Aber ich hatte einige Zeit früher unter Benutzung einer Radingerschen Methode eine Untersuchung für die Gasmaschinen-Abteilung angestellt, und mein Aufsatz über „Parallelbetrieb von Wechselstrommaschinen, insbesondere bei Antrieb durch Gasmotoren“ brachte überraschende Resultate. Es wurde auch theoretisch bewiesen, daß in Viertakt-Gasmaschinen mit Schwungrädern für einen Ungleichförmigkeitsgrad von 1 : 150 die „Pendelgefahr“ weitaus geringer war als bei mehrzylindrigen Dampfmaschinen mit einem Ungleichförmigkeitsgrad 1 : 300, während jeder das Gegenteil erwartet hatte. Fricke sandte meinen Aufsatz an Professor Görges in Dresden, den er von gemeinsamer früherer Arbeit bei Siemens kannte und der den Parallelbetrieb von Wechselstrommaschinen in einer sehr gründlichen mathematischen Arbeit einige Jahre früher untersucht hatte. Görges war mit meinem Aufsatz vollkommen einverstanden und wies nach, daß meine Schlußfolgerungen im Einklang mit seiner eigenen Theorie waren. Sowohl in Hannover, wo ich zuerst in einem Vortrag über das Thema sprach, als in Köln, wohin ich eingeladen wurde, wurde das

Thema mit großer Aufmerksamkeit verfolgt. In späteren Jahren erweiterte ich die Untersuchungen, hauptsächlich durch Berücksichtigung der Wirkung des Dämpfers, und im Jahre 1909 hielt ich einen Vortrag darüber in der Institution of Electrical Engineers.

Der Vortrag in Köln fand im Gürzenich, einem berühmten, altertümlichen Gebäude, statt. Einige Stunden vor dem Vortrag hängte ich mit Unterstützung eines Kellners die Wandtafeln auf. Der Kellner hatte keine hohe Meinung von Elektroingenieuren, die bei ihren Versammlungen nichts aßen und wenig tranken. Sänger und Karnevalgesellschaften waren sicher etwas Besseres. Ich lernte bei dem Vortrag Feldmann und Heubach kennen, leitende Ingenieure von Helios. Heubach erzählte mir, daß er wegen meines Postens mit Körting verhandelt hatte, aber schließlich es doch vorgezogen hatte, bei Helios zu bleiben.

Die Helios-Gesellschaft in Köln hatte viel für den Fortschritt in der Elektrotechnik getan; sie hatten von Ganz & Co. in Budapest das Wechselstromsystem mit parallel geschalteten Transformatoren übernommen und hatten in einem wichtigen Patentstreit mit anderen deutschen Firmen den Sieg davongetragen. Die kaufmännische und finanzielle Leitung war aber der technischen nicht gleichwertig, und Helios mußte zusperren, als sich die Depression nach dem Jahre 1900 fühlbar machte. Heubach, Verfasser von interessanten Büchern über Wechselstrommotoren, übernahm später die Leitung von Fabriken in Dresden und starb während der Inflation im Jahre 1923. Feldmann hatte zusammen mit dem Ingenieur Herzog von Ganz ein wichtiges Werk über die Berechnung elektrischer Leitungsnetze verfaßt. Bei der Stillegung der Heliosfabrik wurde er als Professor an die Hochschule von Delft in Holland berufen und überraschte wenige Monate später seine Hörer durch eine holländische Antrittsvorlesung. Kein Mensch hatte erwartet, daß er in so kurzer Zeit die Sprache erlernen würde. Er behielt seinen Lehrstuhl mehr als 30 Jahre und empfing bei Erreichung seines 70. Lebensjahres große Ehrungen. In der Internationalen Elektrotechnischen Kommission spielte er eine wichtige Rolle. Ich hörte, daß er während des Krieges vor 1945 starb.

Der Vortrag über Parallelbetrieb von Wechselstrommaschinen war nicht der erste, den ich in hannoverschen Vereinen hielt. Als ich eintrat, war Johannes Körting Vorsitzender der Sektion Hannover des Vereines deutscher Ingenieure, die allwöchentlich eine Sitzung abhielt. Einmal war er auf der Suche nach einem Vortrag und war hocherfreut, als ich ohne weiteres zustimmte, einen Vortrag über elektrische Krane zu halten. Auch in der elektrotechnischen Gesellschaft in Hannover hielt ich einen Vortrag über „Ein Phänomen beim Kurzschluß von Drehstromgeneratoren" und zeigte, daß in Generatoren mit einer Nut pro Pol und Phase, wie sie damals oft vorkamen, so bedeutende dritte harmonische Wellen in den Wicklungen induziert werden, daß zwischen dem Sternpunkt und den drei kurzgeschlossenen Klemmen eine hohe Spannung gemessen werden kann und daß auch bei Belastung das Verhältnis zwischen der gemessenen Spannung einer einzigen Phase und der verketteten Spannung viel höher ist als der theoretische Wert. Ich betrieb sogar einen kleinen Einphasenmotor mit dreifacher Geschwindigkeit durch Anschluß einerseits an den Sternpunkt, anderseits an die kurzgeschlossenen drei Klemmen. Ich gab eine geometrische Darstellung im „Pyramidendiagramm“ durch Auftragung der dritten Harmonischen im rechten Winkel zur Ebene der Grundspannung oder -ströme.

Zumindest zweimal in späteren Jahren wurde meine Entdeckung des Pyramidendiagramms von anderen Ingenieuren wiederholt, die meinen Aufsatz nicht gelesen hatten.

Technische Gesellschaften.

Die technischen Gesellschaften einer Provinzstadt sind angenehmer und gemütlicher als solche der Reichshauptstädte. Zusammenkünfte und Debatten haben einen familiären Charakter, und jeder Beitrag ist willkommen. Der Leiter eines Werkes, der im Ausschuß sitzt, freut sich, wenn ein Ingenieur des Werkes bereit ist, einen Vortrag zu halten, und wird selten gegen eine Veröffentlichung Einspruch erheben, um Firmengeheimnisse zu wahren oder seinen Konkurrenten wertvolle Erkenntnisse vorzuenthalten. Ich glaube, daß im allgemeinen jede Firma mehr Vorteile als Nachteile davon hat, wenn ihre Ingenieure die Ergebnisse neuer Untersuchungen ehrlich veröffentlichen. Könnte sie der Urheber den Mitgliedern seiner eigenen Firma mitteilen und die Konkurrenz vom Vorteil seiner Untersuchungen ausschließen? Wer würde ihm zuhören? In einer Firma sind nicht viele, die imstande wären, die Untersuchungen zu verstehen, und niemand hat im Geschäftsleben Zeit, ein dickes Manuskript durchzulesen. In neun Fällen von zehn bleiben Berichte, die länger sind als ein gewöhnlicher Brief und nicht für eine unmittelbare Entscheidung benötigt werden, auf einem Schreibtisch so lange liegen, bis sie abgelegt werden, ohne daß sie jemand gelesen hat. Wenn sie gedruckt vorliegen, ist die Sache ganz anders, dann hat man die freiwillige Mitarbeit von Professoren, Studenten und Konkurrenten, die den Aufsatz studieren und an einer Diskussion teilnehmen, um Fehler oder Unstimmigkeiten herauszustreichen. Eine Formel, die veröffentlicht wurde und nicht bestritten wird oder, noch besser, bestritten, aber als richtig erwiesen wurde, ist viel vertrauenswürdiger als eine, die der Verfasser nur den Angestellten der gleichen Firma gezeigt hat. Etwas, was nicht im Druck vorliegt, bleibt auch schwerlich bestehen. Selbst in der Abteilung, wo die Untersuchung gemacht wurde, wird sie vergessen, wenn der Urheber eine andere Stellung annimmt und seine früheren Aufgaben durch jemand anderen erfüllt werden. Nichts ist so wirksam, um Untersuchungen vor Vergessenheit zu bewahren, als „die Flucht in die Öffentlichkeit". Der Verfasser selbst vergißt die eigenen Arbeiten, wenn er durch Jahre hindurch andere Aufgaben hat, aber er kann die vergessenen Resultate in der technischen Presse wieder aufsuchen wie jeder andere, der den Gegenstand studiert. Später bekommt er junge Mitarbeiter, die schon in der Schule das Resultat seiner Untersuchungen gelernt haben. Er braucht sie nicht erst darin zu unterrichten, eine Sache, für die man in den wertvollen Geschäftsstunden auch selten Zeit findet.

Angenommen, die Untersuchungen über zulässige Strombelastung in Kupferleitern wären als Geschäftsgeheimnis bewahrt worden: wären nicht auch die Urheber der Untersuchungen und ihr Unternehmen schlechter daran als heute, wo jeder junge Techniker das Geheimnis kennt, Leitungsdrähte zu berechnen, jeder beratende Ingenieur und städtische Angestellte im Besitz der gleichen Tabellen ist, so daß kein Kampf notwendig ist, um einen Kunden von der Zulässigkeit einer bestimmten Stromdichte zu überzeugen? Die Firma, deren Ingenieure zuerst solche Versuchsresultate veröffentlichten, hat wohl ihren Konkurrenten wertvolle Informationen gegeben, aber hat auch selbst einen dauernden Vorteil davon und hat anderseits durch ihre Veröffentlichung an Ansehen gewonnen. Außerdem hat sie noch den Vorteil der Arbeit ihrer Konkurrenten, die auch das ihrige beitragen müssen, damit die technische Welt nicht glaubt, daß sie keinen Anteil am technischen Fortschritt haben. Viel ist durch die Gemeinschaftsarbeit solcher Vereine geschaffen worden, aber es gibt noch immer Leute, die glauben, daß eine Firma gut daran tut, ihre Erfahrungen und Untersuchungen geheim zu halten.

Durch meine Stellung bei Körting kam ich in Berührung mit bedeutenden Elektrotechnikern, deren Namen ich bisher nur aus der Literatur kannte. Da war vor allem Gisbert Kapp, der damalige Generalsekretär des Verbandes deutscher Elektrotechniker und Herausgeber der Elektrotechnischen Zeitschrift (ETZ). Als ich erschien, um an einer Sitzung der Kommission für elektrische Maschinen teilzunehmen, beglückwünschten mich Kapp und ein Herr mit ausländischem Akzent wegen meines Aufsatzes „Ein Phänomen bei Kurzschluß von Drehstrommaschinen", der gerade in der ETZ erschienen war. Über diesen Empfang erfreut, war ich es umsomehr, als ich später merkte, daß der fremde Herr Dolivo-Dobrowolsky war, ein Russe, Chefelektriker der Allgemeinen Elektrizitätsgesellschaft (AEG), einer der Pioniere des Drehstromsystems und Erfinder des Kurzschlußmotors. Er hatte auch eine Gleichstrom-Dreileitermaschine erfunden, die mit Hilfe von Schleifringen und einer Drosselspule aus der Wicklungsmitte den Mittelleiter eines Dreileitersystems speisen konnte. Noch viele andere Erfindungen sind ihm zu verdanken. Auch hatte er ein seltenes Geschick, neuen Dingen Namen zu geben, die in Grammatik und Logik nicht immer einwandfrei, aber immer treffend und anschaulich waren. Er führte die Worte „Wattstrom“ und „wattloser Strom“ ein und es dauerte viele Jahre, bis sie durch die schöneren Ausdrücke „Wirkstrom“ und „Blindstrom“ ersetzt wurden. Bei der AEG wurde auch in Konferenzen oft das Wort „wattloses Gerede“ gebraucht, das zweifellos von Dobrowolsky erfunden war.

Einige Jahre später gab mir Dobrowolsky einen guten Rat: Eine Gesellschaft, die ein wertvolles Patent hat, soll Konkurrenzfirmen Lizenz zu mäßigen Bedingungen gewähren, sonst drängt sie sie dazu, das Patent anzugreifen oder über eine Patentumgehung nachzudenken. Rathenau, der Generaldirektor der AEG, war nicht dieser Meinung und hielt es für die bessere Politik, große Lizenzbeträge zu verlangen, um möglichsten Vorteil vor der Konkurrenz zu haben. Um Rathenau zufriedenzustellen, schlug Dobrowolsky für seinen Kurzschlußläufer einen Lizenzbetrag von zehn Prozent vom Preis des Läufers vor. Das war nicht mehr als etwa drei Prozent des Motorpreises, aber mit einer so niedrigen Ziffer hätte sich Rathenau nie begnügt.

In der Kommission für elektrische Maschinen war auch Görges, früher Chefelektriker von Siemens und damals schon Professor an der Technischen Hochschule in Dresden. Bei Zusammensetzung der Kommission hatte Kapp den Obmann Dettmar davor gewarnt, Professoren mit hineinzunehmen, da diese mit ihren theoretischen Bedenken die Arbeit jeder Kommission verzögern. Dettmar befolgte Kapps Ratschlag und es wurden nur Berechner von elektrischen Maschinen und Transformatoren in die Kommission entsendet. Aber es half nichts. Im Verlauf der Zeit verwandelten sich viele der Maschinenberechner in Professoren: Görges war der erste, aber andere folgten, auch Kapp und Dettmar selbst. Mit der Zeit wurde auch Kapps Sohn Reginald Professor.

Um 1900 waren Reginald Kapp und sein Bruder Norman (der 20 Jahre später starb) nützliche Mitglieder der Besatzung der Yacht ihres Vaters, der nach Beendigung der Sitzungen einige der Kommissionsmitglieder zu einer Segelfahrt auf den Wannsee einlud. Es hatte einen vortrefflichen Einfluß auf das Tempo der Beratungen, wenn Kapp bei der Eröffnung einer Sitzung am Freitag früh verkündete: „Meine Herren, unsere Arbeit muß Samstag mittags erledigt sein, dann gehe ich segeln.“ Und tatsächlich war eine Beratung, zu der andere Kommissionen viele Tage gebraucht hätten, in eineinhalbtägiger Sitzung beendigt und die Fahrt an Bord der Yacht in der Gesellschaft von Herrn und Frau Kapp und ihren Kindern konnte als schöne Belohnung für gut durchgeführte Arbeit angesehen werden. In der Kommission waren auch Heubach und andere Elektrotechniker von Ruf.

Besuch der Institution of Electrical Engineers.

Die ersten Normalien für Bewertung und Prüfung elektrischer Maschinen wurden auf der Jahresversammlung des Verbandes deutscher Elektrotechniker in Dresden im Sommer 1901 angenommen. Als Gäste anwesend waren viele Mitglieder der britischen Institution of Electrical Engineers, die auf der Fahrt zuerst Hannover und Berlin besucht hatten. In Hannover verbrachten sie einige Stunden des Sonntags und wir hatten von den Behörden besondere Bewilligung bekommen, ihnen trotz der gesetzlich vorgeschriebenen Sonntagsruhe große Zweitakt-Gasmaschinen im Betrieb vorzuführen. Nach dem Werksbesuch folgte zuerst eine Bewirtung in Körtings Kasino und am Abend ein Diner in einem Stadthotel. Viele von uns lernten damals zum ersten Mal den musical toast „He is a jolly good fellow“. Auch Mitarbeiter von englischen technischen Zeitschriften kamen, einige vor, einige nach dem allgemeinen Besuch, und veröffentlichten gründliche Berichte über das, was sie bei Körtings gesehen hatten.

Die Jahresversammlung in Dresden war einigermaßen durch den Zusammenbruch der Firma Kummer & Co. verdüstert. Es war der erste Fall des Sturzes einer bedeutenden Elektrofirma. Eine Zeitlang verlor die Elektrotechnik ihren guten Ruf. Wenn man sich früher als Elektroingenieur vorstellte, hörte man Lobsprüche auf diesen Beruf, aber im Sommer 1901 hörte man von neuen Bekannten nur die Klage, wieviel Geld sie an der Elektrotechnik verloren hatten. Beim Diner wurde das Sodawasser, das ein Abstinenzler trank, in „Kummersekt“ umgetauft.

Bei einem der Ausflüge sprach ich mit Geheimrat Aaron, dem Erfinder des Aaron-Zählers, über den finanziellen Rückschlag, der so bald nach der glorreichen Pariser Ausstellung von 1900 eingetreten war. Aaron hatte schon mehrere Depressionen erlebt und bezeichnete sie als regelmäßiges Vorkommnis mit einer Periodizität von sieben Jahren. Es war richtig, daß die nächste im Jahre 1907 eintrat, und wahrscheinlich wäre es ohne Krieg auch im Jahre 1914 dazu gekommen. Seit dem Krieg von 1914 sind die Zyklen der Depression und Konjunktur unregelmäßig.

Nach dem Sommer 1901 nahm die Depression noch zu. Einmal hatten wir für das Städtische Elektrizitätswerk Hannover Transformatorenstationen anzubieten und verlangten von Eisenwerken Angebote auf die Transformatorenhäuschen. Sie begnügten sich nicht mit einem schriftlichen Angebot. Besitzer von weit abgelegenen Werken kamen persönlich zu uns. Sie reisten, um nicht ihre eigene leere Fabrik ansehen zu müssen. Erst im Jahre 1903 zeigte sich eine Besserung im Geschäftsgang.

Wirbelstrombremse.

Bei Übernahme von Dettmars Posten hatte ich Gelegenheit, die vom ihm bei Körting konstruierten Wirbelstrombremsen kennenzulernen. Zur Belastung von Gasmaschinen diente eine große Bremse mit dem Läufer einer Wechselstrommaschine, aber einem gußeisernen Ständer mit Wasserkühlung und ohne Wicklung. Auch um das Parallelschalten von Wechselstrommaschinen mit Gasmotorenantrieb zu erleichtern, wurde eine solche Bremse verwendet, die in ihrer einfachsten Form durch einen feststehenden Elektromagneten mit einziger, gleichstromerregter Spule dargestellt war, die auf den Schwungradumfang wirkte. Durch den Elektromagneten wurden im Schwungrad Wirbelströme erzeugt, die eine Belastung der zuzuschaltenden Gasmaschine bewirkten. Dettmar wußte nichts über die Theorie der Wirbelströme, aber entwickelte aus Versuchen an den fertiggestellten Bremsen empirische Formeln, durch die er die voraussichtliche Leistung neukonstruierter Bremsen hinreichend genau berechnen konnte. Daß er über die Eindringtiefe des magnetischen Flusses und der Wirbelströme falsche Vorstellungen hatte, weiß ich, weil er einmal über die Anwendung von Wirbelströmen für Schienenbremsen bei Straßenbahnen sprach und überzeugt war, daß diese Bremsen im wesentlichen durch Reibung und nicht durch Wirbelströme arbeiten, weil ein Schienenkopf dazu viel zu geringe Tiefe besitze. Viele Jahre später beschäftigte ich mich theoretisch mit dieser Sache und fand, daß die Eindringtiefe von magnetischem Fluß und Wirbelströmen bei den üblichen Bahngeschwindigkeiten weitaus geringer ist als die Höhe des Schienenkopfes. In technischen Dingen sowie in vielen anderen Zweigen menschlicher Tätigkeit geht die Praxis der Theorie zeitlich voran. Durch Versuche kann man empirische Formeln ableiten, die ohne wissenschaftliche Begründung es ermöglichen, eine Reihe von Apparaten erfolgreich zu konstruieren, wenn man nur die Vorsicht beobachtet, durch reichliche Dimensionierung Spielraum für etwaige Fehler in der Formel zu lassen. Erst 25 Jahre später untersuchte ich gründlich die Frage der Ströme in massivem Eisen, aber lange vor dieser Zeit hatte ich viele große Wirbelstrombremsen mit Erfolg gebaut. Der Ingenieur muß oft Apparate bauen, ohne die Gesetze, die ihrem Wirken zugrunde liegen, genau zu kennen, ebenso wie ein Klavierspieler den Mechanismus des Klaviers oft nicht genau versteht.

Transformatoren.

Das Städtische Elektrizitätswerk Hannover errichtete zu jener Zeit ein neues Werk mit 5000 Volt Drehstrom und schrieb die Lieferung von Transformator-Stationen aus. Die Type mit drei parallelen Kernen, deren Mittellinien in einer Ebene lagen, war der

AEG patentiert. Eine nicht patentierte Ausführung von Siemens mit im gleichseitigen Dreieck angeordneten Mittellinien war teuer. Ich entwarf eine neue Konstruktion, bestehend aus drei hufeisenförmigen, übereinandergestellten Kernen mit einem geraden Joch über dem höchsten Kern. Fricke wollte die Konstruktion nicht zum Patent anmelden, um nicht die Aufmerksamkeit der Konkurrenten darauf zu lenken und etwa zu Patentstreitigkeiten Veranlassung zu geben. So kam es, daß die Konstruktion später von Ziehl (Firma Schwartzkopff in Berlin) zum Patent angemeldet wurde, doch wurde in einer privaten Vereinbarung meine Priorität anerkannt.

Elektrischer Pflug.

Körtings Abteilung Elektrizität war klein, aber unternehmungslustig. Sie begann, Elektroautomobile, Straßenbahnmotoren und Aufzüge zu bauen und gab viel Geld auf Versuche mit elektrischen Pflügen aus. Damit hatte sie ebensowenig Erfolg wie andere größere Unternehmungen. Im vorzüglichen Buch von Grätz „Elektrizität und ihre Anwendung" wurde dem elektrischen Pflug eine große Zukunft prophezeit. Die Prophezeiung ist bisher nicht eingetroffen. Der Traktor mit Benzin- oder Dieselmotor ließ im Rennen selbst den Dampfpflug weit zurück und der elektrische Pflug ist vergessen. Gewiß kann niemand voraussagen, was die Zukunft bringen wird. Mancher Totgeglaubte ist wieder zum Leben erwacht.

Die damalige Bereitwilligkeit, alles zu konstruieren, was ein Kunde verlangte, brachte interessante Entwicklungen und Sorgen. Ich erinnere mich an einen selbsttätigen Anlasser für eine Pumpenstation, der bei der Prüfung sich als unverläßlich erwies und verschiedene Konstruktionsänderungen notwendig machte, während der Zivilingenieur, der dem Wasserwerk als Berater diente, dringend die Ablieferung forderte. Die Situation war recht ungemütlich, bis der Apparatekonstrukteur den guten Einfall hatte, es würde vielleicht genügen, nur das Ausschalten bei vollem Wasserreservoir selbsttätig zu besorgen, aber das Wiedereinschalten der Pumpe von Hand aus zu gestatten. Dies würde den Apparat sehr vereinfachen. Der Zivilingenieur gab mit Freuden seine Zustimmung; er sah sogar einen Vorteil darin, daß der Bedienungsmann Handgriffe zu tun und nicht nur zu beobachten hatte. Nun konnten wir den Anlasser in weniger Tagen fertigstellen. Er arbeitete zuverlässig und wir erhielten ein Belobungsschreiben.

Diebesfalle.

In *eine* Anwendung des elektrischen Stromes ließ ich mich nicht ein. Eines Tages kam ein Mann mit dem Verlangen, wir sollten ihn gegen Diebe schützen. Nach seiner Meinung wäre es eine ganz einfache Sache, um sein Grundstück einen Draht zu ziehen und ihn elektrisch zu laden. Wenn einmal einer einen elektrischen Schlag erhielte, würden ihn die Diebe in Zukunft in Ruhe lassen. Ich erklärte ihm, daß es unmöglich wäre, den elektrischen Schlag richtig zu dosieren: was dem einen unschädlich ist, kann für den anderen tödlich sein und kann den Besitzer und den Ingenieur, der ihm geholfen hat, zum Mörder machen. Es war damals schon bekannt, daß bei völlig durchnäßten Personen Schläge mit einer Niederspannung von 200, selbst 100 Volt tödlich wirken können.

Viele Jahre später las ich in den Zeitungen von einem Fall in Südamerika, wo ein Zirkusbesitzer auf einen Elektriker gestoßen war, der weniger umsichtig war. Das Zelt wurde mit einem an die elektrische Leitung angeschlossenen Draht umgeben, um Zaungäste abzuhalten, mit dem Resultat, daß ein Zaungast getötet wurde.

Kleine Geschenke.

Von Außenseitern wurden oft Erfindungen angeboten, manchmal eine Abart des „Perpetuum mobile". Ich versuchte ein- oder das andere Mal, dem Erfinder zu zeigen, worin sein Irrtum bestand, aber das ist eine schwere Aufgabe. Einfacher ist es, dankend abzulehnen, wie es Verleger und Theaterdirektoren machen. Einmal wurde uns das Patent eines neuen, theoretisch vollkommen richtigen Einphasenmotors angeboten. Der Mann, der die Erfindung finanzierte, deutete mir an, daß ein günstiger Bericht nicht zu meinem Nachteil wäre; er würde mit mir eine private Vereinbarung abschließen. Ich hatte ihm aber schon zuvor die guten und schlechten Punkte des neuen Motors auseinandergesetzt und meine Überzeugung, daß ein Fabrikant keinen genügenden Markt für den neuen Motor finden würde. Selbstverständlich blieb es dabei. In meiner Erinnerung ist dies der einzige Fall, daß mir eine Bestechung auch nur andeutungsweise angeboten wurde. In späteren Jahren erzählte mir ein junger Angestellter eines englischen beratenden Ingenieurs eine hübsche Antwort, mit der er einen Fabrikanten verblüffte, der ihm bei der Prüfung einer Maschine ein kleines Geschenk anbot. „Das ist nicht genug!" ... Eine Bestechung von weniger als 30 000 Pfund Sterling kann nicht berücksichtigt werden! Erst ein solches Kapital würde Zinsen ergeben, die dem Verdienst gleich wären, den er einmal als ehrlicher Ingenieur zu erhalten hoffte!

Schlauheit.

Zumindestens einige Jahre vor meiner Ankunft in Hannover gab es Leute, die von der Elektrotechnik eine recht niedrige Meinung hatten. Krone, Oberingenieur des Körtingschen Projektierungsbüros, erzählte mir, daß sein alter Professor an der Hannoverschen Hochschule ihn vor der Elektrizität gewarnt hatte: ein Ingenieur, der eine Dampfmaschine, eine Turbine oder einen Kran konstruieren könne, würde immer gesucht werden, aber die neumodische Elektrizität würde bald wieder in Vergessenheit geraten.

Dagegen gab es andere mit solch grenzenlosem Vertrauen in alle Zweige der Elektrotechnik, daß ihre Begeisterung große Unternehmungen an den Rand des Verderbens brachte. Krüger, allmächtiger Direktor der Hannoverschen Straßenbahngesellschaft, war ein unternehmender Mann. Er baute von Hannover aus Außenlinien von fast 30 Kilometer Länge nach Hildesheim und in den Deister. In der Überzeugung, ein wunderbares neues System gefunden zu haben, erklärte er sich ohne weiteres bereit, in der inneren Stadt von Hannover ohne Oberleitung zu fahren und führte das „gemischte System“ mit Akkumulatorenbatterien ein, die auf den Außenstrecken geladen wurden und in der Innenstadt den Strom für die Motoren lieferten. In breiten, geraden Straßen der Stadt erklärte er sich bereit, die Oberleitungen an künstlerisch ausgeführten, teuren Masten zu führen. Er war der erste, der für die Außenstrecken mit hochgespanntem Drehstrom gespeiste Unterwerke einführte, in denen der Strom in 500voltigen Gleichstrom umgeformt wurde. Um die Werke günstiger zu belasten, propagierte er die Anwendung des Motorenbetriebes in der Landwirtschaft. Bei Körtings gab es einen jungen Ingenieur, dessen Spezialität es war, den Bauern Drehstrommotoren von drei Pferdestärken zu verkaufen und der dadurch seinen Ruf als unwiderstehlicher Verkäufer begründete. Die Umgebung von Hannover in einem Halbmesser von 30 km zeigte wohl zuerst im größeren Maßstab die Anwendung des elektrischen Stromes in der Landwirtschaft.

Wer weiß, ein wie kleiner und unregelmäßiger Kunde des Elektrizitätswerkes ein kleiner Landwirt ist, wird es verstehen, daß auch diese Pionierarbeit der Straßenbahngesellschaft ebensowenig Gewinn brachte wie die langen Radiallinien. Solange, als die Erweiterungen dauerten, konnte man durch buchhalterische Kunststücke Gewinne aufweisen und Dividenden verteilen. Als aber die Linien ausgebaut waren und eine Finanzkrise sich geltend machte, da kam es zu traurigen Geständnissen! Der „gemischte Betrieb“ war ein Fehlschlag; die Linien waren viel zu kostspielig gebaut; die langen Radiallinien würden sich niemals rentieren. Die Aktien der Straßenbahngesellschaft waren in das Publikum hineingepumpt worden; die Empörung war groß und man war auf recht unangenehme Ausbrüche der „kochenden Volksseele“ bei der außerordentlichen Vollversammlung gefaßt.

Dann hatte anscheinend eines der Verwaltungsmitglieder eine kluge Idee, wie man die stürmische Versammlung friedlich lenken könnte: In Berlin gab es einen Rechtsanwalt mit dem Spitznamen „Sanitätsrat“, der als Helfer bei kranken Aktiengesellschaften sich einen Ruf erworben hatte. Man berief ihn, um die Akten der Gesellschaft zu studieren und sich für die Versammlung vorzubereiten. In Hannover war er unbekannt.

Sofort nach Eröffnung der Versammlung brachte ein Aktionär einen formalen Antrag ein, und der Verwaltungsratsvorsitzende wollte ihn ablehnen. Aber der Berliner Anwalt widersprach ihm energisch und mit Erfolg und gewann auf diese Art das Vertrauen der Oppositionsmitglieder, die ihn nicht kannten. Sofort protestierte ein anderer dagegen, daß der Vorsitzende des angeklagten Verwaltungsrates die Versammlung leite, und auf der Suche nach einem ad hoc-Vorsitzenden rief jemand den Namen des Berliner Anwaltes in die Versammlung. Er wurde ohne Widerspruch gewählt. Erst nach Schluß der stürmischen Versammlung wunderten sich einige, wie umsichtig der Sanitätsrat die Versammlung geleitet hatte und wie vorzüglich er über alle Angelegenheiten informiert war. Als ein Untersuchungsausschuß gewählt werden sollte, der die Tätigkeit des Verwaltungsrates zu überprüfen hatte, sprach der Sanitätsrat eine einleuchtende Regel aus: Da es untunlich war, über jeden Namen abzustimmen und die Zahl der Aktien zu zählen, die jeder einzelne Teilnehmer vertrat, so würde er niemanden in die Liste aufnehmen, gegen den einer der Anwesenden protestierte. Keinem fiel es ein, daß auf diese Art niemand in den Untersuchungsausschuß gewählt werden konnte, der dem Verwaltungsrat oder seinen Freunden nicht genehm war, und daß der Ausschuß daher aus nur neutralen Leuten bestehen würde, die sich bisher weder gegen die eine noch gegen die andere Partei ausgesprochen hatten. Am nächsten Tag gab es großes Gelächter der Unbeteiligten über die Art, wie die Vollversammlung an der Nase herumgeführt worden war. Aber es war wirklich erzielt worden, daß die stürmische Versammlung zu Ende geführt wurde und einen, wenn auch nicht idealen, Untersuchungsausschuß wählte. Der alte Verwaltungsrat trat ab, die Aktionäre verloren einen Teil des in das Unternehmen gesteckten Geldes, aber die Gesellschaft setzte ihre Arbeit fort und die Straßenbahn und die schönen Anlagen für Verteilung des elektrischen Stromes blieben erhalten.

Als Leser einer Wiener Zeitung sah ich bald, daß derselbe „Sanitätsrat“ in einer Versammlung der Wiener Straßenbahngesellschaft auftauchte, die mit der Stadtverwaltung in Streit war. Aber in der Wiener Versammlung hatte seine Einführungsrede mit Opposition zu einem formalen Punkt der Tagesordnung keinen solchen Erfolg wie in Hannover. Er wurde ausgelacht und sein Auftreten war beendigt.

Akkumulatoren und Untergrund-Stromzuführung bei Straßenbahnen.

In Hannover bedurfte es einer finanziellen Katastrophe, um die Abneigung des Stadtrates gegen die Oberleitung im Inneren der Stadt zu besiegen. In anderen Städten führten andere Ereignisse zum gleichen Resultat.

Krügers frühere Berichte über die ausgezeichneten Resultate seines „gemischten Systems" hatten den Widerstand der Stadtväter in allen Teilen Deutschlands verstärkt. Man wollte oberirdische Leitungen im Stadtinnern nirgends dulden. Aber aus anderen Städten kamen keine rosigen Berichte über das „gemischte System". Im Gegenteil, die Straßenbahngesellschaften veröffentlichten die schwärzesten Berichte, und unabhängige Sachverständige stellten die dem System anhaftenden Fehler bloß. Natürlich bedeutete schon das Mitschleppen der teuren, schweren Batterien und die ganz unregelmäßige Aufladung auf einer Strecke mit schwankender Spannung einen schweren technischen und wirtschaftlichen Nachteil.

Dem Publikum wurde bei jeder Störung, sowie ein Wagen auf der Strecke stecken blieb, klargemacht, daß das schlechte System verantwortlich sei. Die Stadtväter gaben sich nicht so leicht geschlagen: Oberleitungen wollten sie nicht erlauben. So mußte in Berlin an zwei Stellen, wo die Straße „Unter den Linden" gekreuzt wurde, eine unterirdische Leitung geführt werden. Dafür wurde das Siemenssche System gewählt, in dem eine der Fahrschienen durch zwei Schienen ersetzt wird, die zwischen einander einen Schlitzkanal lassen. Durch den Schlitz taucht ein Stromabnehmer in einen unter den Schienen befindlichen Profilkanal, auf dessen beiden Seiten stromführende Stahlschienen isoliert befestigt sind. In Budapest arbeitete diese Konstruktion in der langen, geraden Andrassy-Straße und an anderen Stellen durch ein Jahrzehnt zufriedenstellend. In Berlin dagegen wurde die Unterleitung nur an zwei Stellen von geringer Länge eingeschaltet und wurde als unangenehme Komplikation empfunden. Nach einigen Jahren machte es den Eindruck, als ob die Verwaltung der Straßenbahn die auftretenden Störungen nicht ungern sähe. Es wurde immer schlechter, und die Zeitungen schrieben, es wäre unmöglich, mit einem so komplizierten System einen ordentlichen Betrieb durchzuführen. Eines Tages erhielt die Straßenbahngesellschaft von der Regierung, über den Kopf der städtischen Verwaltung hinweg, die Erlaubnis, beim Kreuzen der „Linden" provisorisch eine Oberleitung zu ziehen, die aber ohne Widerrede zu entfernen war, wenn die Regierung es forderte. Die provisorische Oberleitung steht noch heute.

In Wien arbeitete die unterirdische Stromzuführung besser, weil sie auf der ganzen Ringstraße und Mariahilferstraße in einer Ausdehnung von etwa zehn Kilometern installiert war. Während des Krieges von 1914 gehörte die Straßenbahn schon der Stadt. Naturgemäß wuchsen die Erhaltungsschwierigkeiten während des Krieges, und aus den Störungen wurde kein Hehl gemacht. Der Direktor des Unternehmens bot sogar der Regierung für Kriegszwecke einige Tonnen Kupfer an, die erspart werden konnten, wenn die unterirdische Stromzuführung durch eine Oberleitung ersetzt würde. Vielleicht wurde es nie klargemacht, wie die beiden Dinge miteinander zusammenhingen. Vielleicht war Altkupfer auf Lager, das nach den Kriegsvorschriften auf jeden Fall hätte abgeliefert werden müssen. Aber zu der Zeit war es leicht, das Vorurteil zu besiegen, daß eine Prunkstraße durch Oberleitungen verunziert würde, und so wurde seinem Begehren stattgegeben.

Es ist sonderbar, was für verschiedene Listen angewendet werden mußten, um einer durchaus vernünftigen Maßregel zum Sieg zu verhelfen. Ich lernte schon während meines Aufenthaltes in Hannover, daß Diplomatie nicht nur in auswärtigen Staatsangelegenheiten benötigt wird.

Leistungserhöhung.

Ein wichtiger Teil meiner Tätigkeit bei Körtings war, die Leistung der bestehenden Maschinentypen zu erhöhen, eine Aufgabe fast aller Konstrukteure in der ganzen Welt seit Ausführung der ersten elektrischen Maschinen bis heute und zweifellos auch in der Zukunft. Konstruieren ist in keinem Zweig der Technik eine exakte Wissenschaft, damals nicht und heute nicht. Man erzählt von den Dynamokonstrukteuren der Zeit um 1880 herum, sie hätten die Maschinendimensionen durch Inspiration bestimmt: Ein Helfer mußte sich an die Wand stellen und allmählich seine Hand immer höher halten, bis der Konstrukteur rief: „Halt!“ Dann wurde die Stellung an der Wand angezeichnet, und das war der Außendurchmesser der Maschine. Die anderen Dimensionen wurden gemäß dem Verhältnis bei älteren Maschinen bestimmt. Was die Maschine in Wirklichkeit leisten konnte, sah man nach Fertigstellung auf dem Prüffeld. Vielleicht war es notwendig, sie schneller laufen zu lassen als vorgesehen; da die meisten Maschinen mit Riemen angetrieben wurden, so bedeutete das nur, daß eine etwas kleinere Riemenscheibe angefertigt werden mußte. Möglicherweise blieb die Maschine kühler als gewöhnlich, wenn sie die gewünschte Zahl von Lampen speiste; dann wußte man, daß die Maschine in Zukunft für eine größere Lampenzahl geliefert werden konnte. Vielleicht wurde die Maschine zu heiß, trotz aller möglichen angewandten Kunstgriffe: dann mußte der Kunde warten, bis eine neue, größere Maschine hergestellt war.

Zu Ende des 19. Jahrhunderts war man wohl in den empirischen Regeln, in der Wissenschaft und Kunst des Konstruierens weiter vorgeschritten. Die Maschinen wurden nicht mehr ausschließlich mit Inspiration, sondern auch nach Formeln ausgelegt, aber trotzdem fand man auf dem Prüffeld wie in den alten Zeiten, daß einige Maschinen zu reichlich waren und stärker belastet werden konnten, während andere zu heiß wurden oder andere, nicht wünschenswerte Eigenschaften hatten. Der Konstrukteur, der Unannehmlichkeiten vermeiden wollte und lieber die Maschine etwas größer dimensionierte, war in der Lage, bei späteren Wiederholungen die Maschine für größere Leistung anzubieten. Manchmal waren dazu kleine Änderungen in der Wicklung oder in der Form der Ankernuten oder in der Ventilation erforderlich; aber im Laufe der Zeit konnte jeder Konstrukteur mit Stolz verkünden, daß er gegenüber seinem Vorgänger oder gegenüber den Maschinen, die er selbst vor ein paar Jahren herausgebracht hatte, die Leistung um 20, um 50 oder gar 100 % heraufgesetzt hatte. Der Vertreter, der irgend einen Auftrag an einen billigeren Konkurrenten verloren hatte, schrie immer, daß die Maschinen verbilligt werden müßten, und dem konnte sich auch der vorsichtige Konstrukteur nicht widersetzen, der ruhigen Schlaf der Heraufsetzung der Leistung vorgezogen hätte.

Man erzählte, daß Dobrowolsky einmal eine neue Reihe von Drehstrommotoren entwarf, wobei er dem Drängen der Verkaufsorganisation für Verbilligung nachgegeben hatte, und sich brüstete, daß nicht ein Gramm unausgenützten Materials in diesen Motoren sei und daß niemals ihre Leistung erhöht werden würde. Aber einige Jahre später fand doch eine Leistungserhöhung statt. Dieser Prozeß hat heute nicht aufgehört. Mit der Zeit lernen wir immer mehr über mechanische und elektrische Ausnützung des Materials und bessere Kühlung; heute erhalten wir bei Aufwendung der gleichen Materialmenge fünffach so große Leistung als zu Beginn des Jahrhunderts, in manchen Fällen sogar mehr.

Fördermaschinen und Akkumulatorenbatterie.

Noch wichtiger als die Leistungserhöhungen bei den Maschinen waren die neuen Anwendungen der Elektrizität, beispielsweise bei Fördermaschinen in Bergwerken. Im Jahre 1902 gab es eine schöne technische Ausstellung in Düsseldorf und bei dieser Gelegenheit eine Jahresversammlung des Verbandes deutscher Elektrotechniker, bei der Herr Köttgen von Siemens einen Vortrag über Fördermaschinen hielt. Der Vortrag sowohl als der ausgestellte Fördermaschinen-Antrieb waren in jenem Augenblick schon veraltet, obwohl die Konstruktion erst wenige Monate vorher durchgeführt worden war. Akkumulatorenbatterien wurden dazu benutzt, um beim Anlassen der Fördermaschine den von der Zentrale gelieferten Strom zu verringern, und die Schaltapparate für die Batterien waren außerordentlich kompliziert. Es dauerte nicht lang, und die Batterien für solche Zwecke verschwanden. Statt dessen setzte sich das Ilgner-System durch, das in der Anwendung eines mit schwerem Schwungrad gekuppelten Motorgenerators bestand, von dem die Fördermaschine gespeist wurde. Nur zwei Gleichstrommaschinen, der Fördermotor selbst und der Generator des Umformers, wurden vom hohen Anlaßstrom durchflossen und die Regelung der Geschwindigkeit und Umkehr der Förderrichtung wurde durch den Nebenschlußregler des Generators besorgt. Da die Spannung beim Anlassen niedrig ist und das Schwungrad einen Teil der Energie liefert, nimmt der an das Netz geschaltete Motor keinen übermäßigen Strom auf. Dieses System war technisch und kaufmännisch ein Erfolg. Später, als die Größe der Netze wuchs, konnte in manchen Fällen ein Drehstromfördermotor ohne Motorgenerator und ohne Schwungrad ans Netz angeschlossen werden.

Köttgens Vortrag erregte eine lebhafte Diskussion. Manche Maschineningenieure gaben zu, daß Fördermaschinen elektrisch betrieben werden könnten, hielten es aber für ausgeschlossen, daß der Elektromotor je die Dampfmaschine beim Antrieb von großen Walzwerken werde verdrängen können. Wenige Jahre später sahen sie mit eigenen Augen, daß die Elektriker auch in diesem Gebiet mit ihren hochfliegenden Plänen nicht über das Ziel geschossen hatten.

Es ist interessant, die Entwicklung der Anwendung von Akkumulatorenbatterien zu verfolgen. Heute wird es manchem unbegreiflich scheinen, daß je daran gedacht wurde, sie zum Ausgleich für den stark schwankenden Strom von Fördermaschinen zu verwenden. Zu jener Zeit waren sie auch in elektrischen Zentralstationen unentbehrlich. Zur Zeit geringer Belastung, das war damals während der Tagesstunden, wurden die Dampfmaschinen der Zentrale abgestellt und die Batterien übernahmen die Belastung. Für die Stromversorgung von Straßenbahnen wurden Pufferbatterien als unerläßlich angesehen und oft in Reihe mit besonderen Zusatzmaschinen betrieben, die auf möglichsten Ausgleich hinwirkten. Sogar in Fällen, wo der übermäßige Strom gleichzeitig geringe Spannung am Verbrauchsort forderte, beim Anlassen großer Motoren von Fördermaschinen u. dgl. und sogar beim Lichtbogenschweißen wurden Batterien vorgeschlagen, obwohl sie die Spannung annähernd konstant hielten und große Vorschalt- oder Anlaßwiderstände nötig machten. Viele Erfinder und Konstrukteure dachten nicht daran, daß die Batteriecharakteristik gerade das Gegenteil des Ideales erzielte, daß beim Auftreten außergewöhnlich hohen Stromes die Spannung fast auf Null reduziert werden sollte. Heute denkt niemand mehr an die Anwendung von Akkumulatoren für solche Zwecke und auch aus den Zentralstationen sind sie fast verschwunden; trotzdem sind die Akkumulatorenfabriken stärker beschäftigt als je: die kleinen Batterien für Automobile, Motorräder,

Zugbeleuchtung und Radio und die großen Batterien für Unterseeboote haben den Fortfall der Batterien für die früher üblichen Anwendungen mehr als ersetzt.

Straßenbahn Emden.

Interessante Störungen traten auf, als Körting in der Hafenstadt Emden eine kleine Straßenbahn errichtete. Das gußeiserne Zahnrad eines Motorwagens brach bei Anwendung der Kurzschlußbremse während einer Probefahrt. Ich fuhr nach Emden, baute einen Motor mit Vorgelege aus, brachte ihn auf volle Drehzahl und schloß ihn in Bremsschaltung kurz, in der Überzeugung, daß der erste Stromstoß ebenso groß wäre als bei praktischem Betrieb. Die Versuche im Depot waren zufriedenstellend, aber als ich sie auf der Strecke wiederholte und den Motor in Bremsschaltung kurzschloß, brach wieder ein gußeisernes Rad, und es war klar, daß der erste Bruch nicht ein zufälliger Versager war, sondern daß das Zahnrad durch ein stärkeres ersetzt werden mußte. Meine Überlegung, daß der erste Stromstoß in der Bremsschaltung auch bei dem alleinlaufenden Motor dieselbe Größe haben müßte als im praktischen Betrieb, war unzulänglich, denn ohne die Masse des mit dem Motor gekuppelten Wagens dauerte der Stromstoß nicht lange genug, um die Zähne des Rades so zu deformieren, daß sie brachen.

Bei Körtings war die größte Sorge die, die für den nächsten Sonntag festgesetzte Einweihung einzuhalten. Die Anfertigung von Stahlgußrädern hätte wenigstens eine Woche gedauert. Ernst Körting jun. hatte den Einfall, Bronzeräder zu gießen, die später eingeschmolzen werden konnten, so daß der ganze Verlust nur im Gießen und Bearbeiten der Räder bestand. So geschah es; die Eröffnung der Straßenbahn und das Festessen verrieten nichts von einer vorausgegangenen Schwierigkeit und alles schwamm in Wonne. Nur die Rechnung, die nachher von der Körtingschen Gießerei der Körtingschen Abteilung „Elektrizität“ präsentiert wurde, war nicht so unschuldig, als es ursprünglich geschienen hatte.

Später mußte ich mehrmals nach Emden fahren, weil der Leiter der Kraftstation sich über die Überlastung seines 45-KW-Motorgenerators beim Ingangsetzen der Wagen beklagte. Heute würde kein Mensch einen so kleinen Umformer für einen solchen Zweck wählen und würde auch wissen, daß doppelte Überlastung während einiger Sekunden unschädlich ist. Damals war das noch nicht allgemein bekannt und die Maschinen funkten auch bei dieser Überlastung.

Während einer solchen Reise kam mir die Idee eines Polardiagramms für Wechselstrommaschinen in Parallelschaltung, das die Wirkung der Dämpfung auschaulich machte. Ich zeichnete das Diagramm auf das taubedeckte Fenster des Eisenbahnwagens, und die Lösung beglückte mich; das Diagramm war die Reise wert, obwohl es gar nichts mit dem Geschäft in Emden zu tun hatte.

Ungefähr zehn Jahre später, auf einer Reise von Manchester nach Glasgow, studierte ich ein altes Patent von Tesla, das eine Konkurrenzfirma als Antizipation meiner Anmeldung für selbstsynchronisierende Wechselstrommaschinen zitiert hatte, und der Unterschied zwischen Teslas und meiner Erfindung wurde mir auf einmal vollkommen klar. Auf der Eisenbahn hat man Zeit und Ruhe und kann klarer denken.

Elektrische Starkstromtechnik.

Die Veröffentlichungen während meiner Tätigkeit in Hannover machten mir Freude. Die Vorträge über ein Phänomen bei kurzgeschlossenen Drehstromgeneratoren und über den Parallelbetrieb von Wechselstrommaschinen sowie über die höheren Harmonischen bei Leerlauf von Synchronmotoren fanden viel Anklang. Die Vorträge, die ich bei den Schuckertwerken in Wien gehalten hatte, wurden in Buchform mit dem Titel „Elektrische Starkstromtechnik" herausgegeben. Ich arbeitete meist zur Nachtzeit daran. Mein Stenograph kam um acht Uhr abends. Ich war meistens recht müde, wurde aber während des Diktierens allmählich lebendig. Wenn er gegen Mitternacht mein Haus verließ, fühlte ich keinen Schlaf und spazierte durch die Straßen, überdachte nochmals, was ich schon diktiert hatte, und die demnächstige Fortsetzung. Einmal besuchte mich Kinzbrunner, der damals eine Stellung im Städtischen Technikum von Manchester hatte, auf der Durchreise durch Hannover und übernahm es sofort, das Buch ins Englische zu übersetzen; später übersetzte Professor Mauduit es ins Französische. Auch eine italienische, spanische und russische Übersetzung folgten. Ich bekam Angebote von Verlagsbuchhandlungen, für sie Bücher über Berechnung von Wechselstrommaschinen und andere Gegenstände zu schreiben, aber fand nicht die Zeit dafür.

Als mir der englische Verleger den Vertrag für die Ausgabe „Electrical Engineering" übersandte, belustigte mich eine Gewähr, die ich geben sollte, daß im Buch „no libel" (keine Ehrenbeleidigung) enthalten war. Aber eine solche Gewährleistung ist auch bei einem technischen Buche ernst zu nehmen: einige Zeit später machte ein Prozeß zwischen Henry Wilde und Sylvanus Thompson großes Aufsehen: Wilde klagte Thompson, weil dieser jemanden anderen als ihn als den Erfinder der Dynamomaschine bezeichnet hatte. Wilde wurde mit seiner Klage abgewiesen, aber ein solcher Prozeß vor einem englischen Gericht ist keine leichte Sache und bringt auch der siegreichen Partei eine Menge Arbeit, Sorgen und Ausgaben.

Eine sonderbare Begegnung hatte ich auf dem Wege zum Postamt in Berlin, als ich den Vertragsentwurf an den

Verleger sandte. Ein biederer junger Mensch fragte mich um den Weg nach Stettin. Er hatte kein Geld für die Eisenbahnkarte und wollte die Strecke von ungefähr 150 km zu Fuß gehen. Sein Wesen machte auf mich einen so guten Eindruck, daß ich ihm drei Mark für die Fahrt gab. Er versprach, sie mir baldigst zurückzustellen, hat dies aber bis heute unterlassen. Einige Jahre später fragte mich ein anderer, ebenso bieder aussehender Mann auf einem Platz in Manchester um den Weg nach Chester, aber diesmal öffnete ich meine Börse nicht. Anscheinend gibt es in der Bettlerzunft einen internationalen Austausch von Berufsgeheimnissen.

Die spanische Übersetzung meines Buches fand ich auf sonderbare Art 40 Jahre nach der ursprünglichen Veröffentlichung. Ich kam 1940 nach Bogotá ohne Bücher und versuchte vergeblich, eine Ausgabe des Buches in irgend einer Sprache zu erhalten. In den Bibliotheken von Bogotá gab es keine, die Buchhändler hatten keine und erzählten mir, daß im spanischen Bürgerkrieg fast alle Buchvorräte zerstört worden waren. Ich schrieb nach Spanien, nach Leipzig, New York, Buenos Aires, an einen Freund in der Schweiz: ohne Ergebnis. Dann erzählte mir im Jahre 1942 bei Gelegenheit von Vorträgen, die ich in der Technischen Abteilung der Staatsuniversität hielt, ein Hörer, daß er ein von mir herausgegebenes Buch auf einem Brett in der Bibliothek derselben Fakultät gefunden hatte. Es war aber nicht im Katalog erwähnt, weil der Bibliothekar nicht wußte, in welche Abteilung er es einreihen sollte.

Techno-Lexikon.

Bald nach meiner Ankunft in Hannover unternahm der Verein Deutscher Ingenieure die Herausgabe eines technischen Wörterbuches in verschiedenen Sprachen und bat um die Unterstützung aller Mitglieder. Es wurden viele tausende Notizhefte verteilt, mit der Bitte, daß alle Mitglieder des Vereins bei ihrer Korrespondenz mit dem Ausland die technischen Ausdrücke in verschiedenen Sprachen notieren sollten. Die Mitglieder und Firmen sollten auch Preislisten und technische Broschüren an den Verlag schicken. Der Aufruf an die Mitglieder hatte großen Erfolg, aber die kostenlose freiwillige Mitarbeit erwies sich als viel zu kostspielig und der Plan als unausführbar. Nach einem oder zwei Jahren sahen die Leiter des Vereins zu ihrem Schrecken, daß der Sachverständige, der den Plan entworfen hatte, und seine Mitarbeiter unter der Wucht des einlangenden Materials vollkommen erdrückt wurden und daß ein ungeheures Büropersonal dazu erforderlich gewesen wäre, das Material zu sichten. Es blieb nichts anderes übrig, als einen Schlußpunkt zu machen und die ganze Idee des Techno-Lexikons zu begraben.

In der Zwischenzeit hatte ein privater Verleger still und mit wenigen Mitarbeitern ein solches technisches Wörterbuch in fünf oder sechs Sprachen verfaßt, das sich später ausgezeichnet bewährte. Als der Verein sich mit dem Verleger in Verbindung setzte und ihm sein Material kostenlos anbot, war dieser zu klug, als daß er das Geschenk angenommen hätte. Der Fehlschlag des Unternehmens zufolge eines Planes, der nicht gründlich durchgedacht war, war eine wertvolle Lektion für alle, die damit zu tun hatten.

Kurven-Indikator.

Dr. Rudolf Franke, Dozent und Besitzer einer kleinen Fabrik für Meßinstrumente in Hannover, erfand einen Kurvenindikator, mit dem man die Form einer Wechselstromkurve aufzeichnen konnte. Er erforderte unendlich mehr Arbeit als der Oszillograph, der später von Duddell erfunden wurde, war aber das erste Instrument seiner Art. Mein letzter Vortrag in Hannover im Januar 1903 war der Untersuchung des Leerlaufstromes eines Synchronmotors geweiht, der Strom von einem Generator anderer Kurvenform erhielt, und es erregte Aufsehen, in den Stromkurven den ungeheuren Einfluß der höheren Harmonischen zu sehen, wenn die Grundharmonischen klein waren.

Ozon-Wasserwerke.

Gegen Schluß meiner Tätigkeit bei Körtings kam ich noch in Berührung mit einer neuen Sache: Ozon für die Reinigung von Trinkwasser. Ein Arzt, der früher mit Siemens zusammengearbeitet hatte, empfahl Körting die Aufnahme dieser Spezialität, die damals vielversprechend schien. Unter seiner Führung besuchte ich das Wasserwerk in Paderborn, wo das System eingeführt worden war, weil einige von den Quellen im Inneren der Stadt selbst entsprangen und der Verdacht aufgetaucht war, daß eine Epidemie durch das Wasser verursacht worden war, obwohl die Laboratoriumsuntersuchung keinen Beweis gebracht hatte. Die schöne, mittelalterliche Stadt, die Quellen und das Ozonwerk waren außerordentlich interessant. Wir hätten wahrscheinlich diese Spezialität aufgenommen, wenn nicht die Tätigkeit der Abteilung „Elektrizität“ von Gebrüder Körting aus anderen Gründen aufgehört hätte. Die Behandlung von Trinkwasser mit Ozon machte übrigens keine Fortschritte; die Chlorbehandlung bewährte sich besser.

AEG.

Obwohl die elektrische Abteilung von Körting nur klein war, machte sich ihre Konkurrenz doch bei der Allgemeinen Elektrizitätsgesellschaft (AEG) manchmal fühlbar. Sie kaufte die Abteilung, indem sie gleichzeitig Körtings bei der Gründung einer Aktiengesellschaft unterstützte und ihr große Bestellungen für Gasmaschinen in Aussicht stellte. Im allgemeinen übernahm sie die Beamten der Abteilung nicht. Körting boten mir an, in ihre Abteilung für Strahlapparate einzutreten, die einen wissenschaftlich geschulten Ingenieur gut hätte verwenden können, aber ich wollte bei der Elektrotechnik ausharren.

Die AEG beabsichtigte, mich für Elektrisierung von Hauptbahnen zu beschäftigen, die man damals als nahe bevorstehend betrachtete. Ich konferierte mit Dr. Haas, früheren Oberingenieur der Straßenbahn Hannover und damals Vorstand der AEG-Eisenbahnabteilung. Zum Schluß entschied die AEG, daß sie mich in der Dynamo-Fabrik besser würde verwenden können, und ich stimmte zu. Herr Jordan, der Direktor der Fabriken, hatte mit mir eine lange Unterredung und forschte insbesondere, ob ich nicht vielleicht mehr Physiker als Ingenieur war. Später sprach ich über dieses Kreuzverhör mit Dr. Benischke, dem Chefelektriker der AEG-Apparate-Fabrik, und er belehrte mich, daß diese Anschuldigung eine sehr milde war. Eine viel ernstere Beleidigung bestand darin, einen Menschen einen M a t h e m a t i k e r zu nennen. Er selbst hatte diese Bezeichnung öfters hören müssen.

Ich wurde zum Abteilungsvorstand für die Konstruktion von Gleichstrommaschinen bestellt und verließ Hannover im Januar 1903 nach einer sehr hübschen Feier der Elektrotechnischen Gesellschaft, die dem vor 100 Jahren in Hannover geborenen Erfinder des Funkeninduktors, Rühmkorff, eine Gedenktafel errichtete.

Probleme 1903.

Bei der AEG gab es zu dieser Zeit interessante Probleme. Für Beleuchtung hatte sie gerade nach langer, schwieriger Entwicklung die Nernst-Lampe herausgebracht; im Eisenbahnwesen wurden die Schnellbahnversuche auf der Linie Berlin-Zossen durchgeführt, bei denen bald nachher eine Geschwindigkeit von mehr als 200 km in der Stunde erreicht wurde; für Kraftstationen wurden die Dampfturbinen entwickelt.

Nernst-Lampe.

Die ersten Nachrichten über die Nernst-Lampe und Osmiumlampe wurden etwa 1898 fast gleichzeitig veröffentlicht. Die Osmiumlampe war eine Erfindung des österreichischen Chemikers Auer von Welsbach, der in den Achtziger- und Neunzigerjahren mit dem Gasglühlicht Ruhm und Vermögen erworben hatte. Beide verbesserten die Wirtschaftlichkeit des elektrischen Lichtes durch höhere Temperatur des Glühfadens. Seit Edisons Kohlenfadenlampe zu Ende der Siebzigerjahre war in der Wirtschaftlichkeit des Lichtes nur ein geringer Fortschritt gemacht worden. Die 16kerzige Glühlampe verbrauchte ungefähr 50 Watt. Es gab wohl Lampen mit geringerem Stromverbrauch, aber ihre Lebensdauer war zu kurz. Auer verwandte, wie schon viele Erfinder vor Edison, einen Metallfaden statt des Kohlenfadens, verstand es aber, die Schwierigkeiten zu beseitigen, die früher ein unübersteigliches Hindernis geschienen hatten. Die Metalldrahtlampe setzte sich allgemein durch, allerdings nicht gerade als Osmiumlampe und nicht mit der von Auer zuerst gefundenen Methode der Fabrikation des Fadens. Aber seine Erfindung wirkte bahnbrechend und bildete den Anstoß für viele andere Methoden der Erzeugung von Metallfadenlampen mit weitaus besserem Wirkungsgrad als die Kohlenfadenlampe.

Nernst wählte einen ganz anderen Weg. Er verwendete ein Material, das im kalten Zustand isolierte und erst bei hoher Temperatur den elektrischen Strom leitete. Da auch dann die Leitfähigkeit weitaus geringer war als die eines Metalls, so gab es in der Nernst-Lampe einen „Glühstab" statt des Glühfadens. Das Anheizen des Stäbchens mußte durch äußere Mittel besorgt werden, und während des Wiener Elektrotechnischen Kongresses im Jahre 1899 wurden Lampen gezeigt, die mit einem Streichholz gezündet wurden. Lizenznehmer in vielen Ländern arbeiteten an dem Problem. Die AEG-Zündung erfolgte durch eine metallische Heizspirale und einen kleinen automatischen Ausschalter, der die Spirale abschaltete, sowie Strom durch das Glühstäbchen floß. Die Zündvorrichtung funktionierte recht gut. Aber noch ein anderer Nebenapparat war erforderlich. Die „Leiter zweiter Klasse", die für die Glühstäbchen verwendet wurden, bieten einen elektrischen Widerstand, der auch im Glühzustand bei Steigerung der Temperatur abnimmt. Um geringen Stromverbrauch zu erreichen, muß der Glühstab bei hoher Temperatur betrieben werden. Bei Stromverteilungsnetzen kommt es häufig vor, daß die Spannung über die normale steigt; dann würde der Glühstab sich mehr erhitzen, seinen Widerstand verringern, würde übermäßig viel Strom aufnehmen und zugrunde gehen. Um dies zu verhindern, dient ein Zusatzwiderstand in Reihe mit der Nernst-Lampe, und dafür entwickelte die AEG einen dünnen, schraubenförmig gewundenen Eisendraht in einem zugeschmolzenen, kleinen, zylindrischen Glasgefäß, das mit verdünntem Wasserstoff gefüllt und einer kleinen Glühlampe ähnlich war. Der Widerstand des Eisendrahtes ist bei mäßiger Temperatur klein, steigt aber bei Glühtemperatur hoch an. Durch Hintereinanderschaltung mit dem Glühstäbchen wird daher die entgegengesetzte Charakteristik des letzteren wirkungsvoll bekämpft. Wenn die Spannung unter der normalen liegt, verbraucht der Eisenwiderstand nur geringe elektrische Leistung; wenn aber die Spannung steigt, so verzehrt er fast den ganzen Spannungsüberschuß, ohne eine merkliche Erhöhung des Stromes zu gestatten. Die Entwicklung dieser Widerstände wurde in der Glühlampenfabrik der AEG durchgeführt und bildete an sich einen Erfolg, der größer war als der der Nernst-Lampe und dieselbe überdauerte. Denn die Nernst-Lampe, die als eine der überraschendsten und größten Erfindungen auf dem Gebiet der Beleuchtung angesehen wurde, hatte keinen dauernden Erfolg. Sie wurde durch die Verbesserungen der Metalldrahtlampe vollkommen zurückgedrängt. Trotz der ungeheuren Arbeit und der großen Geldmittel, die die AEG in die Entwicklung der Nernst-Lampe gesteckt hatte, versteifte sich Rathenau, der Generaldirektor der AEG, nicht auf diese Lampe, als die Konkurrenz mit den Metalldrahtlampen Erfolg hatte, und wies die Ingenieure und Chemiker seiner Glühlampenfabrik an, auch auf diesem Gebiet zu arbeiten, wobei ihnen die Erfahrungen mit dem Eisendrahtwiderstand sehr zustatten kamen. Es war lehrreich zu sehen, daß eine große, gut geleitete Unternehmung nicht des Prestiges wegen sich in eine Sackgasse verrennt.

Emil Rathenau war ein hervorragender Mann und nahm an jeder Entwicklung in den Fabriken intensiven Anteil. Von seinen Söhnen starb der jüngere gerade bei meinem Eintritt in die AEG. Der ältere, Walter Rathenau, spielte in der Kriegs- und Nachkriegszeit eine wichtige Rolle in der deutschen Wirtschaft und wurde 1922 von einem politischen Fanatiker erschossen.

Schnellbahn.

Die Schnellbahnversuche auf der Linie Berlin-Zossen, die um die Jahrhundertwende begonnen hatten, kamen im Jahre 1903 zum erfolgreichen Abschluß. Sowohl der Wagen von Siemens als der der AEG erreichten ohne Unfall eine Höchstgeschwindigkeit von 210 km in der Stunde. Aber das praktische Resultat dieser Versuche, die viel Geld, Mühe und Erfindungsgabe gefordert hatten, war Null. Sie brachten die Elektrifizierung der Hauptbahnen nicht einen Schritt näher, während die italienischen Staatsbahnen, für die Kandó von Ganz & Co. Dreiphasenlokomotiven mit einer einfacheren Oberleitung und für normale Geschwindigkeit konstruiert hatte, allmählich viele Strecken elektrifizierten. Die technischen Eigenheiten der Systeme hatten nichts damit zu tun, aber in Italien war Kohle teuer und in den Alpen war Wasserkraft verfügbar, so daß die Elektrifizierung der norditalienischen Linien wirtschaftlich war. In Deutschland hatte man überdies militärische Bedenken; während eines Krieges würde der Verkehr auf elektrischen Linien leichter gestört als der von Dampflokomotiven.

Eine andere Gesellschaft in Berlin, die Union-Elektrizitätsgesellschaft, machte auf einer anderen Linie Versuche mit Einphasentraktion wie die amerikanische Westinghouse Company. In Berlin wurde mit Erfolg der Motor von Winter und Eichberg verwendet, den die beiden bei der Union in Wien erfunden hatten.

Spannwerksmaschine.

Zur Zeit, als ich bei der AEG eintrat, gab es einen lebhaften Streit über die mechanische Ausführung von Wechselstromgeneratoren und großen Drehstrommotoren. Der Konstruktionschef und Fabriksdirektor Lasche hatte ein oder zwei Jahre früher eine aufsehenerregende Neukonstruktion beschrieben, die die schweren gußeisernen Gehäuse solcher Maschinen beseitigte. Bei Motoren und kleineren Generatoren verwendete er gegossene „Wangen" zum Schutze der Wicklung, die auch die Maschinenfüße enthielten und gegeneinander durch Schraubenbolzen verbunden waren, die den zwischen ihnen befindlichen, aus Blechen bestehenden Ankerkörper preßten. Bei großen Maschinen wurde der Ankerkörper durch Spannstangen gehalten und im Raum fixiert. Dobrowolsky sprach scherzhaft von „Lasches überspannter Maschine". Lasche wollte nicht nur an Gewicht sparen (etwa wie Professor Radinger, der 10 000 Gulden Staatsgeld ausgab, um in einer Transmission die unnütze neutrale Faser auszubohren), sondern wollte auch die Lieferzeit verringern, weil nach seiner Erfahrung die großen Gußkörper die längste Zeit in Anspruch nahmen.

Sein Aufsatz wirkte sensationell, aber bald nach der Installierung solcher Maschinen kamen unvorteilhafte Berichte. Während der ersten Konferenzen, denen ich beiwohnte, hörte ich scharfe Kritiken von Seite des Vertreters der Verkaufsorganisation Roos, eines Ingenieurs mit guter Fabrikserfahrung. Für Kohlenwerke taugte nach seiner Meinung die Konstruktion nicht, weil der Kohlenstaub sehr bald die Luftspalten in den ungeschützten Ankerblechen verstopfte; statt gewöhnlicher Monteure brauchte man Mathematiker, um die nötige Spannung in jeder Stange des Spannwerkes auszurechnen, und die Kunden hatten eine Abneigung gegen die Konstruktion. Den Einwand Lasches, daß die Fabrik auf Verlangen auch Maschinen mit Gußgehäuse liefere, tat er schnell ab: „Ja, mit längerer Lieferzeit und zu 7 % höherem Preis. Das geht nicht! Wir stehen im Wettbewerb mit anderen Firmen, die das Gußeisengehäuse als Normalkonstruktion liefern!" Der größte technische Nachteil der Konstruktion erwies sich einige Monate später, als große Generatoren in einer elektrischen Zentrale zusammenklappten nach einer Änderung auf der Schalttafel. Beim Parallelschalten waren infolge einer falschen Verbindung zwei Maschinen in entgegengesetzter Phase parallelgeschaltet worden. Maschinen der gleichen Polzahl, mit den üblichen gußeisernen Gehäusen, hätten einer solchen Mißhandlung standgehalten, aber die Spannwerksmaschine war für solche Stromstöße nicht berechnet. Zu jener Zeit war es noch nicht allgemein bekannt, wie groß die Stromstöße und Beanspruchungen waren, die bei plötzlichem Kurzschluß und bei falscher Parallelschaltung auftreten. Als Dampfturbinen sich verbreiteten, sah mancher Konstrukteur mit Schrecken die gewaltsame Formänderung der Endverbindungen an den Ständerwicklungen; aber das Zusammenklappen der Ankerkörper bei vielpoligen Maschinen stellte eine neue und sehr unangenehme Erfahrung dar. Die überspannte Maschine verschwand, vielleicht nicht zuletzt aus dem Grund, weil Lasche die Turbinenfabrik übernahm und dann nichts mehr mit Motoren und vielpoligen Generatoren zu tun hatte. Der Vater einer Konstruktion lernt etwas von den auftauchenden Schwierigkeiten und verbessert seine Konstruktion, bis sie auch den unerwarteten Beanspruchungen genügt, aber ein Stiefvater sagt sich von dem Kinde los, das Ärgernis gibt.

In der ersten Zeit nach der Veröffentlichung Lasches über die gehäuselose Maschine brachte Siemens eine Konkurrenzkonstruktion mit einem leichten, genieteten Gehäuse aus Stahlblech und Profileisen heraus. Vom technischen Gesichtspunkt aus war dagegen nichts einzuwenden, aber Lieferzeit und Kosten waren noch größer als die des Gußgehäuses und die Konstruktion wurde wahrscheinlich nur in wenigen Fällen wirklich angewendet. Sie war aber der Vorbote einer anderen Form, die einige zwanzig Jahre später, als die elektrische Schweißung zu allgemeiner Anwendung kam, wirtschaftlich wurde.

Dampfturbinen.

Die Entwicklung der AEG-Dampfturbinen sah damals nicht vielversprechend aus. Die Gesellschaft hatte Patente von Riedler und Stumpf erworben, aber konnte nicht, wie sie gehofft hatte, in wenigen Jahren das erreichen, was ihre Konkurrenten Parsons in England und Brown-Boveri & Comp. in der Schweiz in einer Entwicklungstätigkeit von vielen Jahren geschaffen hatten. Eine Versuchsturbine von 3000 Kilowatt mit Induktionsgenerator brauchte fast 50 % mehr Dampf als die alten Dampfmaschinen im Elektrizitätswerk. Obwohl die Berliner Elektrizitätswerke im Konzern der AEG waren, gab es keinen Favoritismus; der Direktor des Werkes war nur unter der Bedingung bereit, die Dampfturbine in Betrieb zu belassen, wenn ihm die Fabrik den Mehrverbrauch an Kohle bezahlt hätte. Die Nachteile des Kurzschlußläufer-Induktionsgenerators waren nebensächlich im Vergleich mit dem Hauptfehler des großen Dampfverbrauches; wäre aber die Maschine in Dauerbetrieb geblieben, so hätte man den ernstlichen Nachteil eines solchen Generators nicht übersehen können. Bei Belastung durch Induktionsmotoren hätten die übrigen Stromerzeuger im Werke nicht nur den Blindstrom für alle Motoren und Transformatoren hergeben müssen, sondern überdies den Blindstrom für die Erregung des Induktionsgenerators.

Als ich bei der AEG eintrat, waren schon Synchrongeneratoren und Erregermaschinen dafür entwickelt. Die Ständer der Generatoren waren wassergekühlt; in späteren Jahren wurde dies aufgelassen, da Luftkühlung sich als besser erwies.

Die Gleichstrom-Turbogeneratoren waren noch im Versuchsstadium und arbeiteten nicht zufriedenstellend. Die Bürsten funkten, und die Mittelchen, die wir versuchten, um dies zu beseitigen, halfen nicht viel. Ich konstruierte einen Apparat, um die Anker dynamisch auszuwuchten, und das beseitigte die Balanzschwierigkeiten, aber was wir nicht klar verstanden, war, daß ganz andere Mittel notwendig waren, um bei sehr schnell laufenden Maschinen der Kommutierungsschwierigkeiten Herr zu werden.

Die Lösung wurde aus den Händen der Leute genommen, die sich mit der Sache bisher beschäftigt hatten, als sich die AEG mit der Union-Elektrizitätsgesellschaft fusionierte. Die Union hatte ein Übereinkommen mit der amerikanischen General Electric Company über Austausch von Erfindungen und Erfahrungen. Technisch war die Union gut geleitet und hatte insbesondere in der Elektrisierung von Straßenbahnen eine erste Stellung. Ihre kaufmännische Führung blieb aber weit zurück hinter der der AEG, und so war es für die AEG möglich, die Union aufzukaufen. Rathenau erkannte, daß die Entwicklung der Dampfturbine sehr lange dauern würde, wenn man sich durchaus auf eigene Konstruktionen und Erfindungen verlassen müßte, und hieß deshalb die Gelegenheit willkommen, mit der General Electric ein Abkommen über Austausch von Erfindungen und Erfahrungen zu schließen, das die Möglichkeit gab, die Curtiss-Dampfturbine zu benutzen, obwohl er dafür einen hohen Preis zahlen mußte. Er war weitblickend. Als er mit drei anderen Direktoren von einer Amerikareise zurückkehrte, reservierte er die ganze frühere Union-Fabrik für den Bau von Dampfturbinen und Turbogeneratoren und machte den energischen Lasche zum Direktor der Turbinenfabrik. Der bisherige Direktor und die Ingenieure der Union-Fabrik wurden in die AEG-Dynamofabrik übersetzt.

Für die Gleichstrom-Turbogeneratoren fand sich eine neue Lösung, weil die Union-Gesellschaft die Patente für die kompensierte Déri-Maschine erworben hatte. Für solche Generatoren konnte das Kommutierungsproblem gelöst werden durch Kompensation der Ankerrückwirkung und Schaffung einer Überkompensation in der Wendezone. Eichberg hatte mit Déri in der Wiener Union-Elektrizitätsgesellschaft gearbeitet, und durch ihn wurden alle Union-Ingenieure über die Eigenschaften der kompensierten Déri-Maschine instruiert. Diese wurde auch mit Erfolg für den Antrieb von Fördermaschinen und Walzwerken verwendet. Sehr bald wurden Gleichstromantriebs-Motoren für eine Augenblicksleistung von 10 000 Pferdestärken mit Erfolg gebaut.

Den Ingenieuren der AEG behagte es nicht, daß der Direktor und die Ingenieure der Union alle leitenden Stellen in der Fabrik besetzten. Ich wollte mich nicht unterordnen, und so wurde ich meiner Stellung als Leiter des Konstruktionsbüros für Gleichstrommaschinen enthoben und mir lediglich die Entwicklung der elektrischen Zugbeleuchtung zugewiesen, die bisher nur ein Teil meiner Aufgaben gewesen war. Es erwies sich als sehr vorteilhaft für mich.

Zugbeleuchtung.

Auf den deutschen Eisenbahnen wurde im allgemeinen Gasbeleuchtung angewendet. Versuchsinstallationen mit elektrischem Licht gab es wenige. Bei einem Eisenbahnzusammenstoß gab es infolge der Entzündung der Gasbehälter viele Todesopfer, und dies bot den Anstoß für ernstere Beschäftigung mit elektrischer Beleuchtung. Geheimrat Wittfeld von den Preußischen Staatsbahnen arbeitete zusammen mit Dr. Büttner der Akkumulatorengesellschaft, dem Vorkämpfer für die elektrische Zugbeleuchtung, die Pläne für die Versuchsinstallationen aus und wurde dabei vom Personal der AEG unterstützt. Bei meinem Eintritt in die Firma gab es verschiedene Schnellzüge mit Dampf-Turbogeneratoren auf der Lokomotive, und es sollten neue Züge mit durchgehenden Leitungen in Betrieb kommen, mit Gleichstromgeneratoren auf den Achsen der Gepäckwagen und Akkumulatoren in jedem Wagen des Zuges. Alle Batterien und Lampen befanden sich in Parallelschaltung. Wittfeld hatte eine Abneigung gegen Riemenbetrieb und gegen alle beweglichen Teile, die vermieden werden konnten. Er wollte keine elektromechanischen Regler. Um die Lampenspannung annähernd konstant zu halten, gleichgültig, ob die Akkumulatoren geladen oder entladen wurden, wurde kein elektromechanischer Regler verwendet, sondern die Eisendrahtwiderstände der Nernst-Lampen, obwohl dies einen gewissen Spannungsverlust auch bei Entladung der Batterie bedeutete. Der Spannungszuwachs bei Maschinenbetrieb wurde durch diese Widerstände aufgenommen und die Lampenspannung erhöhte sich nur wenig. Die Erhöhung der Dynamoleistung bei Erhöhung der Zugsgeschwindigkeit wurde durch Anbringung einer Gegen-Compoundwicklung auf den Magnetspulen begrenzt. Der Magnet-Nebenschlußstrom wurde annähernd konstant gehalten durch Eisendrahtwiderstände in Reihe mit den Nebenschlußspulen. Es wurde kein selbsttätiger Apparat angewendet, um die Batterie vor Überladung zu schützen. Bei der Anordnung einer einzigen Maschine und zugehöriger Schalttafel im Gepäckwagen konnte man es dem Gepäckwärter überlassen, die Maschine abzuschalten oder den Nebenschlußstrom zu vermindern, wenn die volle Ladung erreicht war; in einem anderen Fall war es möglich, im Depot von Zeit zu Zeit den Nebenschluß-Regler so zu stellen, daß die Batterien genügend geladen und nicht zu sehr überladen wurden. Wittfeld wollte nichts von einem selbsttätigen Schalter wissen, um die Verbindung zwischen Maschine und

Batterie vor Erreichung des Stillstandes zu unterbrechen und sie wiederherzustellen, wenn der Zug sich von neuem in Bewegung setzte und eine gewisse Geschwindigkeit erreicht hatte. Statt eines solchen Schalters wurde die von Grätz zuerst angewendete Aluminiumzelle verwendet. Grätz hatte entdeckt, daß eine Aluminiumzelle in einer bestimmten chemischen Flüssigkeit einen Oxydfilm ansetzt, der den Durchgang des Stromes in einer Richtung erlaubt, aber in entgegengesetzter Richtung absperrt. Eine solche Aluminiumzelle wurde von der Akkumulatorenfabrik für den großen Strom entwickelt, der bei der Beleuchtung eines ganzen Zuges gebraucht wird. Ihr Betrieb war nicht ganz so einfach, als es auf dem Papier aussah. Die dauernde Instandhaltung der großen Aluminiumzellen erforderte einige Wartung, und später erwies es sich, daß ein verläßlicher, automatischer Ausschalter erheblich billiger war und viel weniger Platz und Wartung erforderte. Ein weiteres Problem gab es noch: die Umschaltung der Verbindung, wenn sich die Zugrichtung verkehrte. Bei kleinen Maschinen, die mittels Riemen von einer Wagenachse aus angetrieben waren, wurde dies durch eine bewegliche Bürstenbrücke auf Kugellagern erreicht, die durch Reibung von den Kohlenbürsten in der Drehrichtung des Ankers bis zu einem Anschlag mitgenommen wurde. Kupferspiralbänder führten den Strom von der Bürstenbrücke zu feststehenden Klemmen. Bei den kleinen Maschinen hatte sich dies gut bewährt, aber in einer großen Maschine, die um die Achse herumgebaut war, schien die Konstruktion nicht verläßlich. Als ich zuerst bei Wittfeld in seinem Amt im Verkehrsministerium vorsprach, warnte mich Büttner, daß man sehr vorsichtig sein müsse, wenn Wittfeld eine Idee äußerte, die nicht durchführbar erschien, und daß ein Oberingenieur einer anderen Firma dank einer scharfen Diskussion mit Wittfeld seine Stellung verloren hatte. Ich hatte keine Schwierigkeiten mit ihm. Bei dieser Gelegenheit wurde entschieden, eine feste Bürstenbrücke zu verwenden und auf der Schalttafel des Gepäckwagens einen handbetätigten Umschalter zu installieren, der in den Endstationen vom Wärter zu betätigen war.

Es war klar, daß dies keine Lösung für die allgemeine Einführung elektrischer Zugbeleuchtung sein konnte, und ich dachte viel über Möglichkeiten einer selbsttätigen Umschaltung ohne mechanisch betätigten Schalter nach. Eine der Lösungen war die Anwendung von vier Aluminiumzellen in der Verbindung, wie Grätz sie für die Umwandlung von einphasigem Wechselstrom in Gleichstrom zuerst angewendet hatte.

Querfeldmaschine.

Ehe wir noch Gelegenheit hatten, bei einer zukünftigen Lieferung diese Brückenschaltung anzuwenden, kam eine ganz andere Idee, aus der sich meine Gleichstrom-Querfeldmaschine entwickelte.

Die Idee war, mit der Maschine eine kleine Erregermaschine zu kuppeln und diese von der Batterie aus zu erregen. Bei Umkehr der Drehrichtung gibt der Anker der Erregermaschine verkehrte Polarität, und der Anker der Hauptmaschine, bei der sich sowohl der Feldmagnetismus als die Drehrichtung umkehrt, gibt Strom der gleichen Richtung wie zuvor. Nun verfolgte mich der Gedanke, Erregermaschine und Hauptmaschine miteinander zu vereinigen. War es überhaupt möglich, einem einzigen Anker zwei Ströme zu entnehmen, deren einer sich verkehrte und deren anderer bei jeder Drehrichtung den gleichen Sinn behielt?

Vier Jahre vorher hatte ich die kombinierte Déri-Maschine geprüft, die mit Wechselstrom und Gleichstrom arbeiten konnte. Das war eine Maschine, die vierpolig in einem Gleichstromfeld und mit einer anderen Polzahl in einem Wechselstromfeld gearbeitet hatte. Das jetzige Problem hatte Ähnlichkeit mit dem damaligen.

Diese theoretisch richtige Idee führte zu keinem praktischen Resultat, aber die durchgeführten Versuche zeigten einen viel besseren Weg, um das Ziel zu erreichen: eine zweipolige Maschine mit zwei zueinander rechtwinkeligen Magnetfeldern und zwei feststehenden Bürstensätzen, die gegeneinander um eine halbe Polteilung verschoben sind. E i n Feld hat ständig die gleiche Richtung, und die ihm zugehörigen Bürsten geben bei Umkehrung der Drehrichtung entgegengesetzte Stromrichtung. Diese Bürsten liefern den Erregerstrom für das Hauptfeld und die letzterem zugeordneten Bürsten liefern den Hauptstrom von ständig gleichbleibendem Sinne.

So einfach kam aber die Erfindung nicht zustande. Die Versuchsresultate mit der Anordnung eines zweipoligen Feldes, das dem vierpoligen überlagert war, waren sehr entmutigend. Sie zeigten wohl, daß die Idee theoretisch möglich war, aber die Leistung, die einer gegebenen Maschine auf diese Art entnommen werden konnte, war klein. Ich war sehr niedergeschlagen, als ich am Abend die Versuchsaufschreibungen mit mir nach Hause nahm, um sie nochmals durchzusehen.

Es ist möglich, daß die Querfeldmaschine niemals das Licht der Welt erblickt hätte, wenn ich eine Maschine mit übereinandergelagerten Feldern verschiedener Polzahl entworfen hätte, von der Direktion eine Versuchsordre für die Anfertigung einer solchen Maschine verlangt und monatelang gewartet hätte, bis die Maschine auf das Prüffeld gekommen wäre. Es ist von der höchsten Wichtigkeit, eine Idee sofort mit vorhandenen Mitteln zu prüfen und sie gemäß den Versuchsresultaten sofort zu modifizieren. Ich habe meinen Untergebenen oft gepredigt: „In einer Fabrik ist alles vorhanden, man muß es nur finden.“ Selbstverständlich gab es keine Maschine mit zwei übereinandergelagerten Feldern. Aber es gab beliebig viele vierpolige Magnetsysteme, und im Lagerraum fand ich einen alten Ringanker, der sowohl in einem zweipoligen als in einem vierpoligen Feld funktioniert. Die Wirkung von überlagerten Feldern konnte ich dadurch nachahmen, daß ich zu einem Teil der Erregerspulen einen Widerstand parallelschaltete, da die Überlagerung von Feldern zur Folge hat, daß einige Pole verstärkt, andere geschwächt werden. So konnte ich mit meinen Versuchen sofort beginnen.

Eine zweite Sache, die mir zum Erfolg verhalf, war das gewissenhafte Niederschreiben der Beobachtungen. An dem Abend des Tages, der die enttäuschendsten Resultate brachte, überzeugte ich mich beim Studium der Aufschreibungen in nächtlicher Stille, daß die Ankerrückwirkung daran schuld war, daß der ursprünglich vorhandene Unterschied in der Polstärke fast ausgelöscht wurde, so daß es kaum möglich war, genügende Leistung für die Erregung des Hauptfeldes zu erhalten. Aber die Ankerrückwirkung in einer zweipoligen Maschine schafft ein Feld senkrecht zu dem ursprünglichen Feld, und vielleicht war es möglich, dieses Feld selbst zu benutzen. Am nächsten Tag erregte ich die Maschine in anderer Weise, um oben zwei Nordpole und unten zwei Südpole zu erhalten. Dann zeigten zwei gegenüberliegende Bürsten die gleiche Polarität, aber beim allmählichen Kurzschließen der beiden anderen Bürsten, die bei der leerlaufenden Maschine die größte Potentialdifferenz zeigten, konnte ich den ersten Bürsten eine ganz erhebliche Leistung entnehmen und hatte in jeder Drehrichtung Strom von gleichem Richtungssinn. Bei gleichbleibender Geschwindigkeit war der Spannungsabfall bei Erhöhung der Stromstärke sehr groß; aber eine solche Charakteristik ist erwünscht, wenn eine Maschine bei stark wechselnder Geschwindigkeit fast gleiche Leistung abgeben soll. Die Maschine brauchte nicht von außen erregt zu werden, sondern konnte sich selbst erregen. Die Versuche nahmen nur wenige Tage in Anspruch und endeten mit der Schaffung einer neuen Maschinenart in ganz unvermuteter Form. Die Versuchskosten waren fast Null.

Von all den Möglichkeiten, zwei zueinander rechtwinkelige Felder zu überlagern, war die einfachste, ein zweipoliges Feld mit dicken Polschuhen zu nehmen, die in der Mitte genutet waren, um an dieser Stelle eine annähernd feldfreie Zone zu schaffen, die die Anbringung von Bürsten ohne wesentliche Funkenbildung erlaubten. Diese Bürsten dienten als Hauptbürsten, um den Strom konstanter Polarität zu liefern, während die Bürsten am üblichen Platz miteinander kurzgeschlossen wurden. Die ersten Maschinen führte ich aber nicht zweipolig aus.

Büttner und Dr. Gleichmann, Elektroingenieur der Bayrischen Staatseisenbahnen, gaben ohne weiteres ihre Zustimmung, daß eine Versuchsmaschine für diese Bahn, die damals in Bestellung war, nach dem neuen System gebaut werden solle, obwohl neue Zeichnungen, Modelle und Blechschnitte erforderlich waren. Das Prinzip der Maschine konnte an einer normalen Dynamomaschine mit kleinen Änderungen gezeigt werden, aber um richtige Leistung und guten Wirkungsgrad zu erhalten, mußte die Querfeldmaschine ganz anders dimensioniert und konstruiert werden. Trotzdem brauchte ich weniger als drei Monate, um die Maschine fertigzustellen, weil ich sowohl im Prüffeld als im Konstruktionsbüro und den Werkstätten eifrige Unterstützung erfuhr.

Im Frühjahr 1904 wurde ich an der Wiener Hochschule zum Doktor der technischen Wissenschaften promoviert. Der Doktortitel war den österreichischen technischen Hochschulen schon zwei oder drei Jahre früher gewährt worden, und ich übersandte zuerst meine Veröffentlichung über ein Phänomen bei kurzgeschlossenen Drehstrommaschinen als Doktorarbeit. Aber als ich dem Professor Hohenegg erzählte, was ein anderer schon vor mir beobachtet hatte, schien ihm die Arbeit nicht zureichend, und so wechselte ich sie gegen die Untersuchung über den Parallelbetrieb von Wechselstrommaschinen um, die ich in der Zwischenzeit veröffentlicht hatte. Diese wurde genehmigt, aber zur mündlichen Prüfung wurde ich nicht, wie ich gehofft hatte, eingeladen, um sie mit einem Weihnachtsausflug nach Wien zu verbinden, weil der Brief verlorengegangen war. Einer der wenigen Fälle in meinem Leben, daß ein wirklich abgesandter Brief den Adressaten nicht erreichte. In den meisten Fällen fand ich, daß Briefe, die nicht ankamen, nicht abgesendet oder falsch adressiert worden waren.

Bei der Rückkehr von einer Wiener Reise wurde ich mit größter Hast gerufen, weil Wittfeld und sein Vorgesetzter Wichert die Versuchsmaschine sehen wollten. Sie wurde ihnen vorgeführt und sie bestellten zwei solche Querfeldmaschinen für Aufbau auf die Achsen von Gepäckwagen zur Beleuchtung von D-Zügen zwischen Berlin und Hamburg.

Für die anatolische und Bagdadbahn kam eine Bestellung auf 44 riemenangetriebene Maschinen zweier verschiedener Größen. Die Lieferzeit war lang genug, um mir Zeit für zweipolige Versuchsausführungen zu geben, die auf dem Prüffeld genau durchprobiert werden konnten, ehe die endgültige Ausführung festgelegt wurde. Diese Maschinen bewährten sich gut.

Dagegen gab es Anstände mit den Einzelmaschinen für die Bayrischen und Preußischen Staatsbahnen. Bei der ersten verschob sich eines der Gleitlager, und die Ankerwicklung streifte, so daß eine Umwicklung erforderlich war und eine Betriebspause von mehreren Wochen entstand, die aber den Ruf des Systems nicht schädigte. Bei den preußischen Maschinen kam es zum Bruche der schwachen Stahlgußgehäuse, die wegen der Dringlichkeit nicht ordentlich geglüht worden waren, aber sie wurden auch zu heiß. Da sowohl in der Fabrik als in den Eisenbahnerkreisen starker Widerspruch sich dagegen geltend machte, eine schwere Maschine ohne Federn auf die Wagenachse aufzusetzen, so gab Wittfeld nach einem weiteren Bruch widerstrebend seine Zustimmung, diese Konstruktion aufzulassen und statt der einen schweren, auf die Achse aufgesetzten Maschine zwei kleinere mit Riemenantrieb zu wählen, die auf den zwei Drehgestellen des Gepäckwagens installiert wurden. Solche Maschinen waren in der Zwischenzeit für die richtige Leistung entwickelt worden und hatten sich auf anderen Bahnen bewährt; sie bewährten sich auch ebenso bei den Preußischen Staatsbahnen, aber es war eigentlich tragisch, daß der direkte Anbau auf die Achse, der zur Entwicklung der Querfeldmaschine geführt hatte, jetzt nach deren Schaffung verlassen wurde.

Die ersten, in der Eile konstruierten Maschinen hatte ich mit vier und sechs Polen ausgeführt, wie es bei Maschinen des gleichen Durchmessers üblich war, obwohl mir klar war, daß ein zweipoliges Feld bei einer durch Ankerrückwirkung erregten Maschine Vorteile hätte. Etwa acht Jahre früher, als ich meine Karriere als Konstrukteur begann, war zweipolige Ausführung auch für Maschinen größerer Leistung üblich. In der Zwischenzeit wurde aber in den Werkstätten Schablonenwicklung für vier- und mehrpolige Maschinen eingeführt und eine Rückkehr zum handgewickelten, zweipoligen Anker wäre als Rückschritt aufgefaßt worden. Später faßte ich den Mut, in Ansehung der großen elektrischen Vorteile, die veraltete zweipolige Handwicklung wieder einzuführen, und die Wickelei lieferte gute Arbeit, obwohl die damaligen Arbeiter nicht mehr mit der Handwicklung vertraut waren. In anderen Fabriken wurde auch für zweipolige Maschinen Formwicklung durchgeführt, obwohl sie die Anker verlängerte. Für die Eisenbahnen Paris-Orleans und Pariser Ringbahn lieferte ich später vierpolige Maschinen größerer Leistung, die innerhalb der Gepäckwagen aufgestellt, aber von den Achsen durch Riemen angetrieben wurden. Diese waren vierpolig und funktionierten gut. Etwa 20 Jahre später stellte ich auch Maschinen viel größerer Leistung zweipolig her.

Lizenzverträge.

Zu Ende des Jahres 1904 wurde das Geschäftliche geregelt. Um Konkurrenz zu vermeiden, wurde eine Gesellschaft für elektrische Zugbeleuchtung (GEZ) gegründet aus den drei Firmen Akkumulatorenfabrik-Aktiengesellschaft, AEG und Siemens, die die Patentrechte der Querfeldmaschine für alle Länder mit Ausnahme von Großbritannien und Kolonien und den Vereinigten Staaten von Amerika übernahm. Die Maschinen wurden von den Fabriken der AEG und Siemens in Berlin und ihren Niederlassungen im Ausland hergestellt. Es wurde versucht, auch andere Hersteller von Zugbeleuchtungseinrichtungen, insbesondere Pintsch, als Gesellschafter einzubeziehen. Aber Pintsch, der mit seiner Gasbeleuchtung bei den meisten Eisenbahnen der Welt gut eingeführt war, lehnte ab, damit nicht sein Name und sein Geschäft in einem neuen Unternehmen verschwände. Später entwickelte er ein eigenes elektrisches Zugbeleuchtungssystem. Die französischen und russischen Fabriken, die mit Siemens und AEG liiert waren, bauten viele Querfeldmaschinen, aber die Wiener Siemens-Schuckertwerke, die vorher das Dick-System bei den österreichischen und anderen Eisenbahnen eingeführt hatten, blieben diesem treu.

Es gab auch ein anderes System, von Böhm in Berlin erfunden, das eine befreundete Gesellschaft erworben hatte: die Dynamomaschine wurde von der Wagenachse mittels Triebräder angetrieben, in Anlehnung an den gleitenden Riemen von Stone. Um zu sehen, ob es ratsam war, daß die Gesellschaft für elektrische Zugbeleuchtung in gewissen Fällen das Böhm-System ausführe, wurde eine Kommission zu einer Lokalbahn in Mecklenburg gesandt, wo das System bei einigen Wagen installiert war. Ich begleitete die Kommission, aber das Kreuzverhör wurde durch den Ingenieur der GEZ geführt, der mit Schärfe die Nachteile des Systems bloßlegte. Er befragte einen Bahnbeamten, und dieser berichtete von einigen kleineren Störungen, ohne ihnen Wichtigkeit beizumessen. Der GEZ-Ingenieur resümierte: „Die Leute sind also mit der Beleuchtung zufrieden?“ und es gab große Heiterkeit ob der Gegenfrage des Mannes: „Haben Sie schon einen zufriedenen Mecklenburger gesehen?“

Das Reibgetriebe mit magnetischer Betätigung erschien als eine unnütze Komplikation und wurde nicht angewendet.

Ich trat nicht der GEZ bei, sondern blieb in der AEG-Fabrik. Für Großbritannien und die britischen Kolonien schloß ich im Jahre 1905 einen Vertrag mit Mather & Platt Ltd., Manchester. Kinzbrunner hatte die Verhandlungen nach einem Besuch in Berlin begonnen, noch ehe die erste Maschine meines Systems im Betrieb war. Er hatte mich damals auf eine zur Besetzung ausgeschriebene Professur für Elektrotechnik an der Universität Birmingham aufmerksam gemacht und war der Meinung, daß ich mich mit Erfolg darum bewerben könnte. Im Sommer 1904 hatten meine Verhandlungen mit der AEG gestockt und deshalb gefiel mir der Vorschlag, sowohl mit englischen Gesellschaften zu unterhandeln als mich um die Professur in Birmingham zu bewerben. Es war mir unbekannt, daß Gisbert Kapp in Aussicht genommen war. Im Gegenteil erwähnte ich ihn als Referenz. In meiner Bewerbung gab ich an, daß ich mit Vergnügen zu einer Unterredung nach Birmingham kommen würde und wartete während des ganzen Sommers und Herbstes, Tag für Tag, auf die Aufforderung zu einem Besuche. Mein Urlaub wurde u. a. verwendet, den bayrischen Wagen mit meiner ersten Maschine in Betrieb zu setzen. Vor Antritt meines Urlaubs gab ich dem Sekretär der Universität Birmingham meine Telegrammadresse „München postlagernd“ und ging täglich aufs Postamt, ohne eine Nachricht von England vorzufinden. Dann, im Winter, als die Direktoren der AEG mit mir ernstlich unterhandelten, fragte ich in Birmingham telegraphisch an und erhielt sofort die Antwort „Your name not on short list" (Ihr Name nicht auf der kurzen Liste). Aber ich hatte schon in den Verhandlungen mit der AEG mir die Lizenzrechte für Großbritannien und die Vereinigten Staaten vorbehalten, und dabei blieb es. Zu Anfang 1905 verhandelte ich in London und Manchester mit Dr. Edward Hopkinson, Mr. A. C. Coubrough und Mr. Frith von Mather & Platt und wir begannen sofort mit der Konstruktion ihrer ersten Maschine. Schon vorher hatten sie sich von der Richtigkeit meiner Behauptungen dadurch überzeugt, daß sie eine ihrer normalen Maschinen gemäß meiner Erfindung abänderten.

Sowohl von der AEG als von Mather & Platt erhielt ich Anzahlungen von solcher Größe, daß ich ein Vielfaches meiner bisherigen Jahreseinkünfte in die Bank einlegen konnte mit der Hoffnung auf weitaus größere künftige Lizenzzahlungen. Die Hoffnungen erfüllten sich, aber die Ersparnisse hatten in späteren Jahren keinen großen Wert.

Reise nach England.

Beim ersten Besuch Coubroughs in Berlin führte ich ihn unmittelbar nach dem Abendessen in meine Wohnung, und wir studierten Zeichnungen, Diagramme und Versuchsresultate bis spät in die Nacht. Es war ein ungewöhnlicher Empfang für britische Gäste, die es meistens lieber sahen, daß man ihnen das berühmte Berliner Nachtleben zeigte, aber Coubrough war ein fleißiger Mann und wir hatten ein großes Programm: Am nächsten Tag besichtigten wir alles, was es in der Fabrik, auf den Bahnhöfen und Eisenbahnwerkstätten in Berlin und Potsdam gab; am folgenden Abend fuhren wir im Schlafwagen nach Köln und Düsseldorf, wo die Wagen für die anatolische- und die Bagdadbahn gebaut wurden, und fuhren dann in der Nacht mit dem Schiff nach England.

Dr. Edward Hopkinson, Direktor von Mather & Platt, war einer von drei hervorragenden Brüdern. Einer von ihnen war ein bedeutender Jurist; Edward, zusammen mit seinem berühmten Bruder John, hatte die Grundlagen für die Berechnung elektrischer Maschinen geschaffen. John Hopkinson fand mit seiner Familie den Tod bei einem Touristenunglück in den Alpen. Wie groß sein Ansehen in den Werken von Mather & Platt war, zeigte mir eine kleine Bemerkung Coubroughs. Er erwähnte einen ungewöhnlich hohen Wirkungsgrad einer alten Maschine von Mather & Platt, und als ich einen leisen Zweifel über die Ziffer aussprach, antwortete er mit den einfachen Worten: „John Hopkinson selber hat die Messung gemacht."

Vorträge über die Querfeldmaschine.

Im Februar 1905 zeigte ich meine Maschine in außerordentlichen Versammlungen der elektrotechnischen Vereine von Berlin und Wien. Der Vortrag bestand aus drei Teilen, in derem ersten die Theorie und Wandtafeln gezeigt wurden; dann folgten Lichtbilder der Maschinenteile in der Werkstatt und der Installationen der Eisenbahnwagen und schließlich die Maschine in wirklichem Betrieb, angetrieben von einem Motor, dessen Geschwindigkeit beliebig geändert werden konnte; einmal im Parallelbetrieb mit einer Batterie, dann ohne solche mit unmittelbarer Speisung von Lampen bei stark wechselnder Geschwindigkeit. Ich hatte alles sorgfältig vorbereitet und dafür gesorgt, daß selbst bei einer Störung im Projektionsapparat oder in der Stromzufuhr die Zuhörer den Saal doch mit vollem Verständnis verlassen sollten. Aber es gab keine Störung; alles ging vorzüglich vonstatten, und es war ein großer Erfolg. Tageszeitungen verlangten von mir einen Bericht, aber ich mußte ablehnen, da ich der Veröffentlichung in der elektrotechnischen Zeitschrift nicht vorgreifen wollte und ich mit Gisbert Kapp vereinbart hatte, daß die Veröffentlichungen erst nach Einreichung verschiedener ausländischer Patentanmeldungen erfolgen sollte. Obwohl ich bei den Erstausführungen meiner Maschine — wie früher erwähnt — einige Schwierigkeiten hatte, so war ich doch bei dem Vortrag weitaus glücklicher als Eichberg, der einige Monate vorher im Elektrotechnischen Verein, Berlin, über seinen Einphasen-Bahnmotor berichtet hatte. Gerade am Tage seines Vortrages hatte das Nichtfunktionieren der elektrischen Bremse bei seinem Motorwagen einen Zusammenstoß verursacht, glücklicherweise ohne Verletzung von Personen. Der Triebwagen in allen seinen Teilen mußte nach dem Unfall neu konstruiert werden. Man kannte damals noch nicht die Schwierigkeiten, die auftreten können, wenn man einen Wechselstrom-Kollektormotor als dynamische Bremse verwendet. Vor Eichberg sprach ein anderer Vortragender. Der Vorsitzende hatte keine Ahnung von der Wichtigkeit des Vortrages von Eichberg und dem Interesse, mit dem die Sachverständigen seine Ausführungen erwarteten. Plötzlich, während einer schwierigen theoretischen Erklärung, der er nicht folgen konnte, unterbrach er Eichberg mit Donnerstimme: „Es ist rücksichtslos vom Vortragenden, sein Gesicht vom Publikum weg zur Wandtafel zu kehren, wenn die Hörer schon vom ersten Vortrag ermüdet sind.“ Manche Zuhörer waren über die unhöfliche Unterbrechung entrüstet, aber viele haben die Lehre nicht wieder vergessen. Oft findet man Sprecher, die keine Rücksicht darauf nehmen, ob das Publikum sie verstehen kann oder nicht, wenn sie sich umdrehen und mit ihrem Gesicht zur Tafel gerichtet sprechen; dann könnte man wohl wünschen, daß sie einmal in ihrer Jugend solch eine Zurechtweisung erfahren hätten.

Manche Leute erhofften sich eine Verbesserung durch die Einführung des Mikrophons und des Lautsprechers; aber wenn der Vortragende statt nahe zum Mikrophon zu einer Wandtafel spricht, so ist es mindestens ebenso schlecht, als wenn keine solche Installation existiert. Beiläufig sei auch bemerkt, wie schlecht oft Mikrophone und Leselampen aufgestellt werden, so daß sie den Kopf des Vortragenden verdecken. Es ist kaum zu glauben, daß Vereine, bei denen Vorträge eine wichtige Tätigkeit bilden, bei ihren Veranstaltungen solche Ungeschicklichkeiten begehen. Man kann sie aber in verschiedenen Weltteilen antreffen.

Der Vortrag und die Vorführung meiner Maschine brachte Vorschläge für neue Anwendungen. Dr. Liebenow von der Akkumulatorenfabrik-Aktiengesellschaft war mit der Einführung elektrischer Schienenschweißung beschäftigt und hatte einen Wagen mit einem Motorgenerator und einer Akkumulatorenbatterie ausgerüstet, letztere, um den von der Oberleitung zu liefernden Strom in mäßigen Grenzen zu halten. Während des Vortrages wurde es ihm klar, daß es weitaus zweckmäßiger war, für das Schweißen eine Dynamo zu verwenden, die Kurzschlüsse ohne Schaden vertragen konnte, und er war willens, eine solche Maschine zu verwenden, obwohl dann für die Akkumulatorenbatterie kein Platz war. Auch Eßberger, der sich bei der AEG mit der Einführung des elektrischen Schweißens in seinen verschiedenen Abarten befaßte, zeigte großes Interesse an der Maschine, ebenso die Marine, die daran dachte, solche Maschinen für die Speisung von Scheinwerfern zu verwenden.

Lichtbogenschweißung.

Die elektrische Schweißung war damals nicht neu, aber wurde sogar noch während der folgenden zehn oder zwanzig Jahre nur in bescheidenem Maßstab angewendet. In Gießereien und Reparaturanstalten diente sie dazu, um schadhafte Gußstücke auszubessern.

Von einer Gießerei in Brüssel kam eine Anfrage für eine Schweißdynamo von 65 Volt, 460 Ampere. Es war mir klar, daß man dabei nicht die Fremd- oder Nebenschlußerregung verwenden durfte wie bei den Zugbeleuchtungsmaschinen. Nicht nur deshalb, weil dies in vielen Fällen eine besondere Erregermaschine verlangt hätte, sondern weil die Spannung bei Unterbrechung des Lichtbogens viel zu hoch angestiegen wäre und der Hilfsstrom zwischen den kurzgeschlossenen Bürsten unnötige Erhitzung und Funkenbildung verursacht hätte.

Noch ehe ich irgend einen Versuch machte, war ich davon überzeugt, daß ich das Problem durch Reihenschlußerregung lösen konnte, d. h. durch Magnetspulen, die mit dem Anker hintereinandergeschaltet waren, vorausgesetzt, daß ich in irgend einem

Teil des Feldes den Eisenquerschnitt stark einschnürte. Eigentlich wendet man die Reihenschaltung bei Dynamomaschinen dazu an, um mit steigender Stromstärke auch steigende Spannung zu erhalten, und man könnte befürchten, daß beim Kurzschließen des äußeren Stromkreises die Stromstärke einen ungeheuren Wert erreicht. Die Schwierigkeit, die bei Fremderregung aufgetreten wäre, daß die Spannung und der Hilfsstrom bei Unterbrechung des Stromkreises gefährlich ansteigen, existiert bei Reihenschlußerregung nicht, denn hier wird auch die Erregung unterbrochen und es existiert nur der remanente Magnetismus, der zwischen den kurzgeschlossenen Hilfsbürsten einen mäßigen Strom und daher zwischen den Hauptbürsten eine mäßige Spannung erzeugt. Aber wie stellt man es an, daß bei Kurzschluß im äußeren Stromkreis, wenn die beiden Elektroden einander berühren, kein übermäßiger Strom entsteht und daß im wichtigen Teil der Charakteristik dic Spannung sinkt, wenn der Strom steigt?

Das Problem erinnerte mich an einen alten theoretischen Streit über Spannungsabfall bei Wechselstrommaschinen. Es gab Leute, die Diagramme mit „Magnetfeldern", und andere, die Diagramme mit „Ampere-Windungen" zeichneten. Solange im Eisen einer Maschine keine starke Sättigung herrscht, erzielt man durch die doppelte Zahl von Ampere-Windungen doppelte Feldstärke. Wenn eine Spule 100 Windungen hat und von einem Strom von 2 Ampere durchflossen wird, erhält man dann ein doppelt so starkes magnetisches Feld als bei 1 Ampere. Die Berechnung von Maschinen ist sehr einfach, solange eine solche Proportionalität besteht, und die Verfechter des „Amperewindung-Diagramms" hielten sich für berechtigt, diese Vereinfachung durchzuführen. Ihre Gegner zeigten aber, daß solche Diagramme vollkommen falsche Resultate ergeben, wenn das Magnetfeld gesättigt ist. Dann kann es vorkommen, daß man, um die doppelte Feldstärke zu erzielen, nicht zweimal, sondern drei- und viermal soviel Ampere-Windungen aufbringen muß. In einer Sitzung der Kommission für elektrische Maschinen mußte ich einmal einen Vorschlag für eine einfache Berechnung des Spannungsabfalls in Drehstrommaschinen zurückziehen, nachdem andere Mitglieder der Kommission Versuchsresultate vorgelegt hatten, die zeigten, daß mein Vorschlag bei Maschinen mit geringer Sättigung ziemlich zutraf, aber bei solchen mit hoher Sättigung falsche Resultate gegeben hatte, weil dort eine Erhöhung des Ankerstroms eine ganz unverhältnismäßige Erhöhung des Feldstroms erfordert.

Was dort dem Berechner unangenehm war, war geeignet, mein jetziges Problem zu lösen: hohe Eisensättigung wird bei Reihenschlußerregung den Strom bei Kurzschluß des äußeren Stromkreises auf ein zulässiges Maß herunterdrücken.

Es bewährte sich vorzüglich. Ich hatte Maschinen für Beleuchtung von Eisenbahnwagen ausgeführt, die praktisch ungesättigt waren, und andere, die in einem Teil des Magnetkreises erheblich geringeren Querschnitt und daher bedeutende Sättigung hatten. Bei einer Maschine der letzteren Art verwendete ich die Reihenschlußerregung und fand eine recht günstige Kennlinie. Bei Unterbrechung des Stromkreises entstand infolge des remanenten Magnetismus eine Spannung von ungefähr der Hälfte der höchstauftretenden Spannung (weitaus mehr als bei einer gewöhnlichen Maschine, bei der die Spannung ohne Erregung kaum zwei Prozent der Höchstspannung beträgt); dann stieg die Spannung mit der Stromstärke zuerst an, wie es auch sonst bei reihenschlußerregten Maschinen geschieht, erreichte aber schon bei einem kleinen Strom, der ungefähr ein Fünftel des Maximalstroms beträgt, ihren Höhepunkt; bei weiterer Steigerung der Stromstärke fiel die Spannung und bei Kurzschluß erreichte der Strom einen zulässigen Wert.

Das war sehr zufriedenstellend. Der AEG-Vertreter in Brüssel, Dr. Hamburger, besuchte einst die Fabrik und beklagte sich über den hohen Preis der Maschine. Als ich ihm die Wirkungsweise der Dynamo auseinandersetzte, sagte er ganz einfach: „Wenn Sie mir das geschrieben hätten, hätte ich nicht vom Preis gesprochen.“ Sehr bald nach seiner Rückkehr kam die Order von Brüssel für die erste Querfeld-Schweißdynamo. Maschinen der gleichen Type waren noch 25 Jahre später in erfolgreichem Dienst.

Die elektrische Schweißung von Straßenbahnschienen bewährte sich zu jener Zeit nicht. Es wurde damals ein Kohlenlichtbogen verwendet: ein Kohlenstab, der mit einem Pol der Dynamo verbunden war, wurde dazu benutzt, um einen Lichtbogen zu den Schienen zu ziehen, die mit dem zweiten Dynamopol verbunden waren. Im Lichtbogen wurde das Eisen geschmolzen, das die beiden Schienen miteinander verband. Ich habe dem Schienenschweißen mit Kohlenlichtbogen nie beigewohnt, weiß aber, daß der Kohlenlichtbogen sehr sprödes Material ergibt. Jahrzehnte später führte sich mit Erfolg die Schienenschweißung mit Eisen-Elektroden und mit weit kleinerem Strom ein.

Windmühlen.

Eine andere Anwendung der Maschine, die sich nicht bewährte, war die für kleine Elektrizitätswerke mit Windrädern. Man beabsichtigte damals, nahe der Küste, wo der Wind ziemlich regelmäßig ist, kleine Elektrizitätswerke zu errichten mit einem durch ein Windrad angetriebenen Gleichstromerzeuger und einer Akkumulatorenbatterie, die bei genügender Windstärke geladen und bei Windstille entladen wurde. Als meine Maschine bekannt wurde, schien es den Projektanten das Richtige, diese Maschine zu wählen, die fast unabhängig von der Geschwindigkeit den gleichen Strom gab. Aber es war nicht das Richtige. Da bei kleiner Windgeschwindigkeit die Leistung des Windrades sehr gering ist, so ist die Charakteristik nachteilig. Die Versuche zeigten, daß es falsch war, für diesen Zweck meine Maschine zu wählen, und ich ersetzte sie durch eine normale Maschine.

Scheinwerfer.

Für Marine-Scheinwerfer wurde die Maschine mit Erfolg probiert, und es wurden besondere Motorgeneratoren mit vertikaler Achse für Verwendung an Bord mit Fremderregung der Dynamo vom 220-Volt-Netz des Schiffes gebaut. Es wäre bestimmt besser gewesen, Reihenschlußerregung so wie bei den Schweißdynamos zu verwenden, aber wahrscheinlich machte das wunderbare Konstanthalten des Stroms bei Fremderregung und die Möglichkeit, den Strom auf einen ganz niedrigen Wert zu bringen, wenn der Scheinwerfer nur betriebsbereit gehalten werden sollte, auf die maßgebenden Leute einen solchen Eindruck, daß sie sich für die Fremderregung entschieden. Es gab den Schiffselektrikern Gelegenheit zu falscher Installation durch Einschaltung von Schmelzsicherungen im Hauptstromkreis, obwohl die Installationsskizzen solche bei anderen Maschinen übliche Sicherheitsapparate verbaten. Skizzen werden oft in ein Archiv abgelegt, ohne daß die Installateure sie zu Gesicht bekommen.

Zu jener Zeit war es nicht möglich, reihenschlußerregte Querfeldmaschinen stabil auf sehr kleinen Strom einzustellen. Das war eine Entwicklung späterer Zeit.

Es gab vielleicht ein halbes Dutzend Querfeldmaschinen, die Grund zu Anständen gaben oder auf einem falschen Platz verwendet wurden, während Hunderte und später viele Tausende erfolgreich arbeiteten. Natürlich hört aber der Erfinder mehr von dem halben Dutzend als von den Tausenden.

Patentangelegenheiten.

Mein Vortrag über die neue Dynamomaschine brachte nicht nur Vorschläge von befreundeter Seite betreffs neuer Anwendungen, sondern auch einen Patenteinspruch von der Lahmeyer-Gesellschaft in Frankfurt, deren Patentbearbeiter Osnos früher bei der AEG gearbeitet hatte und der rasch eine Konkurrenzmaschine erfand, die keinen praktischen Erfolg hatte. Der Austritt Osnos' aus der AEG war eine Lustspielszene. Die Beamten der AEG baten um eine Gehaltserhöhung. Einige Monate vorher hatten sie hohes Lob für ihre Loyalität erhalten, weil einige von ihnen aus Idealismus Streikbrecherdienste geleistet hatten, als die Arbeiter der Berliner Elektrizitätswerke zusammen mit den Arbeitern der ganzen Eisenindustrie gestreikt hatten. Die Angestellten hatten damals als Heizer, Maschinenwärter und Schalttafelwärter die Elektrizitätsversorgung der Stadt aufrechterhalten. Beim Verlangen nach Gehaltserhöhung war aber die Lage anders. Damals fürchtete man nicht die Solidarität von Beamten, und einer der Direktoren der AEG lehnte (in Abwesenheit Rathenaus) das Gesuch kurz ab: „Keine Gehaltserhöhung. Wer nicht zufrieden ist, kann bis zum Ende des Jahres austreten, ohne daß wir auf der gesetzlichen Kündigungsfrist bestehen.“ Der Vorstand der AEG-Patentabteilung war sehr erstaunt, als ihm Osnos am 31. Dezember mitteilte, daß er mit Rücksicht auf diese (damals fast vergessene) Erlaubnis am nächsten Tage nicht mehr kommen würde. Bei Lahmeyer erhob er Einspruch gegen fast alle AEG-Anmeldungen und meldete Patente für Gegenstände an, die den AEG-Patenten sehr nahekamen.

Die deutsche Patent-Gesetzgebung und ihre Handhabung war im allgemeinen recht gut, die Entscheidungen rascher und billiger als in anderen Ländern. Jede Patentanmeldung wurde, so wie in den Vereinigten Staaten, von einem Vorprüfer des Patentamtes studiert. Der gewöhnliche erste Bescheid, daß nach seiner Meinung das angesuchte Patent auf Grund dieser und jener Vorveröffentlichung nicht erteilt werden könne, war geeignet, einen Neuling zu erschrecken, aber im folgenden Briefwechsel wurde der Unterschied zwischen der neuen Anmeldung und den Vorveröffentlichungen klargestellt; und wenn tatsächlich ein neuer und patentfähiger Inhalt war, half der Vorprüfer dem Erfinder in der Klarstellung seiner Patentbeschreibung und Patentansprüche. Dann erfolgte die „Auslegung“ der Patentanmeldung: binnen acht Wochen konnte die Anmeldung eingesehen und ein Einspruch dagegen erhoben werden. In der chemischen Industrie war es üblich, gegen jede Anmeldung eines Konkurrenten Einspruch zu erheben, aber in der Elektro-Industrie geschah dies meist nur dann, wenn man wirklich ernstliche Gegengründe vorbringen konnte. Bei der Abhaltung meines Vortrages im Berliner elektrotechnischen Verein fehlten noch einige Tage zum Abschluß der achtwöchigen Frist und Lahmeyer brachte einen Einspruch ein, ohne irgend eine ernstliche Vorveröffentlichung glaubhaft zu machen. Ich wußte aber, daß man keinen Einspruch leicht nehmen soll. Eine Anmeldung Eichbergs auf eine gewisse Verbesserung der Wechselstrommotoren war abgelehnt worden, weil er Behauptungen des Gegners, die ihm unsinnig erschienen, verächtlich behandelt hatte, ohne ihre Unrichtigkeit nachzuweisen. Bei ungünstiger Entscheidung der Beschwerdeabteilung des Patentamtes wurde das Patent endgültig versagt, während bei günstiger Entscheidung der Angreifer noch immer die Möglichkeit hatte, das Patent beim Reichsgericht in Leipzig zu Fall zu bringen. Im allgemeinen waren die Entscheidungen des Patentamtes gerecht und man appellierte nur selten an die Gerichtshöfe.

Man riet mir, selber bei der Verhandlung zu sprechen, da der Senat es vorziehe, technische Erklärungen vom Erfinder statt vom Patentanwalt zu erhalten. Im Beginn meiner Ausführungen sprach ich von den „offenbar absichtlich gemachten" Irrtümern und Schreibfehlern im Einspruch und der Vorsitzende unterbrach mich mit den Worten: „Sie können das nicht beweisen." Das war die einzige Zurechtweisung, da ich sonst rein sachlich sprach. Die Neuheit der Erfindung war so klar und die vom Einsprechenden behauptete Vorveröffentlichung so unzutreffend, daß die Entscheidung vorhergesehen werden konnte und der Gegner nicht einmal dagegen Beschwerde erhob. Aber ich behielt Zeit meines Lebens die Bemerkung des Vorsitzenden: „Sie können die Absicht nicht beweisen" in Erinnerung. Das gilt nicht nur für Patentstreitigkeiten, sondern für jede Art von Prozessen. Auf einen Richter macht man durch Beschimpfung der Gegenpartei keinen Eindruck, und durch eine Behauptung, die nicht bewiesen werden kann, schwächt man unnötigerweise die eigene Stellung. Einen solchen Fehler machen nicht nur Private, die in Prozeßsachen nicht bewandert sind, sondern oft auch Anwälte, die dadurch ihren Eifer vor dem eigenen Klienten beweisen wollen. Es ist recht unangenehm, einen solchen übereifrigen Anwalt zu haben. Die beste Vertretung bei Gericht hatte ich bei Gelegenheit eines Automobilunfalles, als ich Angeklagter war und mein Anwalt kaum seinen Mund öffnete. Er sagte mir nachher: „Ich sah, daß alles gut geht, und durch ein Kreuzverhör hätte ich vielleicht die Zeugen oder den Richter gegen uns aufbringen können. Man soll nicht versuchen, eine gute Sache zu verbessern." Ich glaube, daß Anwälte große Erfahrung brauchen, um diese einfache Regel zu lernen.

Die Veröffentlichung meines Vortrages und der Patentanmeldung brachte von allen Seiten eine Flut von anderen Anmeldungen. Dr. Singer vom Patentbüro der AEG scherzte: „Heute glaubt kein Mensch, ein moderner Elektrotechniker zu sein, wenn er nicht eine Maschine mit wenigstens zwei Feldern zum Patent anmeldet." Ich glaube nicht, daß irgend eine der damaligen Anmeldungen von Wettbewerbern dauernde praktische Anwendung gefunden hat.

Ich mußte vielfach Einspruch gegen fremde Patentanmeldungen erheben, die sich auf Dinge bezogen, die ausdrücklich oder als selbstverständlich in meinen Veröffentlichungen zu finden waren. Leitner-Lucas in England wollte beispielsweise eine Maschine mit zwei zueinander rechtwinkeligen Magnetfeldern patentieren, die, ohne irgend einen Vorteil, etwas anders angeordnet waren als die in meiner Erklärung „zweiphasige Gleichstrommaschine" benannte. In den Interventionen bei den Patentämtern lernte ich viel, aber solche Korrespondenz war mir nie ein Vergnügen.

Gisbert Kapp.

Im Sommer 1905 wurde ich mit Ziehl, Eichberg und einigen anderen jungen Elektrotechnikern zu einem Abschiedsessen für Gisbert Kapp eingeladen, der seine Professur an der Universität

Birmingham antrat. In Berlin gab er drei Stellungen auf: als Generalsekretär des Verbandes deutscher Elektrotechniker, als Schriftleiter der Elektrotechnischen Zeitschrift und als Privatdozent an der Technischen Hochschule. Um die Lücken zu füllen, wurden nicht nur drei, sondern vier Fachleute berufen; es gab dann noch einen Sekretär des Elektrotechnischen Vereins Berlin. Bei der Feier hob der Präsident des Verbandes die Verdienste und die Ehrlichkeit Kapps hervor, aber mir schien es, daß er seinen Leistungen nicht volle Gerechtigkeit hatte widerfahren lassen, und so sprach ich ohne vorherige Anmeldung von dem, was Kapp für die jungen Elektrotechniker getan hatte: was wir aus seinen Büchern und Aufsätzen gelernt hatten und wie Kapp sowohl als Herausgeber der Zeitschrift wie in den Kommissionen des Verbandes die jungen Kräfte unterstützt hatte. Diese Worte fanden großen Beifall und Kapp dankte in liebenswürdiger Weise; aber der Präsident warnte die andern vor weiteren Tischreden.

Von den Direktoren der AEG waren Herr Deutsch und Professor Klingenberg anwesend und zeigten sich sehr befriedigt. Klingenberg schlug mir dann vor, ich möchte in seine Abteilung für Zentralstationen als Chefingenieur eintreten, wobei ich noch immer die Entwicklung meiner Maschine in der Fabrik überwachen könnte. Ich war dazu gerne bereit und war durch die Ereignisse des Abends so aufgeregt, daß ich bei der Heimkunft am Morgen keinen Schlaf fand, wieder aufstand und durch den Grunewald marschierte. Aber es wurde nichts aus dem Vorschlag Klingenbergs. Jordan stimmte nicht zu und ich blieb in der Fabrik.

Erfinder und Freunde.

Verwandte und Freunde, die Laien in der Technik sind, haben in der Regel eine übertriebene Vorstellung vom Umfang und der Wichtigkeit, die irgend eine Erfindung in der Geschichte der Technik gespielt hat. Sie wissen nicht, daß es für jede Erfindung Alternativen gibt. Eine Bekannte von mir war einmal ganz betroffen, als sie in der Zeitung einen Artikel sah, der die allgemeine Einführung der elektrischen Zugbeleuchtung forderte und eine ganze Reihe von ausländischen Systemen anführte. Sie war der Meinung, ich hätte die elektrische Zugbeleuchtung erfunden, und las jetzt die Namen von einem halben Dutzend anderer Erfinder! Sie hätte sich noch mehr gewundert, wenn sie gewußt hätte, daß dieser Zeitungsartikel von meinen eigenen Freunden, der Gesellschaft für elektrische Zugbeleuchtung, inspiriert war. Sie wollten, daß aus der Öffentlichkeit das Verlangen nach Einführung des elektrischen Lichtes käme, wollten aber vermeiden, als die Urheber des Artikels zu erscheinen und erwähnten deshalb alle möglichen Zugbeleuchtungssysteme, mit Ausnahme des eigenen.

Einige zwanzig Jahre später erwähnte ich einmal im Gespräch mit meiner Frau und meinen Töchtern, daß elektrische Schweißung vor fünfzig Jahren erfunden wurde, und das verblüffte sie: sie hatten geglaubt, daß ich das Schweißen erfunden hätte.

Nicht nur Frauen und Kinder überschätzen den Umfang der Erfindung eines Freundes oder Verwandten, sondern oft auch populäre Schriftsteller und Autoren von biographischen Filmen. In einem sonst sehr guten Film über Edison gab man dem Publikum zu verstehen, daß Edison d e r Erfinder des elektrischen Lichtes war und die Arbeit aller seiner Vorgänger wurde totgeschwiegen. Es ist unnötig, die Geschichte von Erfindungen so zu „vereinfachen" oder zu verfälschen. Das Verdienst von Edison ist groß genug, auch wenn man anerkennt, was seine Vorgänger getan haben.

Ich hatte einen interessanten Beweis, daß m a n c h m a l ein Erfinder seinen kaufmännischen Mitarbeitern in Verteidigung seiner eigenen Erfindung unzulänglich erscheint. Der kaufmännisch tätige Bruder von Eichberg erzählte mir von einer Diskussion im Wiener elektrotechnischen Verein, bei der Siemens-Leute die Wendepolmaschine gegenüber Déris kompensierter Maschine gelobt hatten. Déris Verteidigungsrede hatte seine Anhänger arg enttäuscht. „Wir Kaufleute hätten es besser gemacht. Man sah, Déri wird alt und seine Fähigkeiten nehmen ab." Dieser Ausspruch bewahrheitete sich nicht; Déri, der damals in den Fünfzigerjahren war, brachte der Elektrotechnik noch dreißig Jahre lang wertvolle Beiträge. Aber die Lage war folgende: Obwohl Déris kompensierte Maschine (trotz einiger Vorgänger) bahnbrechend gewirkt hatte, zeigte es sich doch nachher, daß die vollständige Kompensierung der Ankerrückwirkung nicht immer erforderlich war und daß oft der Wendepol an sich genügte, um zufriedenstellende Stromwendung zu erzielen. Obwohl der Wendepol lange vorher vorgeschlagen worden war, ist es wahrscheinlich, daß seine richtige Bemessung durch Déri erleichtert wurde; aber die Konstrukteure brauchten nicht die Patente Déris zu benutzen, und Déri als ehrlicher Techniker konnte nicht behaupten, daß in allen schwierigen Fällen seine kompensierte Maschine notwendig war.

Ich glaubte übrigens zu der Zeit nicht, daß bei gewöhnlichen Gleichstrommaschinen der Wendepol notwendig oder zweckmäßig wäre. Etwa im Jahre 1905 sprach Dr. Breslauer, damals Chefkonstrukteur in Alloa, über die Anwendung von Wendepolen bei gewöhnlichen Gleichstrommaschinen, aber ich sah dies als unnütze Komplikation an und ahnte nicht, daß der Wendepol in Verbindung mit besserer Ventilation des Ankers es erlauben würde, die Leistung der Maschinen ganz erheblich heraufzusetzen, und daß er die tägliche Arbeit des Berechners so sehr vereinfachen würde.

„Kein Resultat."

Obwohl meine spezielle Beschäftigung elektrische Zugbeleuchtung war, wurde ich manchmal auch über Parallelbetrieb von Wechselstrommaschinen und ähnliche Angelegenheiten zu Rate gezogen. Wir hörten über Schwierigkeiten im Parallelbetrieb im Rheinland und ich fand bei einem Besuch, daß sie nur in der Einbildung des Leiters der Zentrale bestanden. Von einer Anlage in Südamerika dagegen wurden ernstliche Störungen berichtet. Ich nahm Einsicht in die Zeichnungen der Dampfmaschine, und es wurde mir bei der Berechnung klar, daß eine einfach wirkende Pumpe, die an die Dampfmaschinenwelle angehängt war, die Quelle des Übels darstellte. Der Monteur wurde telegraphisch angewiesen, die Pumpe abzuhängen, und seine telegraphische Antwort „No result" warf ein schlechtes Licht auf meine Diagnostik. Aber als sein Brief kam, zeigte es sich, daß er den Versuch nicht durchgeführt hatte, weil es ihm nicht klar war, wie er die Pumpe abhängen und den Betrieb ohne diese Pumpe durchführen konnte. Nach weiterer Korrespondenz und durchgeführtem Versuch erwies es sich, daß tatsächlich die Pumpe schuld war, und mein Ruf war gerettet.

Vorführungsreisen.

Die Einführung der elektrischen Beleuchtung bei neuen Zügen erfolgte stets durch Vorführungsreisen, bei denen höhere Beamte des Verkehrsministeriums und der Eisenbahndirektionen teilnahmen. Die höheren staatlichen Beamten waren alt, verglichen mit den Ingenieuren und den Direktoren der Elektroindustrie, die damals ziemlich jung waren. Bei einer Gelegenheit machte ich innerhalb 24 Stunden viermal die 300 km lange Reise zwischen Berlin und Hamburg-Altona. In den Endstationen kroch ich unter den Wagen, um die Maschinentemperatur zu messen.

In den Zügen der Preußischen Staatsbahnen gab es eine Schalttafel mit Instrumenten, und die Messung von Stromstärke und Spannung war während der Fahrt bequem durchzuführen; in anderen Wagen wurden für die Probefahrt Instrumente im Korridor oder in einem Wagenabteil angebracht und die Passagiere wunderten sich über das ungewohnte Gehaben des Mitfahrers. Registrierende Instrumente waren unnötig. Da bei der Beleuchtung, zum Unterschied von elektrisch betriebenen Zügen, Stromstärke und Spannung sich nur langsam ändern, so können die Instrumente bequem in Abständen von je zwei Sekunden abgelesen und schöne Kurven von Hand aus gezeichnet werden.

Einmal reiste ich im Nachtzug zur damaligen russischen Grenzstation Alexandrowo. Um die Dynamomaschine voll zu belasten, obwohl die Fahrgäste ihre Leselampen mit der Zeit abschalteten, brachte ich vor der Abfahrt im Gepäckwagen einen regelbaren elektrischen Widerstand an. Vor dem Ende der Reise kam ein Schaffner zu mir, der wissen wollte, was für Zauberei wir trieben. Er hatte bemerkt, daß wir in der kalten Winternacht unsere Hände über den Kasten gehalten hatten. Während unserer augenblicklichen Abwesenheit ahmte er dies nach und spürte warme Luft, als wenn dort ein Feuer gebrannt hätte. Meine Erklärung beruhigte ihn.

Diese Reise war die einzige, auf der ich mit dem kaiserlichen Rußland in Berührung kam. Ich bewunderte die ausgewählt großen und schönen Offiziere und Soldaten an der Grenze; aber ich geriet in Schwierigkeiten, als ich das heilige russische Reich verlassen wollte, weil ich weder einen Paß noch eine Uniform wie das Zugspersonal hatte.

Einmal war ich in Paris, um die Installationen auf der Ringbahn und der Strecke Paris — Orleans zu prüfen. Alles war in Ordnung, aber nach meiner Rückkehr nach Paris hörte ich, daß ein Kollektor einer Dynamomaschine in einem der Ringbahnzüge sich zufolge eines Fehlers in den Leitungen ausgelötet hatte. Bei gewöhnlichen Maschinen ist ein Kurzschluß gefährlich und müssen dagegen Sicherheitsmaßregeln angewendet werden; in der fremderregten oder nebenschlußerregten Querfeldmaschine ist der Kurzschluß unschädlich, während eine Unterbrechung des Stromkreises Schaden stiftet. Aber sogar wenn keine Sicherheitsmaßregeln getroffen sind, rettet die Maschine sich selbst durch Auslöten der Verbindungen zwischen Ankerdrähten und Kollektorsegmenten ohne sonstigen ernstlichen Schaden oder dadurch, daß sich auf dem Kollektor durch Funken eine isolierende Schicht bildet. An jenem Sonntag-Nachmittag hatte ich die erste Erfahrung dieser Art, und es folgten nur sehr wenige.

Im Jahre 1906 wurde ich eingeladen, im Elektrotechnischen Verein in Dresden die Maschine vorzuführen, und zeigte nicht nur ihre Anwendung für Zugbeleuchtung mit Kurven, die ich auf Probefahrten in den Alpen aufgenommen hatte, sondern auch die Anwendung für Scheinwerfer und Lichtbogenschweißung. Schon bei den Proben vor dem Vortrag hatte ich Augenentzündung, weil ich bei den Lichtbogenversuchen die Augen nicht ordentlich schützte. Der Vortrag fand in der Technischen Hochschule statt, und die Professoren wollten gerne die Maschine kaufen, beklagten sich aber über den hohen Preis, den der AEG-Vertreter ihnen genannt hatte. Ich war erstaunt, zu sehen, daß der Preis dreimal so hoch war als die Fabrikselbstkosten, obwohl die nach Dresden gesandte Maschine eine Erstausführung war, die, als nicht identisch mit der Normalausführung, sonst unverkäuflich war. Aber der Vertreter war nicht schuld: ich sah, was für sonderbare Sachen auch in gut geleiteten Betrieben vorkommen können. Der Kostenberechner hatte die Anweisung erhalten, die reinen Selbstkosten ohne irgend einen Aufschlag zu verrechnen; aber er hatte alles verrechnet, was für die Erstausführung ausgegeben worden war, einschließlich

Modell- und Schnittkosten. Es war ihm nie aufgefallen, daß dadurch diese Maschine, die dem Institut besonders billig verrechnet werden sollte, teurer war als eine normale Maschine. Der Fehler wurde richtiggestellt.

Augenentzündung.

Die erste Dynamomaschine für Lichtbogenschweißung wurde im Fabrikhof der AEG durch Schweißen eines gebrochenen Gußstückes probiert. Die Schweißer und Techniker hatten färbige Gläser zum Schutze ihrer Augen, aber wir hatten nicht bedacht, welche Anziehungskraft das Schauspiel auf vorübergehende Arbeiter ausüben würde. Sie wurden ermahnt, nicht stehenzubleiben, sahen aber doch ein paar Augenblicke zu. Am nächsten Tag blieben mehrere hundert Arbeiter der Fabrik fern, und der Krankenkassenarzt erkundigte sich, was denn los gewesen sei, daß Hunderte Augenentzündung hatten, und wollte insbesondere wissen, was für eine Dynamomaschine die böse Krankheit verursacht hatte. Der Werkstattingenieur Schubert erzählte ihm aus Zartgefühl, es wäre eine Compound-Dynamo gewesen, um nicht den Ruf der Rosenberg-Dynamo zu gefährden.

Augenentzündung folgt regelmäßig, wenn man ohne Schutz in den Lichtbogen schaut, gleichgültig, was die Stromquelle sein mag. Bei einem Lichtbogen mit großer Stromstärke genügt eine kürzere Zeit, um die Entzündung hervorzurufen, als bei einer kleinen Bogenlampe, aber die Augenentzündung folgt in jedem Fall mit Sicherheit, wenn man die Augen nicht mit dunklen Gläsern schützt. Neulinge halten sich für unverletzbar, weil sie in der ersten Sekunde keinen Schmerz spüren. Genau das gleiche erlebt man bei Gletschertouren, wenn man Augen und Haut ohne Schutz den Sonnenstrahlen aussetzt. Wer glaubt, daß er keine dunklen Gläser und Schutzmasken oder Salben notwendig hat, um Augen und Haut vor Verbrennung zu schützen, wird in der folgenden Nacht eines Besseren belehrt, wenn er Schmerzen verspürt. Die Entzündung ist nicht gefährlich, aber einen oder zwei Tage lang recht schmerzhaft. Jemand, der etwas Neues probiert, kann sich nicht immer bekannter Mittel bedienen; viele Techniker, die mit dem Lichtbogen Versuche gemacht haben, haben in ihrem Leben mehrmals Augenentzündung erfahren, während in Schweißerschulen die Belehrung der Schüler über die Anwendung des Augen- und Hautschutzes so erfolgreich sein kann, daß nicht einer von hundert Schweißschülern die Entzündung selbst zu erfahren braucht.

Es gibt Schweißwerkstätten, in denen ganz offen geschweißt wird; nur die Schweißer selber haben ihre Gesichtsmasken. Aber den anderen Arbeitern geschieht auch nichts, weil sie niemals in den Lichtbogen schauen. Sie kennen die Strafe: Augenentzündung.

Großbritannien in 10 Tagen.

Die Internationale Elektrotechnische Kommission war 1904 in Chicago gegründet worden und hatte ihre erste Zusammenkunft im Jahre 1906 in London. Dieser folgte ein zehntägiger Ausflug, veranstaltet von der Institution of Electrical Engineers. Die Londoner Zeitung „Daily Mail" fand das Reiseprogramm so überladen, daß sie einen Bericht „Doing Great Britain in Ten Days" mit der kurzen Bemerkung endete: „Die Überlebenden werden bald nachher in ihre Heimatländer zurückkehren."

Ich war einer der Vertreter des Wiener elektrotechnischen Vereines in dieser Kommission und blieb es mit Unterbrechungen bis 1938. Im Jahre 1906 wurde Lord Kelvin zum ersten Präsidenten gewählt und Colonel Crompton als Schriftführer im Ehrenamt. Le Maistre war amtlicher Schriftführer. (Er bekleidete dann das Amt durch mehr als ein Menschenalter.) Alexander Siemens von der Institution of Electrical Engineers und Mailloux vom American Institute of Electrical Engineers arbeiteten als Dolmetscher, da viele von den französischen Delegierten nur ihre eigene Sprache verstanden. Die Geschäfte der Kommission gingen nur langsam vorwärts, hauptsächlich weil die internationale Standardisierung damals nicht viel Freunde hatte. Dagegen war die Reise durch Großbritannien sehr interessant. Sie begann mit einem glänzenden Diner im Londoner Hotel Cecil, bei dem viele berühmte Gäste und auch Damen anwesend waren, eine ungewöhnliche Sache bei englischen wissenschaftlichen Vereinen. Meine Nachbarin war die Frau von Dr. Edward Hopkinson. Den größten Eindruck auf die ausländischen Gäste machte der Toastmaster. Unter den Briten sah man dort oder bei den Empfängen in anderen Städten: Lord Kelvin, Silvanus Thompson, Ewing, Ferranti, Mordey, Sir Oliver Lodge, Kapp und den Chemiker Roscoe.

Manche Besucher beklagten sich darüber, daß das Besuchsprogramm zu viele elektrische Zentralstationen enthielt. Im Rückblick sind es aber vielleicht gerade die Zentralstationen, die Fortschritte der Technik seit jener Zeit am deutlichsten aufzeigen.

Wir sahen zuerst die Zentralstation Greenwich, die die Londoner Straßenbahn mit Strom versorgt. Der Meridian von Greenwich geht gerade durch einen der vier Rauchfänge. Die Astronomen beklagten sich darüber, daß der Rauch und die Vibrationen die Beobachtungen des königlichen Observatoriums stören, und mancher gute Bürger fürchtete damals, daß entweder die Kraftstation oder der Meridian von Greenwich außer Betrieb gesetzt werden müßte. Die Dampfmaschinen in Greenwich waren eine sonderbare Kombination von vertikalen und horizontalen Zylindern. Zu jener Zeit gab es in Greenwich keine Dampfturbine.

Wohl gab es aber solche in den Stationen Lot's Road und Neasden, die Strom für die Unterwerke der Untergrundbahn lieferten.

Der Dampfverbrauch war sehr groß. Ich glaube, daß in Lot's Road der gewährleistete Verbrauch von 17 englischen Pfund für die Kilowattstunde überschritten wurde. Zur Zeit ihrer Projektierung waren die Dampfturbinen etwas Gewagtes; ihre Leistung war ursprünglich 3000 Kilowatt, aber mit einigen Änderungen in der Generatorwicklung konnte man 5000 Kilowatt erreichen, wobei der Dampfverbrauch etwas verbessert wurde, allerdings nicht genügend. Die Dynamomaschinen lieferten Strom für rotierende Umformer. In den Vereinigten Staaten wurde normal eine Frequenz von 25 Perioden pro Sekunde angewendet. Bei dieser Frequenz hätten die Generatoren entweder mit 1500 oder mit 750 Umdrehungen in der Minute laufen müssen. 1500 schien zu hoch, weil der zweipolige Läufer für große Leistungen damals noch große Schwierigkeiten bot. Bei 750 Umdrehungen in der Minute konnte man einen vierpoligen Läufer anwenden, aber die Geschwindigkeit war für die Dampfturbine niedrig und hätte einen noch größeren Dampfverbrauch verursacht. So führte man eine neue Frequenz von $33^1/_3$ ein, die für die rotierenden Umformer nicht zu hoch war und die bei den vierpoligen Turbogeneratoren eine Drehzahl von 1000 erlaubt. In Großbritannien gab es damals in den verschiedenen Elektrizitätswerken alle möglichen Frequenzen von 25 bis 120 in fast 100 verschiedenen Abarten, und eine neue, ungewöhnliche Frequenz verursachte dem Projektanten keine schlaflosen Nächte.

Es gab auch Fabriksbesuche bei der British Westinghouse Co. in Trafford Park, Manchester, und der British Thomson-Houston Co. in Rugby. Westinghouse baute Dampfturbinen mit horizontaler Achse, während Thomson-Houston so wie die General Electric in Amerika Curtiss-Turbinen mit vertikaler Achse erzeugte. Die AEG hatte die Curtiss-Patente übernommen, änderte aber die Konstruktion auf horizontale Welle um, die später überall adoptiert wurde. Zu jener Zeit baute die AEG, bei der eine Frequenz 50 allgemein war, Turbinen für 3000 Umdrehungen in der Minute nur bis zu einer Leistung von 1000 Kilowatt oder 1250 Kilo-Volt-Ampere, während für eine Leistung von 3000 Kilowatt schon eine Drehzahl von nur 1500 Umdrehungen in der Minute gewählt wurde. Heute baut man Dampfturbinen und Generatoren bis nahezu 100 000 KVA mit einer Drehzahl von 3000. Fortschritte in der Stahlfabrikation, bessere Ventilation, besseres Verständnis der Stromverteilung in starken Leitern und Fortschritte in der Konstruktion haben diesen großen Fortschritt und damit gleichzeitig bedeutende Verringerung im Dampfverbrauch der Turbine gebracht.

Wir sahen nicht nur die Fabriken von Westinghouse und BTH, sondern auch die von Parsons in Newcastle, dem Pionier der Dampfturbine; in Leeds die Werke von Greenwood und Batley, die die Laval-Turbine fabrizierten. Der schwedische Pionier Laval hatte schon mehr als zehn Jahre vor diesem Besuch Dampfturbinen von 3 bis 50 Kilowatt gebaut, die mit der ungeheuren Drehzahl von 30 000 bis 15 000 mit ganz dünner Welle liefen und mittels eines Getriebes die Dynamomaschinen antrieben, deren Drehzahl der zehnte Teil war. Die dünne Welle und das Zahngetriebe für derartige Geschwindigkeit war zur Zeit ihrer Einführung durch Laval ein unerhörtes Wagnis; und das Getriebe erwies sich nach vielen anderen Versuchen als endgültige Lösung für turbinenangetriebene Gleichstrommaschinen; die Turbine konnte mit hoher Drehzahl laufen, die wirtschaftlichen Dampfverbrauch ermöglichte, während die mäßige Geschwindigkeit der Gleichstrommaschine die Schwierigkeiten bei der Stromwendung überwinden half. Es dauerte aber lange Zeit, bis sich dies allgemein durchsetzte.

Die Reise der 200 Exkursionsteilnehmer in luxuriösen neuen Zügen führte nicht nur durch Industriezentren; der gefürchtete englische Sonntag wurde zu einem Ausflug in den englischen Seendistrikt verwendet. Als ich mich zu einem Reisegenossen enthusiastisch über die Schönheit des Distriktes äußerte, stimmte er bedingt bei: „Für einen, der die schottischen Seen nicht gesehen hat.“ Er war ein Schotte.

Sonntag abends kamen wir in Glasgow an und sahen am nächsten Morgen die Schiffswerft am Clyde, wo die berühmte Lusitania gebaut wurde. Später sahen wir in Newcastle-on-Tyne das Schwesterschiff, die Mauretania, in Bau. Die beiden Schiffe brachten nach ihrer Inbetriebsetzung das „Blaue Band“ des Atlantischen Ozeans nach Britannien zurück; sie hatten ein Deplacement von 25 000 Tonnen, sollten 25 Knoten entwickeln und zeigten in ihrer Einrichtung wahren Luxus. Sie rechtfertigten alle Erwartungen, und die Mauretania blieb weit mehr als 30 Jahre im Dienst, während die Lusitania im Jahre 1915 mit dem Verlust von vielen Menschenleben torpediert wurde. Zur Zeit unseres Besuches herrschte Friede und Freundschaft auf Clyde und Tyne und alle Werften waren in vollem Betrieb. Die herrliche Gegend im Unterlauf des Clyde erstaunte die meisten Besucher, die solche landschaftliche Schönheit nicht erwartet hatten.

Herr Wilkinson, ein Engländer und Ingenieur der amerikanischen General Electric schrieb einen Bericht für die Zeitschrift „Electrical World“ und wollte mich über Hochspannungsleitungen auf dem europäischen Festland ausfragen; da ich ihm aber sagte, daß dies nicht mein Sondergebiet wäre, tat er etwas viel Besseres: er erzählte mir seine Unterredung mit dem Schweizer Thury, dem Pionier des hochgespannten Gleichstroms. Ich hatte nie den Vorzug, Thury persönlich kennenzulernen, der noch 25 Jahre später über sein System Vorträge hielt. Er war sicher eine der hervorragendsten Erscheinungen der Elektrotechnik. Zu einer Zeit, wo andere Konstrukteure mit Bangen sich an Gleichstrommaschinen von 500 Volt machten, entwickelte er ein System mit Tausenden von Volt für jeden Kollektor; er schaltete solche Maschinen in

Reihe, um Spannungen von 50 000 und mehr Volt auf große Strekken zu übertragen; er schaltete Gleichstromhochspannungsmotoren in Reihe, betrieb sie mit gleichbleibendem Strom und regelte ihre Geschwindigkeit mit einem Zentrifugalregler und Verschiebung der Bürsten; unter diesen schweren Bedingungen erzielte er funkenlose Stromwendung ohne Wendepole und ohne Theorie. Es ist unglaublich, daß ein einziger Mann alle diese Abweichungen von der normalen Technik erfolgreich durchführen konnte. Andere theorisierten in späterer Zeit über Kraftübertragungen mit hochgespannten Gleichstrom, aber er führte sie wirklich durch. Highfield in England wollte später das Thury-System einführen, hatte aber keinen großen Erfolg damit. Es ist richtig, daß bei der Kraftverteilung, die bis heute durchgeführt wurde, das Thury-System keinen Vorteil gegenüber dem Drehstromsystem zeigt und daß für weitaus höhere Gleichstrom-Spannungen noch manche Schwierigkeiten zu lösen sind; daß Kollektoren und Reihenschaltung von Maschinen keine ideale Lösung darstellen. Aber die Leistung von Thury als Pionier ist eine außerordentliche.

Von den Teilnehmern der ersten Versammlung der Internationalen Elektrotechnischen Kommission blieben einige ihr mehr als ein Menschenalter treu: Colonel Crompton, Mr. Mailloux, Mr. Le Maistre, Professor Feldmann, letzterer als Vertreter von Holland und viele Jahre lang Vorsitzender der Kommission für elektrische Maschinen, dann Signor Semenza, ein hervorragender Redner, der noch im Jahre 1927, kurz vor seinem Tode, eine Versammlung der Kommission in Italien leitete.

Automobil mit benzin-elektrischer Übertragung.

Nach meiner Rückkehr arbeitete ich in Berlin eine Zeitlang daran, meine Maschine als Dynamo für elektrische Kraftübertragung in Automobilen zu verwenden. In Wien hatte ich bei Gelegenheit des Vortrages über meine Maschine den Ingenieur Porsche kennengelernt, einen berühmten Automobilkonstrukteur, der damals mit der alten Wiener Wagenbaufirma Lohner zusammenarbeitete und mir seine elektrischen und benzin-elektrischen Automobile zeigte. Er hatte schöne Motoren in die Naben der Vorderräder eingebaut und benutzte diese sowohl für elektrische Automobile mit Akkumulatorenbatterie als auch für solche, die einen durch Benzinmotor angetriebenen Stromerzeuger hatten, der den Strom für beide Elektromotoren lieferte. Zuerst hatte er beim benzin-elektrischen Wagen noch eine Pufferbatterie verwendet, um das Anlassen zu erleichtern und um bei Bergfahrt auszuhelfen. Er hoffte, auf diese Art mit einem kleineren Benzinmotor auszukommen, fand aber bald, daß die Batterie mehr schadete als nützte: bei Bergfahrt war ihre Kapazität bald erschöpft und der Benzinmotor mußte nicht nur den Wagen schleppen, sondern noch die erschöpfte Batterie mit aufladen.

Mit der Automobilfabrik der AEG besprach ich die Vorteile, die meine Dynamomaschine in einem solchen System bieten würde, und auch die Konstruktion einer sehr kleinen Maschine für die Beleuchtung von Benzinautomobilen; aber sie hatte damals kein Interesse für das eine oder für das andere.

Reise nach Amerika.

Ich wollte in die Vereinigten Staaten reisen, um wegen meiner Patente zu unterhandeln, da die Korrespondenz zu nichts führte. Jordan war mit meiner Reise einverstanden, verlangte aber den Abschluß eines dreijährigen Vertrages vor meiner Abreise. Die Verhandlungen wurden durch Elfes, den damaligen Direktor der AEG-Maschinenfabrik, geführt. Wir erreichten bald ein Einverständnis betreffs des Gehaltes, aber eine Bestimmung betreffs zukünftiger Erfindungen, die ich verlangte, wich von der allgemeinen Übung der AEG ab. Das Schiff, auf dem ich die Kabine für meine Überfahrt genommen hatte, fuhr am nächsten Tag. So ließ Elfes zwei verschiedene Ausfertigungen des Vertrages schreiben: eine mit der Bestimmung, wie ich sie verlangte, und eine andere mit der Bestimmung, wie Jordan sie vorgeschlagen hatte. Am Abend sprach ich mit Jordan im Verwaltungsgebäude. Er las die beiden Ausfertigungen durch und zerriß die mit der Bestimmung, wie ich sie vorgeschlagen hatte. „Ich habe nicht die andere zerrissen", sagte er lächelnd. „Die andere unterschreibe ich nicht", war meine Antwort, und so endete meine Anstellung bei der AEG am 7. Mai 1907.

Ich fuhr im Schlafwagen nach Hamburg und schlief sonderbarerweise sehr gut, trotz des ereignisreichen Abends.

Einige Tage früher hatte ich mit Herrn Magee, einem Direktor der General Electric, gesprochen, der Berlin besuchte und mir empfahl, mich der Vermittlung des General-Electric-Beamten Eichel zu bedienen, der zu solchen Vermittlungen berechtigt war. Herr Magee hatte mich im Hotel-Korridor lange Zeit warten lassen, aber ich sah nachher, wie gut ich daran getan hatte, keine Empfindlichkeit zu zeigen und ruhig zu warten, denn sein Rat erwies sich als sehr vorteilhaft. Leider sah ich ihn nicht wieder, weil er nach seiner Rückkehr in die Vereinigten Staaten plötzlich starb.

In Amerika besuchte ich New York, Schenectady, Buffalo, Niagara Falls, Toronto, Philadelphia und Pittsburgh. In Pittsburgh sah ich etwas Erstaunliches: pechschwarze Nacht an einem Sommertag um 8 Uhr in der Früh. Es herrschte ein so schwarzer Nebel, wie ich ihn sogar in Manchester nie gesehen hatte. Eichel und Wilkinson, den ich das Jahr vorher in England getroffen hatte, machten mich mit wichtigen Personen in New York und Schenectady bekannt, und ich hatte Gelegenheit, im American Institute of Electrical Engineers einen Vortrag von Sprague und eine lebhafte Diskussion anzuhören, an der Steinmetz teilnahm. Ich lernte sowohl Steinmetz als die bedeutenden Ingenieure der Westinghouse-Gesellschaft kennen. Schon vorher hatte ich von der amerikanischen Gastfreundschaft gehört und wurde nicht enttäuscht. Im Engineer's Club in New-York verbrachte ich angenehme Stunden in interessanter Gesellschaft, und in Schenectady gab es mehr Einladungen als mir lieb war, denn die tägliche Arbeit bei der Vorführung meiner Maschine, die Erklärungen für Ingenieure der verschiedenen Abteilungen und die Verhandlungen waren ziemlich anstrengend.

Glücklicherweise machte ich einen guten Eindruck auf den kaufmännischen Abteilungsleiter, der die Verhandlungen mit mir führte. Ich hörte später von Eichel, daß es einen unangenehmen Zwischenfall gab. Die GE hatte telegraphisch bei Magee in Berlin um Auskunft über die Verwendung meiner Scheinwerferdynamo bei der deutschen Marine angefragt, und die Antwort hatte gelautet, daß die Marine normale Siemens-Maschinen verwendete. Glücklicherweise brachte die Post ungefähr zur selben Zeit die neueste Nummer der AEG-Zeitung, in der unter den wichtigen Bestellungen eine solche der Marine für sechs Rosenberg-Motorgeneratoren für Scheinwerfer angeführt waren. Der Abteilungsleiter fühlte große Erleichterung, als er dies sah, und sagte zu den anderen, er hätte von mir den Eindruck empfangen, daß man sich auf mein Wort verlassen könne; es hätte ihn bedrückt, wenn seine Menschenkenntnis sich nicht bewährt hätte.

Vor meiner Abreise nach Niagara Falls und Toronto hatte die GE nur eine Option für wenige Tage genommen und hatte mir dafür „einen Dollar auf die Hand" bezahlt. Für den Abend hatte ich einige meiner Freunde in den Mohawk-Klub eingeladen, ohne zu bedenken, wie müde ich war nach der schweren Arbeit der ganzen Woche. Beim Abendessen war ich fast so niedergeschlagen als im Anfang meiner Laufbahn, als ein Schlosser mich einen dummen Kerl genannt hatte und mir das so zu Herzen gegangen war. Aber es kam alles ins Geleise. Nach meiner Rückkehr von Toronto wurde der Vertrag unterzeichnet, und ich hatte mir unter den General-Electric-Leuten wirkliche Freunde erworben.

Vor meiner Abreise nach Schenectady hatte ich in New York eine Besprechung mit meinem Patentanwalt über die Beantwortung der formellen Einwände des Patentamtes gehabt. Ich war der Meinung, daß meine Verhandlungen mit den Elektrounternehmungen aussichtsreicher wären, wenn ich auf die Gewährung der Patente hinweisen konnte. Der Anwalt dagegen wußte, daß die großen Gesellschaften es vorziehen, wenn die Patente noch nicht erteilt sind, so daß sie die Ansprüche und Beschreibungen gemäß ihren eigenen Ideen abändern können. Der Anwalt war damit einverstanden, die Einwendungen des Patentamtes so zu beantworten, daß kein sachliches Hindernis gegen die Erteilung vorlag, machte aber absichtlich einen Fehler in der Numerierung der Ansprüche, um die unmittelbare Erteilung zu verhindern. Als ich dies in Schenectady erwähnte, bemerkten die dortigen Patentfachleute: „Manchmal merkt aber der Prüfer den Numerierungsfehler nicht und erteilt das Patent trotzdem.“ Sie hatten recht; wenige Tage später kam die Verständigung von der Erteilung des Patentes. Es war von keiner Wichtigkeit; die Schlußgebühr wurde nicht bezahlt, die Patente verfielen und konnten innerhalb zweier Jahre wieder angemeldet werden, mit Ansprüchen und Beschreibungen, wie sie den Fachleuten zusagten.

Es wurde ein anderer Patentanwalt in New York bestimmt, der die Sache weiterbehandelte und mit dem sowohl das Patentbüro der General Electric als ich korrespondierten. Diese Dreiecks-Korrespondenz war ganz interessant. Mein Berliner Anwalt, der einige Erfahrung mit amerikanischen Patenten hatte, hatte mich gelehrt, Einwände des amerikanischen Prüfers mit sowenig Worten zu beantworten als möglich. Der neue Anwalt in New York dagegen brauchte einen großen Wortschwall, und so kam es, daß sein Entwurf so viele Seiten enthielt als meiner Zeilen. Die Briefe mit den Entwürfen kreuzten sich und die Patentabteilung in Schenectady antwortete kurz, daß sie gegen keinen der Entwürfe etwas einzuwenden habe.

Die General Electric nahm eine Lizenz auf die Dynamomaschine für alle anderen Anwendungen als Zugbeleuchtung, da sie diesen Geschäftszweig nicht verfolgte.

Einige Jahre später erwarb die Electric Storage Battery Company, Philadelphia, die Lizenz für Zugbeleuchtung, und die Maschinen wurden in den Werkstätten der General Electric in Schenectady gebaut.

Die Besichtigung der Niagara-Fälle machte einen großen Eindruck auf mich. Einen noch größeren Eindruck machte die nächtliche Fahrt auf dem Hudson von Albany nach New York.

Vor meiner Rückreise nach Europa hielt ich in Fort Totten einen Vortrag über meine Maschine und zeigte sie in den verschiedenen Anwendungsgebieten. Einer der Offiziere hatte in Schenectady die Maschine gesehen, und nach seinem Bericht erhielt ich eine Einladung ins Fort, wo ich einen sehr angenehmen Tag verbrachte. Es war mein erster Vortrag in englischer Sprache.

Als ich nach Europa zurückkehrte, hatte ich die Absicht, mich als beratender Ingenieur zu betätigen. Ein Bekannter warnte mich davor, mich als Gerichtssachverständiger eintragen zu lassen, weil diese Arbeit unangenehm und schlecht bezahlt sei. Im Sommer gab es auf jeden Fall nicht viel zu tun, und so ging ich auf Urlaub nach Wien und in die Alpen; der Niagara hatte Heimweh in mir erweckt.

British Westinghouse Electric and Manufacturing Company.

Bald nach der Rückreise erhielt ich einen Brief von meinem Freunde v. Krogh, der ein Jahr früher nach Manchester zur British Westinghouse übersiedelt war, mit der Frage, ob ich nicht auch dort eintreten wollte. Ich antwortete ihm, daß ich in Kürze die Firma Mather & Platt in Manchester wegen Zugbeleuchtungsangelegenheiten besuchen und dann auch ihn aufsuchen würde.

Krogh teilte dies dem Generaldirektor Philip A. Lang mit, mit dem er schon über mich gesprochen hatte.

Meine Freundschaft mit Krogh fing beinahe mit dem Tage meines Eintrittes bei der AEG zu Anfang 1903 an. Er leitete bei der AEG das Transformatorenbüro, war verheiratet und Vater eines Knaben. Seine Familie war im ersten Sommer auf Urlaub in Norwegen. Eines Abends bat ich ihn, mit mir nach Hause zu kommen, um sich meinen noch nicht veröffentlichten Aufsatz über die Wirkung des Dämpfers beim Parallelbetrieb von Wechselstrommaschinen anzusehen, was ungefähr eine halbe Stunde in Anspruch nehmen würde, und er stimmte bereitwillig zu. Aber ich hatte unterschätzt, wie schwierig es für jemanden ist, sich in ein ungewohntes Gebiet einzuarbeiten. Wir verbrachten beim Durchsehen dieses Aufsatzes nicht eine halbe Stunde, sondern viele Stunden, und Krogh äußerte dann, daß er schon lange nicht so schwere Gedankenarbeit geleistet hatte. Seitdem waren wir gute Freunde.

Krogh stellte mich Herrn Lang vor, und wir hatten eine lange Unterredung. Er erkundigte sich über gemeinsame Bekannte und beabsichtigte, Erkundigungen über mich bei Professor Kapp in Birmingham, Herrn Jordan in Berlin und Herrn Egger in Wien einzuholen. Über die Bedingungen einer Anstellung als Chefingenieur in der elektrischen Abteilung waren wir ziemlich bald im reinen; ich teilte ihm aber mit, daß am 20. Oktober in Wien die Hochzeit meiner jüngsten Schwester stattfände, bei der ich anwesend sein wollte.

Wenige Tage nach meiner Rückkehr erhielt ich in Berlin ein Telegramm: „Nehme Ihre Bedingungen an; bitte sofort zu beginnen.“ Ich sagte meine Ankunft für Ende Oktober zu.

Es war das Jahr 1907, für das eine Depression prophezeit worden war. Am selben Morgen, als ich Berlin verließ, um nach Manchester zu fahren, war die Mitteilung zu lesen, daß die amerikanische Westinghouse Company in Schwierigkeiten geraten war und daß vom Gericht „Receivers“ für sie bestellt worden waren. Bei meiner Ankunft sagte mir Lang, er hätte von mir ein Telegramm mit der Anfrage erwartet, wie die Lage der britischen Gesellschaft wäre, eine Anfrage, die er nicht hätte beantworten können. Ich überlegte mir, daß mir ein Aufenthalt in England auf keinen Fall schaden könnte, auch wenn er von kurzer Dauer wäre, und erbot mich, mit der Arbeit zu beginnen.

Langs Vertragsentwurf brachte mir eine Überraschung. Bei unserer ersten Begegnung hatte ich für einen dreijährigen Vertrag einen bestimmten Gehalt vorgeschlagen, den Lang zu hoch fand. So schlug ich eine Alternative vor, die in den drei Jahren dieselbe Gesamtsumme ergab, mit einem niedrigeren Betrag für das erste und einem höheren für das dritte Jahr. An letzterem nahm Lang Anstoß und schlug für das zweite und dritte Jahr denselben Gehalt vor, den ich ursprünglich verlangt hatte. Wir behandelten diesen Punkt als nicht sehr wichtig, aber jetzt hatte Lang in den Vertrag die Gehälter so eingesetzt, wie ich sie verlangt hatte, und sagte: „Ich habe Ihnen telegraphiert, daß ich Ihre Bedingungen annehme."

Ich war keineswegs angenehm berührt von dieser Großherzigkeit in so kritischer Zeit, aber vielleicht beruhigte mich eine Engherzigkeit in einer Nebensache: über die Übersiedlungskosten hatten wir nicht gesprochen, und bei der jetzigen schwierigen Lage lehnte Lang es ab, neue Verpflichtungen einzugehen, die nicht festgelegt worden waren.

Ich dankte oft dem Himmel dafür, daß ich die Stellung angenommen hatte, denn dort traf ich meine spätere Gemahlin, Mary Robinson.

Lage der Westinghouse Company.

Die geschäftliche Stellung der Gesellschaft wurde mit der Zeit durch die Bemühungen des Generaldirektors Carlton so geregelt, daß der Anteil der amerikanischen Gesellschaft von britischen Aktionären übernommen wurde, nicht ohne starkes Widerstreben von Seiten des Gründers der Gesellschaft, George Westinghouse. Die britische Gesellschaft setzte ihre Tätigkeit in allen Zweigen ohne Einschränkung weiter fort.

Die technische Lage war folgende: Sowohl die Gasmaschinen als die normalen elektrischen Erzeugnisse, Dynamomaschinen, Motoren, Transformatoren, Schaltapparate, Bahnkontroller waren allgemein als gut anerkannt. Die rotierenden Umformer, die Miles Walker behandelte, wurden als die besten angesehen. Die Dampfturbinen hatten keinen so guten Dampfverbrauch als die von einigen festländischen Wettbewerbern. Die Turbogeneratoren für Wechselstrom gaben zu manchen Schwierigkeiten Veranlassung. Bei der Wicklung des Ständers hatte Miles Walker, als die ersten Störungen bei Kurzschlüssen auftraten, sehr gründliche Studien gemacht und gelernt, die Endverbindungen gut zu verankern. Dagegen gab es beim Läufer Schwierigkeiten mechanischer Art. Walker hatte einen „kompensierten Läufer" erfunden, dessen Zähne teilweise aus Eisen, teilweise aus unmagnetischem Material bestanden und eine Wicklung von solcher Anordnung hatten, daß die Ankerrückwirkung das Feld in einem Teil mehr verstärkte als es im anderen Teil geschwächt wurde, so daß bei einer Belastung mit einem bestimmten Leistungsfaktor die Spannung der Maschine annähernd gleichblieb und im allgemeinen der Spannungsabfall bei Belastung geringer war als bei einem normalen Generator. Nicht bei allen Maschinen wurde dieser kompensierte Rotor ausgeführt, aber die Wicklung hatte die gleiche mechanische Ausführung bei kompensierten und bei normalen Läufern: sie bestand aus geraden Stäben in den Nuten und aus Endverbindungen in Ebenen senkrecht zur Welle, mit gelöteten Verbindungen, ähnlich denen bei manchen Gleichstromankern. Bei der Rotation waren die gelöteten Verbindungen einer starken mechanischen Beanspruchung unterworfen, die nicht vollständig durch die über sie geschobenen Ringbandagen aufgenommen werden konnte, und so kamen die Läufer öfters zur Reparatur in die Fabrik zurück. Erst in späterer Zeit wurden die Läufer mit Trommelwicklung und festen Metall-Endzylindern ausgeführt, wie Brown Boveri & Co. sie zuerst gebaut hatte und wie später (außer der AEG) fast alle Fabrikanten sie ausführten.

Die Dampfturbinen wurden erheblich verbessert, als nach dem Jahre 1908 die British Westinghouse von Rateau in der Schweiz eine Lizenz erwarb und Herrn Baumann, einen jungen Schweizer, der bei Professor Stodola in Zürich als Assistent gearbeitet hatte, anstellte. Nicht nur die Dampfturbine, sondern auch Gebläse und Pumpen wurden von Baumann umkonstruiert und wurden als erstklassig anerkannt.

Bei den größeren Gleichstrom- und Wechselstrommaschinen, bei rotierenden Umformern und Turbogeneratoren gab es nur wenig Normalisierung. Es scheint vielleicht heute unglaublich, aber fast jede einzelne Bestellung erforderte neue Konstruktionszeichnungen.

Die Einführung der rotierenden Umformer erfolgte in Großbritannien schrittweise. Es war allgemein anerkannt, daß die amerikanischen Umformer für eine Frequenz 25 sich sehr gut bewährten. Die amerikanischen Konstruktionen wurden von der British Westinghouse und der British Thomson-Houston Co. ausgeführt, aber es gab wenig Netze mit einer Frequenz 25. Die Londoner Untergrundbahnen führten Umformer für eine Frequenz 33,3 erfolgreich ein und die beratenden Ingenieure Merz und MacLellan wählten eine Frequenz 40 für die elektrischen Zentralen im Bezirk nahe dem Flusse Tyne, und auch dort bewährte sich der rotierende Umformer, der an vielen Stellen gebraucht wurde, weil Fabriken und Bergwerke ursprünglich den von ihnen benötigten Strom als Gleichstrom selbst erzeugt hatten. Der Schritt von 40 auf 50 Perioden in der Sekunde war nicht sehr groß und die Frequenz von 50 wurde in vielen Elektrizitätswerken benutzt und später normalisiert. Aber es gab viele Elektrotechniker, die kein Vertrauen in 50-periodige Umformer hatten, trotz aller Werbearbeit von Miles Walker. Einige blieben bei den altmodischen Motorgeneratoren, andere hatten mehr Vertrauen zu dem Kaskadenumformer von Arnold und La Cour, der aus einem Hochspannungsmotor bestand, der mit halber synchroner Drehzahl lief und dessen Rotor in Reihe mit einem unmittelbar gekuppelten rotierenden Umformer für 25 Perioden geschaltet war.

Als einen der Vorzüge des rotierenden Umformers über seine Wettbewerber brachten die Westinghouse-Vertreter stets vor, daß er weniger Platz in Anspruch nehme, da der damit benötigte Transformator, der keinerlei Wartung brauchte, in einen Keller gestellt werden konnte. Aber in einer Ausstellung, die in Manchester im Jahre 1908 veranstaltet wurde, gab es keinen Keller, und Lang kam verärgert aus der Ausstellung zurück, weil der Kaskadenumformer von Bruce Peebles, der neben dem Westinghouse-Umformer aufgestellt war, für alle Besucher sichtbar weniger Platz in Anspruch nahm als der Westinghouse-Umformer mit Transformator, Anlaßmotor und Zusatzmaschine.

Eine Tragikomödie ereignete sich bei den ersten rotierenden Umformern, die London County Council Tramways aufstellten. Der sehr konservative Chefingenieur Rider hatte seine Anhänglichkeit für Motorgeneratoren lange bewahrt, obwohl die Frequenz seines Netzes 25 war, sie geringeren Wirkungsgrad hatten und sicher nicht frei von Anständen waren. Zu jener Zeit gab es so manche Durchschläge der Wicklungen für 6600 Volt an diesen Motoren, und es verliefen Jahre, bis eine vollständig verläßliche Wicklungsart gefunden wurde. Es gab auch Klagen über Geräusch in Wohnungsvierteln. Ich erinnere mich an ein Unterwerk in einem besonders häßlichen Stadtviertel, das aber zur Nachtzeit keinen Verkehr hatte, so daß sich die Nachbarn über das ganz mäßige Geräusch der Motorgeneratoren beklagten und wir die Läufer der Motoren umbauen und die Luftspalten im Läufer und im Ständer gegeneinander versetzen mußten, um das Geräusch zu verringern.

Es kostete viel Werbearbeit, bis Rider willens war, ein neues Unterwerk mit rotierenden Umformern auszurüsten. Vorher hatte ihm der Verkaufsvorstand des Londoner Westinghouse-Büros die Umformer gezeigt, die den Strom für die Untergrundbahnen lieferten und die schon viele Jahre klaglos gearbeitet hatten. Die Maschinen gefielen Rider, und er wollte ebensolche haben mit einer Umlaufzahl von 250 in der Minute. In seiner Ausschreibung verlangte er diese Geschwindigkeit, ebenso verlangte er, daß die Maschinen ohne Wendepole geliefert werden, weil die Untergrundbahn-Umformer so gebaut waren. Rider wollte zu der Zeit von Wendepolen, auch bei Gleichstrommaschinen, nichts wissen. Er betrachtete sie als Mittel des Fabrikanten, um die Leistung einer Maschine listig zu erhöhen und dem Kunden für sein Geld weniger Material zu liefern. Fast ein unerlaubtes Mittel, wie die Leistungssteigerung von Rennpferden durch Geheimmedizinen.

Firmenvertreter betrachteten es als einen großen Erfolg, wenn sie eine Körperschaft dazu veranlassen konnten, in der öffentlichen Ausschreibung den verlangten Gegenstand ihrer Firma „an den Leib zu schreiben“, das heißt eine solche Ausführung zu fordern, wie sie bei der eigenen Firma normal war.

Als aber die gedruckte Ausschreibung bei der Fabrik einlangte, wirkte sie erschütternd. Die Umformer für die Untergrundbahnen waren für eine Frequenz von 33,3 gebaut und hatten sechzehn Pole. Für die Frequenz des Straßenbahnwerkes, 25, waren bei einer Drehzahl von 250 zwölf Pole erforderlich. Nun hatte Westinghouse für die Stadt Birmingham solche Maschinen geliefert, die vorzüglich arbeiteten, sie hatten aber Wendepole, und es war fraglich, ob die Stromwendung ohne Wendepole zufriedenstellend sein würde. Die Maschinen in Birmingham waren aber Herrn Rider nicht gezeigt worden, und als ihm jetzt zwei Alternativen angeboten wurden, war er entrüstet: keine der Maschinen, die Westinghouse anbot, entsprach seiner Ausschreibung: die Maschine mit einer Drehzahl von 250 hatte Wendepole entgegen seiner Forderung, die andere mit sechzehn Polen, wie die Maschinen für die Untergrundbahn, liefen bei der Frequenz von 25 mit einer geringeren Geschwindigkeit und entsprachen seiner Ausschreibung ebensowenig. Dagegen hatte die Firma Dick, Kerr & Co., die in Umformern damals wenig Erfahrung und deshalb auch nicht die Bedenken der Westinghouse-Spezialisten hatte, ein Angebot gemäß Riders Ausschreibung eingereicht und bekam den Auftrag, für den Westinghouse so viel Werbearbeit geleistet hatte. Der Preis spielte dabei kaum eine Rolle; aber Rider konnte nicht ein Angebot zurückweisen, das seiner Ausschreibung entsprach, und ein anderes annehmen, das in einem wichtigen Punkt von seiner Ausschreibung abwich. Die Maschinen wurden von Dick, Kerr & Co. geliefert und arbeiteten zufriedenstellend.

Es kam nicht oft vor, daß Verkaufsingenieure den Fehler machten, die Fabrikssachverständigen zu übergehen, wenn es sich um wichtige Aufträge handelte. Beamtete und beratende Ingenieure legten großen Wert auf Besprechungen mit den Sachverständigen der Fabrik. Als Miles Walker einmal einen langen Urlaub nahm, um seine angegriffene Gesundheit wiederherzustellen (und nebenbei ein großes Buch über „Dynamokonstruktion und Spezifikation“ zu verfassen), mußte ich oft zu solchen Konferenzen fahren.

Walkers Gleichstrom-Turbogeneratoren waren kompensierte Maschinen mit Wendepolen wie die Déri-Maschine, ohne aber unter das Dérische Patent zu fallen. Sie hatten Kollektoren mit verschiedenen Abteilen, und die Kohlenbürsten lagen nicht auf dem zylindrischen Teil, sondern auf Radialflächen auf. Die Konstruktion bewährte sich. Die Generatoren erforderten Dampfturbinen mit geringerer als der normalen Drehzahl: nur Maschinen kleiner Leistung hatten eine Drehzahl von 3000; 500-Kilowatt-Maschinen eine Drehzahl von 2500; 1000-Kilowatt-Maschinen 1500 Umdrehungen in der Minute. Öfters, wenn eine Leistung von 1000 Kilowatt verlangt wurde, kuppelte man zwei Dynamomaschinen von je 500 Kilowatt bei 2500 Umdrehungen in der Minute. Da die Dampfturbinen bei niedrigen Geschwindigkeiten unwirtschaftlich waren, so wählte man später für größere Leistungen oft einen Drehstrom-Turbogenerator mit der Drehzahl 3000 und formte den Drehstrom mit rotierenden Umformern in Gleichstrom um, oder man wählte Dampfturbinen mit einer Drehzahl von 3000, die langsamer laufende Gleichstrommaschinen durch ein Zahnradgetriebe antrieben.

Kurzschluß.

Im Frühjahr 1908 ersuchten mich Professoren der Manchester Municipal School of Technology, in den Abendstunden einen Vortragszyklus über ein mir genehmes Thema zu geben. Ich wählte als Thema „Kurzschlüsse" und behandelte dabei neben zufälligen Kurzschlüssen in gewöhnlichen Anlagen auch insbesondere Maschinen, zu deren Wirkungsweise Kurzschlüsse zwischen Bürsten gehörten, wie den Wechselstrom-Repulsionsmotor und die Gleichstrom-Querfeldmaschine. Diese Vorträge machten mir viel Freude; ich diktierte sie wohl vorher, sprach aber frei. Sie wurden nicht gedruckt.

Wahlen.

In einem Bezirk Manchesters gab es 1908 eine Ersatzwahl. Winston Churchill kandidierte damals als Liberaler. Es war interessant, einer Wahlversammlung beizuwohnen, und so ging ich zu einer der vielen Versammlungen, die am gleichen Abend in verschiedenen Lokalen abgehalten wurden. Eine war in einem Schulhaus; das Versammlungslokal war bei meinem Eintritt schon voll, aber auf der ersten Bank im Vordergrund waren freie Plätze. Ich fragte, ob ich mich dort niedersetzen könnte, und erhielt die Antwort: „Wenn Sie Berichterstatter sind, ja." So nahm ich Feder und Papier aus meiner Tasche und schrieb einen Teil der Reden nach. Bald kam Churchill, begleitet von seiner Mutter, auf seinem Rundgang durch die verschiedenen Versammlungen, in denen er an diesem Abend sprechen mußte; der Vorsitzende, der in der Zwischenzeit eine eigene Rede begonnen hatte, unterbrach sie sofort bei Churchills Eintritt; Churchill sprach interessant und impulsiv und antwortete recht geschickt auf Zwischenrufe. Als ich 32 Jahre später seine Stimme im Radio hörte, hatte ich den Eindruck, daß sie sich stark verändert hatte.

Einige Monate später gab es allgemeine Wahlen, und die wichtige Frage war: „Freihandel oder Zollschutz?" Es gab große, künstlerisch ausgeführte Wandplakate mit Schlagworten „England erwartet, daß jeder Ausländer seinen Zoll zahlt!“, oder das Bild eines entlassenen Arbeiters, der seiner Frau sagt: „Der Ausländer hat meine Stelle.“ Die Westinghouse hatte ihre unrentable Stahlgießerei eingestellt, den Betrieb ihrer Eisengießerei reduziert und kaufte zu billigeren Preisen Gußstücke von bessersituierten Werken, zum Teil von Gießereien auf dem Festland. In dem Wahlbezirk nächst der Westinghouse-Fabrik wurde dem liberalen Kandidaten, dem Gasmaschinenfabrikanten Crossley, die Frage vorgelegt, ob er es als richtig ansehe, daß eine Gesellschaft Gußstücke aus Belgien beziehe, und wo er die eigenen kaufe. Er antwortete, es wäre traurig, wenn er als Gasmaschinenfabrikant seine Spezialgußstücke nicht so billig herstellen könnte als andere Gießereien. Aber genau so, wie er seine Gasmaschinen nach Belgien und andere Länder liefere, betrachte er es als richtig, daß Engländer von Belgien und anderen Ländern das beziehen, was diese vorteilhaft liefern können. Crossley wurde gewählt, natürlich nicht allein wegen dieser Antwort.

Im Fabrikshof oder auf einem freien Platz außerhalb der Fabrik wurden von Seiten beider Parteien sehr ordentlich geführte Versammlungen abgehalten in dem Teil der Mittagspause, der sonst Fußballübungen vorbehalten war. Kandidaten kamen auch in den Speisesaal der leitenden Beamten und fanden freundliche Aufnahme, obwohl die Beamten verschiedenen Parteien angehörten.

Beamtenentlassungen.

Eine meiner ersten Aufgaben in Manchester war der Entwurf einer neuen Reihe von Gleichstrommotoren, für die Vorarbeiten von Goldschmidt geleistet worden waren, der von Crompton gekommen war und mehrere Monate bei Westinghouse gearbeitet hatte. Einige Zeit nach seinem Austritt von Westinghouse wurde er Professor an einer deutschen Hochschule und erfand später einen interessanten Hochfrequenz-Generator für Radiobetrieb.

Infolge der Depression sah man sich genötigt, den Beamtenstand zu verkleinern. Für mich war es ein recht unangenehmer Tag, als Lang mir die Namen dreier Ingenieure aus dem Berechnungsbüro nannte, denen gekündigt werden müsse. Alle drei leisteten tüchtige Arbeit, einer war Engländer, der zweite Amerikaner, der dritte Schweizer. Der Amerikaner und der Schweizer fanden bald gute Stellungen im eigenen Land: der Engländer gab seine Ingenieurtätigkeit auf und beschäftigte sich von da an ausschließlich mit Christian Science, deren Anhänger er schon lange gewesen war.

Die Beamtenentlassung bereitete mir böse Stunden. Sonderbarerweise hatte ich bis dahin, obwohl ich schon mehr als elf Jahre im praktischen Leben stand, niemals Angestellte entlassen müssen.

Einmal in Berlin hatte ich die Absicht gehabt, einen Konstrukteur zu entlassen, verschob es aber; später wurde der Mann krank und starb, und ich war froh, daß ihm der zusätzliche Kummer der Entlassung erspart geblieben war. In späterer Zeit und besonders in der Depression nach 1930, die weitaus schlimmer war als irgend eine frühere, gab es leider massenweise Entlassungen.

Sport.

J. S. Peck veröffentlichte als Herausgeber der „British Westinghouse Gazette" einen Artikel über meinen Eintritt bei Westinghouse, und ich mußte ihm unter anderen Dingen über meine Sportbetätigung berichten. Ich erwähnte Bergsteigen und auch, daß ich kurz vor meiner Abreise aus Berlin mit Schlittschuhlaufen begonnen hatte. Unter meinen Bekannten in Berlin erregte es große Heiterkeit, als sie in Pecks biographischer Skizze mich als „erfahrenen Schlittschuhläufer" kennenlernten.

In England begann ich Tennis zu spielen.

Zu Pfingsten 1908 trat ich einen Urlaub in Penminmawr in Wales an. Bis zur letzten Minute war es noch nicht entschieden, ob ich nicht statt nach Wales nach Norwegen reisen sollte, wo große Pläne über Elektrisierung von Wasserkräften in Vorbereitung waren, die später auch zur Ausführung kamen. Rjukanfos, ein großer Wasserfall, sollte zum Betrieb einer elektrischen Zentrale verwendet werden, deren Strom hauptsächlich für die Erzeugung von Stickstoff dienen sollte. Bis Pfingsten war keine Entscheidung darüber getroffen worden, ob die französische oder die britische Westinghouse-Gesellschaft sich mit der Angelegenheit beschäftigen solle, schließlich aber nahm der Chefingenieur der französischen Gesellschaft an der Konferenz teil. Als ich am Pfingstmontag von Penminmawr zurückkehrte, ging ich zum Tennisplatz, und dort wurde mir ein Tennisball direkt ins Auge geworfen. Ich mußte fast ebenso lange der Fabrik fernbleiben, als wenn ich die Reise nach Norwegen gemacht hätte. Aber glücklicherweise litt das Auge keinen dauernden Schaden und alles kam ins rechte Geleise.

Aber der Unfall gab mir zu denken. Wenn das Auge verloren worden wäre, wie würde es mir mit Mary Robinson gehen, die ich bisher nur im stillen bewundert hatte? Bald nachher machten wir unsere erste gemeinsame Radfahrt, und im Sommer, als wir jeder für sich auf Urlaub gingen, sie auf die Insel Man und ich nach Österreich, verstanden wir uns schon so ziemlich und verlobten uns im September.

Zeppelin.

Während meines Urlaubes besuchte ich meine Geschwister, die den Sommer in verschiedenen Teilen der Alpen verbrachten, und bestieg mit Heinrich und Berta den Großglockner. Spät bei Nacht kam ich dann in Igls bei Innsbruck in Tirol an, wo Wilhelm und Sophie wohnten. Sie hatten gerade die Zeitung mit dem Bericht über die Rundreise des Zeppelins gelesen, der über einen großen Teil Deutschlands geflogen und unter dem Jubel der Bevölkerung in Echterdingen gelandet war. Ich konnte ihnen die traurige Fortsetzung liefern, die ich in einer späteren Zeitung auf der Reise gelesen hatte: Während des Aufenthaltes in Echterdingen war der Zeppelin verbrannt. In ganz kurzer Zeit wurden durch öffentliche Sammlungen genügend Geldmittel zum Bau eines anderen Luftschiffes gesammelt. Aber dieser Brand war nur der erste einer Reihe von gleichen Unglücksfällen. Später sah ich Zeppelinluftschiffe in Wien und Steiermark und 1936 vielleicht das letzte in New York, als es eines Morgens in schönem Flug die Stadt umkreiste. Einige Monate später entzündete es sich beim Landen und viele Menschen verloren ihr Leben. In den 28 Jahren, zwischen Echterdingen und New York, gingen viele Luftschiffe durch Brand zugrunde.

Winter 1908—1909.

Mary Robinson und ich heirateten zu Weihnachten 1908 und fuhren zu kurzem Aufenthalt nach London und Paris. Im Dezember half sie mir, eine Arbeit über Parallelbetrieb von Wechselstrommaschinen zu schreiben, die einige Wochen später in Manchester und in London zur Verhandlung kam und lebhafte Diskussion erregte. Die Versammlung in London wurde in schwarzem Nebel abgehalten. Nebel herrschte in Manchester, als ich wegfuhr, aber nur einige Kilometer außerhalb Manchester war schöner Sonnenschein, der die ganze Strecke bis nahe London anhielt: In London gab es durch drei Tage dicken Erbsensuppen-Nebel. Trotz des Nebels fand ich das Versammlungslokal, und auch die Zuhörer fanden es. Die Diskussionen in der Institution of Electrical Engineers, sowohl in London als in den Provinzhauptstädten, waren fast immer gut vorbereitet und brachten interessante Beiträge zum Vortragsgegenstand.

Ilgner-System.

Zu jener Zeit wurden am „Rand“ in Südafrika in Gold- und Kohlenbergwerken viele elektrische Fördermaschinen aufgestellt. In einigen Fällen wurde das Ilgner-System gewählt. Ilgner hatte vor Dettmar und mir die Stelle eines Oberingenieurs der elektrischen Abteilung von Körting in Hannover „mit lebenslänglichem Vertrag“ bekleidet, aber sie eines Tages aufgegeben, und entwickelte später ein System des Antriebes von Fördermaschinen und Walzwerken bei einer Bergwerksgesellschaft in Oberschlesien. Ein Drehstrommotor mit Schlupfregler war mit einem schweren Schwungrad und einem Gleichstromgenerator gekuppelt. Dieser lieferte den Strom für den Gleichstrom-Fördermotor, dessen Geschwindigkeit und Drehrichtung durch Betätigung eines kleinen Regelwiderstandes erfolgte, der die Erregung des Gleichstromgenerators beeinflußte. Der Urheber der elektrischen Kombination ist der Amerikaner Ward Leonard, während Ilgner das Schwungrad und den Schlupfregler des Drehstrommotors hinzufügte, um die Energieaufnahme vom Netz gleichmäßiger zu gestalten. Das schwere Schwungrad stellt auch eine Reserve dar, die es bei Fördermaschinen erlaubt, eine Fahrt zu Ende zu führen, auch wenn eine Störung in der Stromzuführung stattfindet.

Es sei hier erwähnt, daß das Ilgner-Patent einige Jahre später von englischen Gerichtshöfen nichtig erklärt wurde und daß Carlton, der Generaldirektor der British-Westinghouse, dies richtig prophezeit hatte. Das englische Gericht sah in der Hinzufügung eines Schwungrades und des Schlupfreglers zur bekannten Anordnung von Ward Leonard keine patentwürdige Erfindung, obwohl sie die Elektrisierung von Fördermaschinen ganz erheblich begünstigt hatte, zu einer Zeit, wo die meisten Bergwerke ihre eigene Kraftstation hatten, die weitaus größer und unwirtschaftlicher hätte sein müssen, wenn das Schwungrad und der Schlupfregler weggeblieben wären.

In Deutschland hatten die großen Elektrizitätsunternehmungen das Patent nicht angefochten, sondern trotz hoher Lizenzgebühren eine Lizenz genommen. Bei der AEG war dies gegen den Rat Dobrowolskys geschehen, der überzeugt war, man könnte das Patent zu Fall bringen. Er hatte einmal ohne Kenntnis der Ward-Leonard-Schaltung diese bei einem Aufzug in Hollertszug angewendet und sie als so naheliegend betrachtet, daß er kein Patent dafür angemeldet hatte. In der AEG-Fabrik sprach man auch zur Zeit meines Eintrittes nicht von einer Ward-Leonard-Schaltung, sondern von einer Hollertszug-Schaltung. Wahrscheinlich hatten aber doch die kaufmännischen Leiter recht, die es nicht auf einen Patentstreit ankommen ließen, sondern eine Lizenz auf das Ilgner-System nahmen. Man kann nie voraussehen, wie ein solcher Streit entschieden wird, und es ist gar nicht sicher, daß die Entscheidung der deutschen Gerichte die gleiche gewesen wäre wie die der englischen. Auf jeden Fall hätte es eine erhebliche Verzögerung in der Elektrisierung von Fördermaschinen und Walzenzugmaschinen gegeben.

Fördermaschinen in Südafrika.

Am „Rand" in Südafrika gab es große Netze, die den Strom für die Fördermaschinen liefern konnten. Einige Sachverständige von Bergwerken wählten zum Antrieb der Fördermaschinen einfache Drehstrommotoren, die direkt mit großem Flüssigkeitsanlasser ans Netz angeschlossen wurden; andere entschieden sich für den Ward-

Leonard-Antrieb ohne Schwungrad; aber eine Art Panik brach aus, als zu einer Zeit häufige Störungen in der Stromversorgung auftraten. Beim Ilgner-System konnte eine begonnene Fahrt zu Ende geführt werden, weil das schwere Schwungrad dafür genügend Energie hatte. Aber ohne solches Energie-Reservoir war das einzig mögliche, sich auf die mechanische Bremse zu verlassen und den Förderkorb, der Übergewicht hatte, mit der Bremse langsam zu senken. Die Ingenieure sahen es aber nicht als genügend sicher an, sich auf die mechanische Bremse allein zu verlassen.

Mr. Chambers, der Westinghouse-Vertreter in Johannesburg, wußte nichts von der Wirbelstrombremse, aber erfand sie nochmals bei dieser Gelegenheit und beschrieb sie in langen Kabeltelegrammen an die Fabrik.

Ich wußte ziemlich viel von Wirbelstrombremsen und konnte ohne weiteres einen vollständigen Entwurf liefern, betrachtete sie aber als unnötige Komplikation, ebenso Herr Eckmann, der in meinem Büro Fördermaschinen behandelte. Chambers beklagte sich in langen Kabeltelegrammen bitterlich über unsere lauwarme Haltung: Wenn der Vorschlag unausführbar wäre, sollten wir es geradeheraus sagen, und er würde seine Angebote zurückziehen; wenn er aber ausführbar sei, wäre es unsere Pflicht, ihn zu unterstützen. Vom Standpunkt des Verkäufers aus hatte er vollkommen recht. Die Idee fand in Bergwerkskreisen großen Anklang und Chambers erhielt bald große Aufträge für Förderantriebe mit Wirbelstrombremsen, teilweise mit Drehstrom, teilweise in Ward-Leonard-Schaltung. Die Wirbelstrombremsen wurden nach dem Muster der bei Körting in Hannover zum Abbremsen der Gasmotorenleistung gebrauchten ausgeführt. Da sie im Bergwerksbetrieb immer nur wenige Minuten erregt wurden, so konnte man eine stärkere Erregung und dadurch ein höheres Bremsmoment erzielen.

Alle Maschinen arbeiteten im Betrieb sehr zufriedenstellend, aber einige Änderungen waren notwendig, ehe sie vom Prüffeld weg geliefert werden konnten.

Die erste Wirbelstrombremse wurde bei Nacht geprüft, und es geschah etwas Unvorhergesehenes. Der wassergekühlte gußeiserne Ständer der Wirbelstrombremse, in der Form des Ständers eines Drehstromgenerators ohne Blechkörper und Wicklungen, erlitt eine sonderbare Deformation, als das innerhalb rotierende Magnetrad stark erregt wurde. Die starken Schraubenbolzen, die die beiden Teile des Ständers miteinander verbanden, wurden über die elastische Grenze gestreckt. Bei der Körting-Bremse war dies nicht aufgetreten. Sie hatte einen kleineren Durchmesser und war nicht so stark magnetisiert worden, da sie für Dauerbetrieb bestimmt war. Hier war der Temperaturunterschied zwischen der inneren Oberfläche des Ständers und dem Kühlwasser größer. Das heiße

Gußeisen der inneren zylindrischen Fläche sucht sich auszudehnen, während die Teile, die vom Kühlwasser bespült werden, keine Ursache zur stärkeren Ausdehnung haben; es entsteht daher eine Krümmung wie bei einer aus zwei Metallen bestehenden Spiralfeder, die bei Metallthermometern zur Anwendung kommen. Die Deformation sah zuerst sehr beunruhigend aus, aber als ich mir ihren Grund klargemacht hatte, war es möglich, sie mit einfachen Mitteln harmlos zu gestalten. Ich trennte die beiden Teile des Ständers voneinander, so daß eine gewisse Beweglichkeit entstand, legte unter die Schraubenmuttern und Köpfe der Bolzen federnde Unterlagsscheiben und machte im kalten Zustand den vertikalen Luftspalt zwischen Magnetrad und Ständer etwas größer als den horizontalen. Bei Erwärmung wurden die Luftspalten zuerst gleich und später der horizontale Luftspalt ein wenig größer als der vertikale. Die nächste Prüfung war in jeder Hinsicht zufriedenstellend.

Schwierigkeiten im allgemeinen.

Der Leser wird sich darüber wundern, daß ich stets von Schwierigkeiten erzähle, und glaubt vielleicht, daß heutzutage die Techniker besser daran sind, weil Wissenschaft und Kunst weiter vorgeschritten sind. Aber es ist nicht so. Das Konstruieren wird niemals eine exakte Wissenschaft sein, und jedesmal, wenn ein neues Problem in Angriff genommen wird, muß der Konstrukteur auf Überraschungen gefaßt sein. Es ist das Privilegium des Ingenieurs, Probleme zu lösen und Schwierigkeiten zu überwinden. Der Ingenieur, der sich fürchtet, ein neues Problem anzugehen, taugt für seine Stelle nicht; ebensowenig wie ein anderer, der sich *nie* damit begnügt, eine einmal gefundene Lösung zu wiederholen und *jedes Mal* Neues versucht.

Man braucht die richtige Mischung von Routinearbeit mit einem mäßigen Prozentsatz neuer Versuche. Sowohl Werkstatt und Verkäufer als der Konstrukteur selber brauchen diese Mischung, um nicht zu erstarren. Nebenbei nützt es dem zaghaften Ingenieur nicht, immer das Alterprobte zu wiederholen und neue Konstruktionen aus Furcht vor Schwierigkeiten abzulehnen. Auch bei einer erprobten Konstruktion kann es geschehen, daß auf einmal Schwierigkeiten auftreten, die zuerst kein Mensch sich erklären kann. Manchmal gibt es unerwartete Änderungen in den Eigenschaften des Materials, manchmal Änderungen im Personal, die plötzlich den Eindruck machen, als ob eine Handwerkskunst über Nacht verlorengegangen wäre; manchmal Änderungen in der Bearbeitung, die ein unerwartetes Resultat ergeben. Der Konstrukteur darf in einem solchen Fall nicht sagen: die Werkstatt soll herausfinden, was sich geändert hat; meine Konstruktion ist die gleiche wie früher. Die Mitarbeit des Konstrukteurs ist auch in solchen Fällen notwendig und oft sehr lohnend; es gibt selten eine Schwierigkeit, von der man nicht Wichtiges lernen kann.

Was man in der Werkstatt Schwierigkeiten und Unannehmlichkeiten nennt, das nennen Ärzte und Anwälte „interessante Fälle". Einmal fragte ich Herrn Cachmaille vom Westinghouse-Patentbüro, ob er gerade irgend welche Unannehmlichkeiten hätte, und er antwortete lachend: „Davon leben wir; es ist unser tägliches Brot."

Es besteht noch ein anderer Grund, warum ich soviel von Sorgenkindern berichte. An tausende normaler Maschinen erinnert man sich nicht, aber es bereitet eine große Genugtuung, sich an überwundene Schwierigkeiten zu erinnern. Mein verstorbener Bruder Ludwig beklagte sich als Setzerlehrling darüber, daß der Vorarbeiter niemals die Hunderte von richtig gesetzten Typen sah, sondern nur die wenigen fehlerhaften.

Phasenschieber.

Miles Walker konstruierte einen Phasenschieber, der sehr viel Sorgen und wenig gewinnbringende Bestellungen brachte. Er bestand in einer dreiphasigen Erregermaschine in Reihe mit dem Läufer eines großen Induktionsmotors, um zu verhindern, daß der Ständer dem Netz magnetisierenden Blindstrom entnimmt. So wie in der großen Welt in unregelmäßigen Zwischenräumen wirtschaftliche Krisen auftreten, so gibt es in der elektrischen Welt Perioden, in denen auf einmal ein Schrei über Leistungsfaktor und Blindstrom entsteht. Der Induktionsmotor ist der beste und einfachste Motor, benötigt aber vom Netz Blindstrom zur Magnetisierung. Motoren und Transformatoren, die annähernd voll belastet sind, brauchen nicht übermäßig viel Blindstrom und ihr Leistungsfaktor ist nicht schlecht. Manchmal aber haben die Projektanten von Zentralstationen den Fehler gemacht, mit einem zu guten Leistungsfaktor zu rechnen, der in Wirklichkeit nicht erreicht wird. Manchmal sind auch zu große Motoren installiert worden. Ich erinnere mich, bei einer späteren solchen „Leistungsfaktorkrise" (im Jahre 1925) an die Klage des Leiters eines ländlichen Elektrizitätswerkes, daß Bauern anstatt eines dreipferdigen Motors einen dreißigpferdigen aufgestellt hatten. Er glaubte, seine Zuflucht zu verzweifelten Maßregeln nehmen zu müssen, um den Leistungsfaktor zu verbessern, weil diese großen Motoren einen ungeheuren Blindstrom benötigten. Es wäre für ihn viel besser gewesen, den Bauern zu zeigen, daß es ein Vorteil nicht für das Werk, sondern für sie selber wäre, den großen Motor zu verkaufen und einen kleinen einzustellen, der nicht nur besseren Leistungsfaktor, sondern auch besseren Wirkungsgrad hat. Aber viele Werke faßten das Problem von der falschen Seite an und zwangen durch ungerechte und komplizierte Stromtarife neue Kunden, Motoren mit Stromwendern aufzustellen. Diese Dinge gingen eine Zeitlang. Meist waren die Fabrikanten zu optimistisch und berechneten bei Kollektormotoren und Phasenschiebern zu niedrige Preise. Wenn sie den richtigen Preis verrechneten und die Zentralstationen es lernten, die Kosten des Blindstromes richtig zu berechnen, anstatt mit Phantasieziffern zu arbeiten; wenn die Kunden draufkamen, wie wertvoll der einfache Induktionsmotor mit seiner geringen Wartung ist, und besonders wenn die Zentralstationen auf jeden Fall sich vergrößerten, dann verschwand die Krise der Leistungsfaktorverrücktheit und man verlangte nicht mehr Kommutatormotoren und Phasenschieber — bis zur nächsten Krise ein paar Jahre später.

Gisbert Kapp erfand einen sehr interessanten Apparat für Phasenverschiebung, den „Vibrator", und erinnerte mich einige Jahre nachher an das, was ich ihm gesagt hatte, als er mir seine Erfindung zuerst erklärte: „Das ist etwas, was die Leute haben wollen, solange es nicht existiert. Aber wenn es erfunden ist, dann rechnen sie die Kosten und sind nicht bereit, das Geld dafür aufzuwenden." Der Vibrator wurde von Fabriken auf dem Festland mit gutem Erfolg angewendet, aber die Mode des Phasenschiebens starb aus.

Induktionsgeneratoren.

Während einige Leiter von Elektrizitätswerken keine Komplikation scheuten, um einen schlechten Leistungsfaktor zu verbessern, zeigten andere — oder vielleicht dieselben — unglaubliche Achtlosigkeit bei der Erweiterung ihrer Werke. Man erzählte, daß Steinmetz in einem Fall Induktionsgeneratoren aufgestellt hatte, und sofort wurde dies als Ideal angesehen. Ein Induktionsgenerator ist eine sehr einfache Maschine, hat einen Kurzschlußläufer, hat keine Erregermaschine, hat keine elektrischen Regler, keine Vorrichtung zum Synchronisieren, man braucht sich um den ganzen elektrischen Teil nicht zu kümmern: das reine Paradies! Allerdings braucht der neuinstallierte Induktionsgenerator Blindstrom, den die vorhandenen Synchronmaschinen liefern müssen; aber der optimistische Ingenieur glaubt, daß das nicht so arg sei; ein schnelllaufender 1000-Kilowatt-Induktionsgenerator brauche vielleicht 300 Kilo-Volt-Ampere Blindstrom und in einer großen Zentrale mache das nicht viel aus. Diese Optimisten vergaßen, daß eine zusätzliche Last von 1000 Kilowatt, die nicht nur aus Lampen-, sondern auch aus Motoren- und Transformatorenstrom besteht, auch Blindstrom braucht und daß daher für einen 1000-KW-Induktionsgenerator mehr als 1000 Kilo-Volt-Ampere zusätzlicher Blindstrom gebraucht wird, den die anderen Synchrongeneratoren im Werk liefern müssen.

Zweifellos waren die Fälle, in denen Steinmetz Induktionsgeneratoren aufgestellt hat, anderer Art. Wenn die Belastung nur aus

Lampen besteht oder rotierenden Umformern und Synchronmotoren, die ihren eigenen Magnetisierungsstrom erzeugen, oder wenn es sich um eine lange Übertragungslinie handelt, die voreilenden Strom braucht, dann ist es möglich, daß die bestehenden Synchrongeneratoren reichlich sind und daß man bei Erweiterungen sich den Luxus eines Induktionsgenerators leisten kann; aber der arme Mann soll nicht versuchen zu leben wie der reiche!

Ich hatte während meiner Laufbahn verschiedentlich Gelegenheit, gegen den Induktionsgenerator anzukämpfen und die Projektanten vor den Folgen einer solchen Installation zu schützen. Später schrieb ich: „Es gibt Fälle, in denen Induktionsgeneratoren zweckmäßig sind, aber sie sind selten wie die weißen Raben.“

In Birmingham bestand etwa im Jahre 1912 die Absicht, die Leistung einer bestehenden Zentralstation dadurch zu erhöhen, daß man den Abdampf von Dampfmaschinen zum Antrieb von zusätzlichen Turbinen benutzte. Alles in der Zentrale war sehr gedrängt, und der Projektant wollte Induktionsgeneratoren verwenden, unter anderem, weil auf der Schalttafel kein Platz für zusätzliche Hochspannungsschalter war. Er wollte die Ständerwicklung des neuen Generators ohne Schalter fest an die Ständerwicklung des bestehenden Generators anschließen. Ich zeigte ihm, daß er dies auch mit einem Synchrongenerator tun könne. Die Abdampfturbine treibt einen normalen Synchrongenerator mit Gleichstromerregermaschine, deren Feldspulen in Reihe oder parallel mit den Feldspulen des Hauptgenerators geschaltet sind. Wenn die Dampfmaschine angelassen wird, so wird der Turbogenerator selbsttätig mit dem Hauptgenerator in Tritt fallen. Die Erweiterung der Station wurde in dieser Weise vorgenommen.

In einem Kohlenbergwerk von South Wales, das Sir Arthur Markham gehörte, war die Absicht, zwei Netze verschiedener Frequenz durch Motorgeneratoren miteinander zu kuppeln, die aus je zwei Kurzschlußmotoren bestanden. Dies hätte den Leistungsfaktor beider Netze ganz erheblich verschlechtert. Es gelang mir, statt dessen Motorgeneratoren durchzusetzen, die aus je einem Induktionsmotor und einem Synchrongenerator bestanden. Einer hatte die Synchronmaschine im Netz I von 40 Perioden, der andere im Netz II von 50 Perioden.

Kohlenbürsten.

Wir hatten Gelegenheit, die Wirkung verschiedener Gase auf Kohlenbürsten von Gleichstrommaschinen in einer chemischen Anlage in Runcorn zu studieren, in der Gleichstromgeneratoren durch Gasmaschinen angetrieben waren. Chlorgas drang ungehindert in den Maschinenraum ein und hatte eine verderbliche Einwirkung auf Kupfer; bei einer außer Betrieb befindlichen Maschine bedeckte sich die Oberfläche des Kollektors mit einer schwammartigen Masse von Kupferchlorid; bei der in Betrieb befindlichen Maschine wurde die Masse durch die Kohlenbürsten abgeschabt und lagerte sich in Staubform auf den Wicklungen. Der Staub hatte eine so große elektrische Leitfähigkeit, daß die Spannung von 220 Volt Gleichstrom längs einer Entfernung von 10 cm eine Entladung verursachen konnte. Es war notwendig, um solche Entladungen zu verhindern, auf der Innenseite der Ankerwicklungen ein radiales Preßspanschild zwischen Kollektor und Ankerkörper anzubringen und es mit vielen Lagen Lack zu überstreichen.

Die Kommutierung von Gleichstrommaschinen in einer solchen Atmosphäre läßt immer zu wünschen übrig. Einmal veröffentlichte eine Kohlenbürstenfabrik eine Erfahrung, daß in einem Maschinenhaus die Bürsten nur während der Nachtschicht funkten und daß es sich nach eingehender Untersuchung herausstellte, daß der Maschinenwärter des Nachts rauchte und daß die Klagen aufhörten, als der Mann das Rauchen unterließ. Was für besondere Eigenschaften der Tabak hatte, wurde nicht mitgeteilt. Die Geschichte hört sich merkwürdig an, aber Kohlenbürsten und Stromwendung bieten manche unglaublichen Probleme.

Einige Jahre früher hatte die Morgan Crucible Company in Battersea ungebrannte Graphitbürsten in die Welt gesetzt, die Wunder wirkten. Es schien, daß ein Allheilmittel für alle Krankheiten gefunden sei. Aber bald ging es so wie mit den meisten Wundermitteln: man hörte zuerst vereinzelte Klagen und dann nichts als Klagen. Später hörte ich von einem Mitarbeiter des Erfinders, daß ihn nach den anfänglichen großen Erfolgen die späteren Rückschläge zur Verzweiflung trieben. Erst mit der Zeit lernte man, wie bei allen Heilmitteln, den Grenzbereich der Anwendung: Fälle, in denen die ungebrannte Graphitbürste Erfolg hatte, und solche, wo gebrannte Bürsten empfehlenswert waren. Später bewährten sich in vielen Fällen die elektrographitischen Bürsten; aber es gab immer schwierige Fälle, bei denen man verschiedene Bürsten versuchen mußte. Die Bürstenfabrikanten litten unter den Fehlern oder der Waghalsigkeit der Dynamokonstrukteure und diese unter den Fehlern der Bürstenfabrikanten. Während meiner Laufbahn hatte ich dreimal die Erfahrung, daß Kohlenbürsten von erstklassigen Fabriken auf beiden Seiten des Atlantischen Ozeans plötzlich andere Eigenschaften zeigten und daß Duplikate von Maschinen, die tadellos funktioniert hatten, zu Klagen Veranlassung gaben. Erst nach langer, sorgfältiger Untersuchung konnte man feststellen, daß die Maschinen zufriedenstellend arbeiteten, wenn man wieder die alten Bürsten aufsetzte. Dann erst begann der Kampf mit den Bürstenfabrikanten, die nicht eingestehen wollten, daß sich irgend etwas in ihrer Fabrikation geändert hatte. Man kann den Fabrikanten nicht tadeln, denn naturgemäß erhält er nicht das gleiche Rohmaterial, auch wenn er es vom gleichen Lieferanten bezieht; die gleiche Grube gibt zu verschiedenen Zeiten verschiedenes Material, und auch die sorgsamste chemische und mechanische Untersuchung fördert nicht alles zu Tage. Oft wird auch in der Fabrikation eine Verbesserung eingeführt, die eine unvorhergesehene Nebenwirkung hat.

Es gibt Kunden, die sich selbst über die kleinsten Funken und über ganz geringfügige Abnützung an Bürsten und Stromwendern beklagen, und andere, die auch eine große Abnützung als ganz selbstverständlich hinnehmen. Einmal fiel es einem aufmerksamen Beamten bei Westinghouse auf, daß ein Kunde für die Erregermaschine eines Turbogenerators unaufhörlich Reservebürsten bestellte. Beim Durchsuchen der Bücher fand man sechs Bestellungen in einem Halbjahr, während in anderen Anlagen solche Bürsten fast ewig dauern. Der Kunde beklagte sich nicht, aber es schien der Mühe wert, einen Prüffeldmann hinzusenden, und dieser fand, daß die Wendepolwicklung verkehrt geschaltet war. Er schaltete sie richtig und von da an gab es keine Bestellungen mehr für Bürsten.

Hanley.

Ich verdanke es einer bösartigen Wechselstrommaschine, deren Isolation immer durchschlug, daß ich die Gelegenheit hatte, die „fünf Städte" des Töpferbezirkes kennenzulernen, die durch Arnold Bennetts Bücher berühmt wurden und die die interessanten Porzellanfabriken von Wedgwood beherbergen, von denen damals einige Teile seit Wedgwoods Tod sich nicht geändert hatten. Die schuldige Maschine war ein Einphasengenerator für 2000 Volt und 100 Perioden in der Sekunde, war vor Jahren nach Hanley, einer von den fünf Töpferstädten, geliefert worden und war immer wieder schadhaft geworden. Peck erzählte dem städtischen Ingenieur von einem ähnlichen Fall in Amerika, bei dem ein Bekannter dem Kunden nur sagen konnte: „Wenn Sie nicht den Mann herausfinden, der Stecknadeln in die Wicklungen steckt, werden Sie nie Ruhe haben." Aber der städtische Ingenieur versicherte uns, daß keiner von seinen Leuten ihm übel wolle; zu seinem Geburtstag hatten sie ihm sogar eine Pfeife und ein mathematisches Werk geschenkt, damit er beides in den langen Winterabenden am Kamin genießen könne. Alle Untersuchungen halfen nichts; jedes Mal, wenn die Wicklung durchschlug, mußte man sie reparieren. Erst als ein neues Kraftwerk gebaut wurde, nachdem die fünf Städte unter dem Namen „Stoke on Trent" vereinigt waren, hörten die Durchschläge auf. Das beweist nichts gegen Pecks Erklärung: bei vollkommen geschlossenen Turbogeneratoren ist es nicht leicht, Nadeln in die Wicklungen zu stecken.

Die Behauptung, daß Schäden mit Absicht herbeigeführt werden, hört man oft, aber ich habe niemals einen Beweis für eine solche Behauptung gesehen.

Kurzschlußversuche.

Sehr interessante Kurzschlußversuche wurden eines Sonntags von den beratenden Ingenieuren Merz und MacLellan in einem Kraftwerk an der Nordostküste durchgeführt. Diese Ingenieure hatten in großem Maßstab Kohlengruben und Fabriken an Elektrizitätswerke angeschlossen und wollten der großen Störungen Herr werden, die in solchen Systemen immer auftreten, wenn ein Transformator bei einem Kurzschluß versagte, ein Vorkommnis, das in Kohlengruben häufig genug ist. Deshalb schrieben sie bei ihren Bestellungen vor, daß die Transformatoren plötzlichen Kurzschluß aushalten müssen, und zeigten ihren Lieferanten, daß eine geschriebene Gewährleistung nicht genügte. Sie machten den Kurzschlußversuch an einem Sonntag in einer großen Kraftstation und erprobten dabei auch die Kurzschlußsicherheit eines neuen großen AEG-Turbogenerators.

Faye-Hansen und ich nahmen an diesen Versuchen für Westinghouse teil und trafen mit den Ingenieuren der anderen Transformatorenfabriken und den uns wohlbekannten Herren Kieser und Sulzberger der AEG zusammen. Die Versuche wurden von Bernard Price, dem Erfinder des Merz-Price-Schutzsystems für elektrische Anlagen, durchgeführt und verliefen im ganzen recht zufriedenstellend. Sowohl die Turbogeneratoren als die meisten Transformatoren überstanden die Prüfung ohne Schaden; nur einer der Transformatoren einer Konkurrenzfirma versagte, konnte aber die Prüfung nach Verbesserung der Wicklung einige Zeit später bestehen. Man muß anerkennen, daß Ingenieure, die den Mut hatten, in eigenen Anlagen solche Prüfungen durchzuführen, sich um die Sicherheit elektrischer Maschinen und Anlagen große Verdienste erwarben, denn damals hatten Fabrikanten nicht die Mittel, um in ihren Werken Kurzschlußversuche mit genügend großer Energie durchzuführen. Auch Projektanten von Kraftwerken lernten viel von solchen Versuchen. Vorher hatten sie von den Transformatoren nur „gute Regulierung" gefordert, einen geringen Spannungsabfall bei voller Belastung. Dadurch traten bei Kurzschlüssen so große Ströme und Kräfte auf, daß oft die Wicklungen beschädigt wurden. Durch solche Versuche lernten sie, daß Sicherheit wichtiger ist, und ließen die Forderung auf zu gute Regulierung fallen.

Bei der Probe waren Ingenieure aller möglichen Nationen vertreten. Kieser und Sulzberger waren Schweizer, Faye-Hansen Norweger, ich Österreicher. Selbstverständlich waren auch englische, schottische, wallisische und irische Ingenieure anwesend. Beim Mittagstisch in jeder elektrotechnischen Fabrik, gleichgültig in welchem Land, gab es immer internationale Gesellschaft.

Zerstörung eines Turbogenerators.

Manchmal gab es etwas Schlimmeres als die Notwendigkeit einer Umwicklung. Eine ärgere Zerstörung fand statt bei einem 5000-Kilowatt-Turbogenerator im Kraftwerk Greenwich, der Strom für die Unterwerke der Londoner Straßenbahnen lieferte, vier Pole hatte, mit 750 Umdrehungen in der Minute lief und die mäßige Spannung von 6600 Volt bei Frequenz 25 gab. Nichts Ungewöhnliches. Der Werksingenieur J. H. Rider war ein besonders vorsichtiger Mann und hatte mit Absicht, trotz des dadurch verursachten höheren Dampfverbrauches, sich für die niedere Drehzahl und die vierpolige Ausführung entschieden. In der Westinghouse-Fabrik wurden zur gleichen Zeit für die gleiche Leistung und die gleiche Frequenz zwei Sätze von Turbogeneratoren verschiedener Drehzahl hergestellt: für Clyde Valley zweipolige mit Drehzahl 1500, für London vierpolige mit Drehzahl 750.

Herr Rider hatte mir bei einer anderen Gelegenheit seine Ansichten über Sicherheit in einem Gleichnis mitgeteilt. Ein Herr suchte eine neuen Kutscher und stellte den Bewerbern die Frage, wie nahe dem Rand sie an einem Bergabhang fahren könnten. Der eine gab zur Antwort: „Einen Fuß vom Rand“, der zweite: „Einen Zoll vom Rand“, der dritte sagte: „Ich bleibe so weit vom Rand als ich kann.“ „Sie sind mein Mann“, sagte der Herr und stellte ihn an.

Aber der Teufel ruht nicht.

Ich betrachtete diesen vierpoligen Läufer als eine günstige Gelegenheit, um die gelöteten Verbindungen zwischen den geraden Stäben und den senkrecht dazu angeordneten Querbändern zu vermeiden, die öfters Anstände ergeben hatten. Es wurde eine Wicklung ähnlich der eines vierpoligen Gleichstromankers in zwei zylindrischen Lagen angewendet. Bestimmte Teile des Läufers, die wicklungsfrei waren, wurden mit Aluminium-Gußstücken ausgefüllt. Die Wicklungsenden wurden durch Bandagen von Klaviersaitendraht festgehalten, dessen Festigkeit weitaus größer ist als die von Stahl- oder Bronze-Guß oder von Schmiedstücken. Millionen solcher Gleichstromanker sind in ständigem Betrieb.

Eines schönen Tages jedoch, nach einer Betriebszeit von einigen Monaten oder Jahren, verschob sich die Bandage auf einer Seite der Wicklungsenden. Durch die Verlagerung bewegte sich die Wicklung des Läufers, berührte Teile der Ständerwicklung, die Bandage riß, die Läuferentwicklung öffnete sich wie ein Regenschirm, zerriß die Endverbindungen der Ständerwicklung mit all ihren Befestigungen und Bolzen und wirkte so gewaltsam, daß sogar einer der gußeisernen Gehäusefüße abgerissen wurde. Das Gehäuse und die Endschilder waren stark genug, daß keine losen Teile im Maschinensaal herumflogen. Dies war die einzige Gelegenheit, bei der ich in einem Turbogenerator solche Zerstörung sah. Jahre später sah ich eine ähnliche, durch Schlüpfung einer Bandage hervorgerufene Zerstörung in einem Eisenbahnmotor. Herr Rider, der sonst bei der geringsten Unregelmäßigkeit empfindlich war und sich über das Funken einer Bürste aufregte, ertrug diesen ernsten Unfall mit Ruhe und Gleichmut. Glücklicherweise wurde kein Mensch verletzt und der Schaden war in wenigen Monaten ausgebessert.

Schwungrad-Explosion.

Viel ernster war die Explosion eines Stahlgußschwungrades auf dem Prüffeld beim Lauf mit normaler Drehzahl. Es brach in drei Stücke, ein Teil flog durch das Glasdach über die Fabrik und über Reihen von Arbeiterhäusern und bohrte sich unmittelbar neben einem Haus in die Erde, ein zweiter Teil flog in der entgegengesetzten Richtung zu einem Kanal, ein dritter Teil flog durch die Halle und tötete einen Mann. Wäre der Unfall nicht während der Mittagsstunde erfolgt, wo die Werkshalle fast menschenleer war, so hätte es wahrscheinlich viel mehr Opfer gegeben.

Mein Freund Krogh war einige Jahre später in Skandinavien das Opfer eines ähnlichen Unfalles. Er prüfte als beratender Ingenieur einen für ein Wasser-Elektrizitätswerk bestimmten Generator mit hoher Geschwindigkeit, dieser flog in Stücke und mehrere Menschen verloren dabei ihr Leben. Der Unfall erregte großes Aufsehen und in vielen Elektrofabriken wurden besondere, sichere Räume für solche Versuche gebaut.

Krogh war zu Ende des Jahres 1909 aus der British Westinghouse Company ausgetreten. Der Generaldirektor Carlton aus London präsidierte beim Abschiedsfest und veranlaßte jeden der Anwesenden, eine Rede auf den Abschiednehmenden zu halten. Gelegentlich unterbrach er die Lobreden mit angeblichen Mitteilungen, von denen er behauptete, daß sie von Kroghs Frau und Kindern kämen: „Lobt ihn nicht zu sehr; dann wird es gar nicht mit ihm auszuhalten sein!“ „Bitte, schickt Vater nüchtern nach Hause!“

Carlton erzählte aus seiner eigenen Erfahrung, daß es nicht sehr befriedigend sei, ein Büropersonal von ein oder zwei Leuten zu organisieren. Er versicherte Krogh, daß sich immer für ihn ein Platz in Trafford Park finden würde, wenn seine Tätigkeit in Norwegen ihn nicht befriedigte. Aber entgegen Carltons Erwartungen fand Krogh in Norwegen eine recht erfolgreiche Tätigkeit und sein ältester Sohn, der beim Verlassen Englands sieben Jahre alt war, konnte als Erwachsener in der Firma Krogh und Nissen die Stelle seines verstorbenen Vaters übernehmen.

Ich weiß von vielen Unfällen in elektrischen Anlagen, aber glücklicherweise von wenig tödlichen.

Gleichstrom-Hochspannungsbahnen.

Im Jahre 1911 unternahm ich, begleitet von meiner Frau, eine Reise, um mich vom Stande der Traktion mit hochgespanntem Gleichstrom auf dem Kontinent Europas zu überzeugen. Westinghouse trat immer für einphasigen Wechselstrom ein, aber der Ingenieur eines unserer Kunden war dem hochgespannten Gleichstrom zugeneigt, und es lohnte sich, zu untersuchen, was für Erfolge damit in Europa erzielt worden waren.

Bei Prag sahen wir Installationen von Križik & Co., die mit Westinghouse wegen Einphasentraktion unterhandelten, aber vorher auch Linien mit hochgespanntem Gleichstrom ausgeführt hatten. In Budapest gab es einige Straßenbahnlinien mit 1000 Volt Gleichstrom, eingerichtet von Ganz & Co. Unglücklicherweise erkrankte meine Frau in Wien und mußte während der Osterfeiertage in einem Wiener Sanatorium bleiben, während ich in die Schweiz ging und die ganze Schweizer Reise in zwei oder drei Tagen erledigte, wie Tannhäuser, der als reuiger Pilger durch Italien wanderte und seine Augen gegen die Schönheit verschloß, die ihn rings umgab. Ich fuhr auf der Lokomotive einer Bergbahn aufwärts, meine Augen auf die Meßinstrumente gerichtet, machte die Talfahrt, die Augen auf die Meßinstrumente gerichtet, während der Lokomotivmotor Bremsstrom abgab; an den beiden Endpunkten besah ich den Motor und machte mir Notizen: Von der Gegend sah ich wenig und von einem Ort mit elektrischer Bahn eilte ich zu einem anderen.

Von allen europäischen Fabrikanten war die kleine Fabrik von Križik die unternehmendste: in einer Versuchseinrichtung auf der Wiener Stadtbahn, die damals noch mit Dampf betrieben wurde, hatte Križik eine Netzspannung von 3000 Volt und auf der Lokomotive vier Motoren in Reihe angewendet, die keine Wendepole hatten. In Tabor war die Netzspannung 1500 Volt, während in der Schweiz bei den Bergbahnen meist nur 1000 Volt verwendet wurden.

Der Ingenieur, der sich für hochgespannten Gleichstrom ausgesprochen hatte, hatte nicht erwartet, daß dieser in Europa in so geringem Grad zur Anwendung gekommen war, und die amerikanische Westinghouse-Gesellschaft war dagegen, wegen einer einzelnen Linie ein System zu entwickeln, das vor seiner erfolgreichen Anwendung sehr viel Entwicklungsarbeit erfordern würde. Trotzdem wählten beratende Ingenieure, wie Merz und MacLellan, für die Elektrifizierung von Bahnen in Australien und Südamerika mit Erfolg Gleichstrom von 1500 Volt und die amerikanische General Electric Gleichstrom von 3000 Volt.

Bahnelektrifizierung.

Zu Anfang 1912 war die Elektrifizierung einiger Bahnlinien in London auf dem Programm, und Norman W. Storer von der amerikanischen Westinghouse-Gesellschaft, mit großer Erfahrung in diesem Fach, wurde zu unserer Unterstützung herangezogen. Der Verkaufsdirektor Blunt der British Westinghouse Company hatte für ihn ein Reiseprogramm entworfen, das keine Minute unbenützt ließ, und so mußte Storer seine Frau in London lassen und eiligst nach Manchester und dann Newcastle fahren, wo wir mit den Herren Merz und MacLellan und ihren Mitarbeitern sehr eingehende Unterredungen hatten. Dort wurde wirklich nicht eine Minute versäumt, aber als wir nach London zurückkehrten, begann das Warten: die maßgebenden Ingenieure der Eisenbahngesellschaften hatten keine Zeit und die Konferenzen waren nicht befriedigend.

Storer besuchte auch die Installationen auf dem europäischen Kontinent und berichtete nach seiner Rückkehr humorvoll über seine Erfahrung. In Deutschland war eine Bergmann-Lokomotive durch einen Unfall außer Betrieb, aber der Bergmann-Ingenieur g e s t a n d, daß seine Lokomotive von allen die beste wäre.

Anscheinend hatte der Besuch von Storer keinen Erfolg, aber eine sonderbare Sache ereignete sich mit einer Strecke der London and South Western Railway. Dort wurde Elektrifizierung mit 600 Volt Gleichstrom geplant, doch galt es als ausgemacht, daß der Auftrag an die British Thomson-Houston Co. gehen würde, die die Konstruktionen der amerikanischen General Electric in England ausführte. Der Elektroingenieur der Bahn war ein Anhänger der rein elektrischen Kontrolle, wie sie die General Electric ausführte, während Westinghouse immer nur für die elektro-pneumatische Kontrolle eintrat, deren Überlegenheit über die rein elektrische Kontrolle sie mit großer Entschiedenheit vertrat. Storer stattete dem Ingenieur der Bahn einen Höflichkeitsbesuch ab, und der Leiter des Westinghouse-Büros in London betrachtete die ganze Sache als hoffnungslos und überließ die Verbindung mit der Bahn dem Fabriksingenieur P. S. Turner, Konstrukteur von Schaltapparaten, der, um seinen guten Willen zu zeigen, einen rein elektrischen Schalter konstruierte, der gegenüber dem GE-Schalter gewisse Vorteile haben sollte.

Und da geschah das Unerwartete: der Schalter, der nur in einem Musterexemplar existierte, machte einen solchen Eindruck, daß Turner eines Tages den Auftrag für die Elektrifizierung der ganzen Strecke mit mehreren hundert Motoren von je 200 Pferdestärken und den Schalteinrichtungen nach Hause bringen konnte.

Reise nach Amerika.

Die Lieferzeit war kurz und es mußte ein neuer Motor entworfen werden. Um die Arbeiten zu beschleunigen, fuhr ich nach Pittsburg in Begleitung von Herrn Wagemann, dem Chef-Konstrukteur der Motorenabteilung in Trafford Park. Durch die werktätige Unterstützung von Lamme, dem Chef-Ingenieur in Pittsburg, Storer und Czeija, der den Motor entwarf, konnte die Berechnung und Konstruktion des Motors in kurzer Zeit vollendet werden und Wagemann alle Zeichnungen in vollständiger Werkstattausführung nach England mitbringen. Der Motor war gut und ebenso die von Turner konstruierte Schalteinrichtung. Während meines Besuches konnte ich die Fortschritte in den sechs Jahren würdigen, die seit meinem ersten Besuch verflossen waren, und besichtigte viele von den elektrischen Bahnstrecken. Ich machte auch die persönliche Bekanntschaft von J. L. Woodbridge der Electric Storage Battery Co., Philadelphia, die im Jahre 1910 eine Lizenz für meinen Zugbeleuchtungsdynamo genommen hatte, unter anderem deshalb, weil die Maschine einen außerordentlich kleinen Nebenschluß-Erregerstrom braucht, wenn sie mit einer Compoundwicklung versehen wird. Woodbridge arbeitete in seinem hochinteressanten System mit konstanter Ladespannung und ohne Lampen-Vorschaltwiderstände.

Die Möglichkeit, mit einem sehr kleinen Fremd- oder Nebenschluß-Erregerstrom auszukommen, wenn die Ankerrückwirkung durch eine Compoundwicklung kompensiert wird, veranlaßte viele Jahre später — im Jahre 1939 — Alexanderson von der General Electric Co., Schenectady, unter Mitarbeit von Edwards und Bowman, die Rosenberg-Dynamo als elektrische Verstärkerdynamo zu verwenden, mit der kleine Stromschwankungen elektrischer Röhren im Verhältnis 1 : 10 000 vergrößert werden konnten. Diese „Amplidyne" wird von der GE für alle möglichen Kontrollzwecke angewendet. Ein Verstärkungsverhältnis von 1 : 10 000 geht über den Rahmen des praktischen Erfordernisses hinaus. Die amerikanische Westinghouse verwendete anstatt der elektrisch zueinander senkrecht gestellten zwei Felder, die in der praktischen Ausführung der „Rosenberg-Maschine" verwendet werden, zwei Felder verschiedener Polzahl, die auf denselben Anker einwirken, und erzielte auch dort eine für die Praxis genügende Verstärkung zwischen Erregerstrom und Ankerstrom. Die beiden Felder verschiedener Polzahl waren in meiner ursprünglichen Patentschrift von 1904 der Ausgangspunkt für die damals zu lösende Aufgabe, bei jeder Drehrichtung gleichbleibende Polarität zu erreichen, aus der die Maschine sich entwickelt hatte. Die Maschine mit zwei zueinander senkrechten Feldern war in der Zwischenzeit vom italienischen Ingenieur Pestarini dazu angewendet worden, um einen sehr interessanten Einankerumformer zu entwickeln.

Stromwendung von Einankerumformern.

Als ich im Sommer 1913 nach Europa zurückkehrte, war mir nur wenig Ruhe gegönnt. Nach kurzer Erholung in Aussee, Steiermark, mußte ich nach Kopenhagen fahren, wo ein Einankerumformer von 1000 Kilowatt Leistung Erscheinungen zeigte, die den Ingenieur beunruhigten. Über Stromwendung wurde dort nicht geklagt; aber nach meiner Rückkehr gab es Klagen über unzufriedenstellende Stromwendung eines Umformers für 1500 Kilowatt in Bradford und bald auch aus anderen Städten; wir hatten zwölf dieser Umformer nach Bradford, Liverpool, nach Australien und anderswohin geliefert, so daß die Sache sehr ernst war. Ich verbrachte manche Nacht in Bradford, um die Wirkung kleiner Änderungen zu beobachten. Das Vertrauen der Leute in der Fabrik litt erheblich, aber einer der Monteure machte die Versuche mit verschiedenen Qualitäten von Kohlenbürsten und verschiedenen Bürstendicken so gewissenhaft und gründlich, daß er nach einigen Monaten vollen Erfolg berichten konnte: Eine bestimmte Qualität, 25 mm stark, erzielte eine vollkommene Stromwendung und die früher aufgetretene Kennzeichnung jedes dritten Stromwendersteges verschwand vollkommen. Die Klagen, die mir viele schlaflose Nächte bereiteten, waren beseitigt und die Änderung konnte rasch und mit geringen Kosten bei allen gelieferten Maschinen durchgeführt werden.

Was war der wirkliche Grund, daß Einankerumformer plötzlich so heiklig wurden und nur mit Bürsten einer ganz bestimmten Dicke und einer ganz bestimmten chemischen Zusammensetzung zufriedenstellend arbeiteten? Erst mehrere Jahre später veröffentlichte der deutsche Ingenieur W. Linke die Untersuchung eines ähnlichen Falles. Einankerumformer mit anscheinend tadelloser Stromwendung zeigten nach einiger Betriebszeit an jedem dritten oder sechsten Stromwendersteg schwarze Flecken, die mit der Zeit die Stromwendung störten. Er fand, daß dies die Folge einer „dritten Harmonischen" in der Wechselstromspannung war, die den Schleifringen des Umformers zugeführt wurde. Niemand hätte dies vermutet, denn in den gewöhnlichen Drehstromsystemen wird die dritte Harmonische unterdrückt; aber Linke zeigte, daß durch hohe Sättigung im Transformator-Eisenkern dritte Harmonische auftreten. In unseren Umformern mag noch dazugekommen sein, daß in den Drehstromzusatzmaschinen, die behufs Änderung der Spannung in Reihe mit dem Umformanker geschaltet waren, hohe Sättigung in den Ankerzähnen vorkam. Linkes Veröffentlichung schien mir sensationeller als die aufregendste Detektivgeschichte. Als ich sie las, wahrscheinlich nach 1918, schrieb ich gleich an Faye-Hansen, der seinerzeit die Westinghouse-Transformatoren berechnet hatte und damals eine Professur in Trondjem, Norwegen, bekleidete. Zu jener Zeit hatten weder er noch ich Verbindung mit Westinghouse, aber die Aufklärung dieses alten Rätsels erfüllte mich mit solcher Freude, daß ich sie mit jemandem teilen mußte. Keiner von uns hatte den wirklichen Grund der Empfindlichkeit der Maschinen geahnt, aber der Monteur hatte durch geduldige und gewissenhafte schrittweise Versuche die kranke Maschine mit Hausmitteln geheilt, und der Kohlenbürstenfabrikant hatte die Arznei für das Übel gefunden, das der Konstrukteur der Maschine oder des Transformators verursacht hatte. Wir hatten nie daran gedacht, daß eine Eisensättigung, die bei Transformatoren und in den Zähnen von Gleichstrommaschinen üblich war, die Stromwendung von rotierenden Umformern stören könnte. Schwierigkeiten bei Stromwendung können durch eine Unzahl von Ursachen veranlaßt sein. Sie können mechanischer, elektrischer und chemischer Natur sein. Chemische Ursachen können sein: die Zusammensetzung der Kohlenbürste, die Art des Brennens, die Zusammensetzung der Glimmerisolation, des Lackes, des Schmiermittels und auch der Gase, die in der Atmosphäre des Maschinenraumes auftreten. Der Elektroingenieur arbeitet nicht, wie manche Maschineningenieure, nur mit Metallen, die genau bearbeitet werden können, sondern auch mit Isolierstoffen und speziell bei Stromwendern mit Glimmer und Glimmerpräparaten. Glimmer wird in tausenden kleinen dünnen Scheibchen von wechselnder Größe und Stärke auf Papier aufgeklebt und nachher gebacken und gepreßt. Diese Glimmerpräparate sind kein homogenes Material. In der Regel hat der Stromwender nicht seine endgültige Form, wenn die Maschine fertig zusammengestellt wird, sondern erwirbt diese erst nach längerem Betrieb. Durch Anlassen und Abstellen, durch Erwärmung und Abkühlung bewegen sich die einzelnen Teile und oft dauert es monatelang, bis der Stromwender seine endgültige Form erreicht. Wir hatten besondere Spezialisten für die langweilige Tätigkeit des Pflegens großer Stromwender.

Pflichtenheft.

Andere Einankerumformer wieder hatten eine ausgezeichnete Stromwendung, aber litten unter der „Specification“, dem Pflichtenheft, das der Sachverständige des Kunden aufgestellt hatte. Es war damals in England üblich, daß fast bei jeder wichtigen Ausschreibung vom Sachverständigen ein Pflichtenheft mit neuen Bestimmungen ersonnen wurde. In diesem Fall war eine dauernde Überlastung mit bestimmter Temperaturerhöhung vorgeschrieben, die wir nicht ganz ernst nahmen. Die Sachverständigen schrieben oft eine verhältnismäßig kleine Normalleistung mit hoher Überlastungsfähigkeit vor, die wirklich eine größere Maschine erfordert hätte, weil sie aus Erfahrung wußten, daß die Fabrikanten in ihrem Angebot für solche Maschinen einen geringeren Preis forderten als für Maschinen, die die verlangte „Überlastung“ normal leisteten. Anderseits erzählte mir einmal der Direktor eines Elektrizitätswerkes, daß es unmöglich war, selbst bei Bedrohung mit Todesstrafe, den Schaltbrettwärter zu veranlassen, eine Maschine zu überlasten, weil er nie die Verantwortung dafür übernehmen will, daß die Maschine bei Überlastung Schaden leidet. Daher nahm man Vorschriften betreffs dauernder Überlastungsfähigkeit nicht ganz ernst und lieferte nicht eine so reichliche Maschine, daß sie wirklich dauernd mit normaler Temperaturerhöhung die höhere Leistung hätte abgeben können. Mir war bis dahin kein Fall bekannt, daß dies zu Schwierigkeiten geführt hätte. Aber hier war der neue Ingenieur des Kunden darauf aus, seinen Vorgesetzten zu zeigen, daß er ihnen beim Kauf einer Anlage viel Geld ersparen konnte, und er zeigte Geschick und Geduld bei der Prüfung der Maschine. Die Prüfung in der Fabrik betrachtete er als reine Formsache, aber nach Aufstellung der Maschine prüfte er sie vor der offiziellen Übernahme wiederholt und sehr gründlich. Er merkte mit mehreren gut abgerichteten Helfern die heißesten Stellen einer Wicklung genau an; bei der endgültigen Übernahmsprobe stellte er die Maschinen plötzlich ab und legte die Thermometer auf die heißen Stellen, so daß die von ihm gemessene Temperatur erheblich höher war als jene, die man normal gemessen hätte. Die Konventionalstrafen für Überschreitung der vorgesehenen Temperatur waren derart, daß er ausgezeichnete Maschinen für sehr billiges Geld erhielt. Später wurde die Anlage erweitert und es wurde wieder ein solches Pflichtenheft ausgegeben. Ich lehnte es ab, die Erwärmung der Maschine bei verschiedenen Belastungen zu definieren. Ich gab nur an, daß die Maschinen praktische Duplikate der erstgelieferten seien und annähernd gleiche Versuchsresultate geben würden. Ich wollte es verhindern, dafür bestraft zu werden, wenn an irgend einer Stelle die neue Maschine einige Grade wärmer würde als die frühere. Der Auftrag ging diesmal an eine andere Firma und wir verloren dabei nichts.

Ein anderer Sachverständiger, und zwar der eines städtischen Unternehmens, zeigte allzu große Schlauheit beim Verfassen des Pflichtenheftes für einen Turbogenerator. Er verlangte die genaue Angabe des Dampfverbrauches für jede Kilowattstunde bei verschiedenen Belastungsarten, sah große Konventionalstrafen für jedes zehntel Pfund Überschreitung vor und fügte hinzu: „Wenn der Dampfverbrauch den garantierten Wert um ein volles Pfund für die Kilowattstunde überschreitet, ist der Vertrag hinfällig.“ Die Maschine wurde aufgestellt und geprüft, und der Dampfverbrauch war höher. Es wäre möglich gewesen, ihn durch gewisse Änderungen zu reduzieren, aber der Lieferant tat nichts dergleichen. Er erklärte, daß der Vertrag hinfällig war; er erklärte sich bereit, die Maschine zurückzunehmen oder eine neuen Vertrag abzuschließen. Da der Ingenieur die Maschine dringend benötigte, so blieb ihm nichts übrig als die Zustimmung zu einem neuen Vertrag, in dem die Lieferfirma von den unbilligen Bedingungen befreit wurde.

Stahlguß.

Für Norwegen hatte Westinghouse einen Auftrag für Drehstromgeneratoren von 12 000 kVA, 250 Umdrehungen in der Minute, die durch Wasserturbinen angetrieben wurden. Solche Maschinen werden einmal vor der endgültigen Inbetriebsetzung mit etwa doppelter Geschwindigkeit geprüft, weil bei plötzlicher Entlastung eine solche Geschwindigkeitserhöhung vorkommen kann, wenn die Reguliervorrichtung versagt. Die Pole des Magnetrades waren aus Stahlguß hergestellt und bei der Bearbeitung zeigten sich unglaublich große Löcher in ihnen. In eines der Löcher konnte man ein viertel Liter Wasser eingießen. Dies wurde dem Kunden mit der Angabe gemeldet, daß neue Pole mehrere Monate Lieferzeit beanspruchen. Da er die Maschine aber dringend brauchte, so verlangte er sofortige Lieferung mit den schadhaften Polen und übernahm die Verantwortung dafür, daß die Maschine bis zur Anlieferung der neuen Pole nur mit Normal-Geschwindigkeit laufen würde. Dann erst würde die Überprüfung mit doppelter Geschwindigkeit vorgenommen. Bei Normalgeschwindigkeit ist die mechanische Beanspruchung nur der vierte Teil von der bei doppelter Geschwindigkeit.

Ich erinnerte mich an einen grundverschiedenen Fall im Anfang meiner Laufbahn. Damals hatte bei der Lieferung einer Gleichstrommaschine mit feststehendem Magnetsystem ein Inspektor der Wiener städtischen Elektrizitätswerke Polschuhe beanstandet, in denen stecknadelkopfgroße Poren zu sehen waren; er wurde darauf aufmerksam gemacht, daß weder die Sicherheit noch die Güte der Maschine dadurch irgend eine Einbuße erlitt, aber er gab sich nicht zufrieden und drohte eine solche Stellungnahme an, daß Herr Kremenezky, mein Chef, des lieben Friedens halber die Stahlgußpolschuhe durch geschmiedete ersetzte, die keine Poren aufwiesen. Und jetzt waren wir durch Dringlichkeit veranlaßt, beim rotierenden Magnetrad einer großen, schwer beanspruchten Maschine Pole zu verwenden mit Löchern, in die man ein Glas Wasser eingießen konnte! Und die schadhaften Pole waren lange in Betrieb, denn 1914 brach der Krieg aus und erst nach vielen Monaten konnten neue Pole geliefert werden!

Zu dieser Zeit war der internationale Wettbewerb bei Wasserkraftwerken so stark, daß sowohl in Skandinavien als in Indien solche Maschinen zu einem Preise verkauft wurden, der nicht einmal die Fabriksregie deckte.

Induktionsmotor.

Bei einem großen Induktionsmotor für Australien wurden arge Schwierigkeiten am Aufstellungsort glücklicherweise dadurch vermieden, daß wir den Motor auf dem Prüffeld in der Fabrik voll belasteten, obwohl wegen der mechanischen Anordnung die Vollbelastungsprobe große Kosten erforderte, die Leerlaufprobe zufriedenstellend verlief und der Motor keine ungewöhnlichen Probleme zu bieten schien. Mit Rücksicht auf die große Entfernung stimmte ich aber dem Vorschlag des Konstrukteurs Pontecorvo zu, trotz der hohen Kosten die Vollastprobe zu machen. Es lohnte sich. Bei Vollast zeigten sich unangenehme Vibrationen. Die Ursache konnte nur darin gefunden werden, daß der Läufer des Motors für Pol und Phase nicht eine ganze Zahl von Nuten zeigte. Dies konnte dadurch geändert werden, daß die Zahl der Phasen in der Läuferwicklung von drei auf zwei geändert wurde. Die Vollastprobe der Maschine verlief dann zufriedenstellend und wir hörten nach der Aufstellung nicht mehr von ihr. Eine gute Maschine ist wie eine gute Frau: man spricht nicht von ihr.

Der Konstrukteur wird sich immer mit besonderer Vorliebe einer Maschine erinnern, die ihm Sorgen gemacht hat und die geheilt worden ist. Es ist wie die Geschichte des verlorenen Sohnes in der Bibel, dessen Rückkehr den Vater glücklich macht, während er den guten Sohn vergißt, der zu Hause blieb und sich immer aufführte, wie es einem guten Sohne zukommt.

Selbstsynchronisierender Einankerumformer.

Beim Bericht über den selbstsynchronisierenden Einankerumformer folge ich meinem Aufsatz in „The Engineer“, London, vom 14. April 1939, mit dem Titel „The History of an Invention“ (Geschichte einer Erfindung).

Die Geschichte einer Erfindung wird selten veröffentlicht, während die Sache neu ist. Der Erfinder weiß, daß jedes von ihm geschriebene Wort zu seinem Nachteil in Patentämtern und Gerichtshöfen verwendet werden kann, wo Anmeldungen für die ursprüngliche Erfindung oder Verbesserungen daran oder Anmeldungen von Konkurrenzfirmen in Behandlung sind. Seine Veröffentlichungen werden durch Gegner sorgfältig geprüft, die versuchen, eine von den vielen Sachen zu beweisen, die den Erfinder wie Scylla und Charybdis bedrohen: daß auf Grund seines eigenen Zugeständnisses die Erfindung eine ganz gewöhnliche Schlußfolgerung war, auf die jeder Fachmann gekommen wäre, der den Stand der Wissenschaft und Praxis kannte und dem die spezielle Aufgabe gestellt worden war; oder: daß der Erfinder zur Zeit der Anmeldung seine eigene Erfindung nicht verstand; oder: daß die Anmeldung die Erfindung nicht richtig beschreibt, da sie nichts von den Schwierigkeiten sagt, die bewältigt werden mußten und die er nach seinem eigenen Geständnis zur Zeit als er die Anmeldung einreichte, nicht kannte. Es ist auch der Verdacht möglich, daß der Erfinder nicht die Wahrheit oder nicht die volle Wahrheit sagt und die Funktionäre in irgend einem Patentamt oder Gerichtshof durch seine Veröffentlichung zu beeinflussen sucht. Während die Erfindung neu ist, wird daher selten etwas darüber veröffentlicht, und später sind die Aufschreibungen oft nicht mehr vorhanden. Manches ist nie niedergeschrieben worden und alte Archivstücke sind in Fabriken kein Gegenstand der Verehrung; oft werden sie vernichtet oder in alten Bodenräumen oder Kellern abgelegt.

Aber selbst nach langer Zeit ist es vielleicht für Außenstehende von Interesse, die Hindernisse zu erfahren, die zwischen dem Erfindungsgedanken und dem schließlichen Erfolg auftauchen, und zu hören, wie jede Erfindung, die größte und die kleinste, dem Erfinder unerwartete Sorgen und Demütigungen bereitet, ehe sie sich festigt und ihre Lebenskraft beweist.

In den Vereinigten Staaten war es üblich, rotierende Umformer dadurch anzulassen, daß man ihre Schleifringe an die Hälfte oder den dritten Teil der normalen Niederspannung des Betriebstransformators anlegte. Der Läufer des Umformers wirkte wie der Primäranker eines Induktionsmotors und die feststehenden Pole mit der in Nuten eingelegten Kurzschlußwicklung wie der Sekundäranker eines Induktionsmotors. Beim Anlassen von größeren Umformern tritt aber dabei oft starke Funkenbildung am Stromwender auf, wenn nicht etwa die Bürsten während des Anlassens vom Stromwender abgehoben werden, was eine mechanische Komplikation ergibt; auch werden die Pole während des Anlassens durch den großen Strom im Anker häufig ummagnetisiert, und wenn die Maschine dann „in Tritt fällt", zeigt sie oft verkehrte Polarität. In England wurde deshalb diese Anlaßmethode bei großen Umformern nicht gern gesehen, und es wurde zum Anlassen von Umformern für 50 Perioden ein besonderer Anlaßmotor mit der Maschine gekuppelt, der zwei Pole weniger hatte als der Umformer, und die Wicklung des Läufers wurde sorgfältig so bemessen, daß der Anlaßmotor die Maschine auf solche Geschwindigkeit brachte, daß sie leicht synchronisiert werden konnte. Unter gewöhnlichen Umständen dauert dies kurze Zeit, aber wenn durch irgend ein ungewöhnliches Ereignis eine Stromunterbrechung eingetreten war oder ein neuer, ungeübter Wärter am Schaltbrett arbeitete, traten manchmal recht unerwünschte Verzögerungen auf.

Eines Morgens kam L. Nicholson, der Prüffeldleiter in Trafford Park, von einer Reise nach Frankreich mit der Nachricht zurück, daß er dort einen Umformer mit Anlaßmotor gesehen hatte, bei dem Synchronisierung automatisch dadurch eintrat, daß der Umformer durch eine Drosselspule mit der Niederspannungswicklung des Transformators verbunden wurde. Wenn der Umformer sich der Synchrongeschwindigkeit näherte, so fiel er selbsttätig in Tritt. Wie wir nachher hörten, rührte diese Einrichtung von der amerikanischen Westinghouse-Gesellschaft her. Sie machte auf Nicholson einen großen Eindruck.

Einige Monate früher hatte ich an einer Modifikation der bekannten Kaskadenschaltung von zwei miteinander gekuppelten Induktionsmotoren gearbeitet, die mit zwei verschiedenen wirtschaftlichen Geschwindigkeiten laufen sollten, entweder der Polzahl eines einzigen Motors oder der Summe der Polzahlen beider Motoren entsprechend: im Gegensatz zur üblichen Anordnung hatte ich den zweiten Motor als Kurzschlußmotor ausgebildet und seine drei Ständerwicklungen zwischen die Schleifringe des ersten Motors und die drei Teile des Anlaßwiderstandes geschaltet. Sie konnten durch einen mehrpoligen Schalter überbrückt werden, wenn hohe Geschwindigkeit gefordert wurde.

Während Nicholson berichtete, wurde es mir klar, daß die gleiche Reihenschaltung und Überbrückung durch den Schalter mit dem rotierenden Umformer und dem Anlaßmotor angewendet werden konnte und daß dann keine Drosselspulen notwendig wären. Wenn die Ständerwicklungen des Anlaßmotors zwischen die Niederspannungswicklungen des Transformators und die Schleifringe des Umformers geschaltet werden, würden sie als Drosselspulen wirken und den Umformer dazu befähigen, selbst in Tritt zu fallen, sowie der Anlaßmotor ihn der Synchrongeschwindigkeit nahegebracht hatte. D i e E r f i n d u n g w a r g e m a c h t.

Ich besprach mit Nicholson eine sofortige Probe. Sie war nicht ermutigend.

Auf dem Prüffeld war gerade ein Umformer für ein zweiphasiges Netz. Der Anlaßmotor war zweiphasig, aber der Umformer sechsphasig, so daß nicht beide Phasen des Anlaßmotors in richtige Reihenschaltung mit den Schleifringen gebracht werden konnten. Das Hintereinanderschalten einer einzigen Phase führte aber zu keinem Resultat.

Wir versuchten dann, einen fremden, dreiphasigen Motor mit dem Umformer hintereinanderzuschalten und die beiden mechanisch durch Riemenantrieb zu verbinden. Weder mit einphasiger noch mit dreiphasiger Verbindung konnten wir die Selbstsynchronisierung erreichen. Wenn sich der Umformer dem Synchronismus näherte, gab es gewaltsame Zerrungen des Riemens, und er fiel regelmäßig ab, so oft wir es auch versuchten. Dies zeigte uns, daß das Synchronisieren in einer einzigen Phase die Schwierigkeiten unnötig häufte und daß Riemenantrieb beim Synchronisieren nicht in Frage kam. Um den Versuch richtig durchzuführen, war es notwendig, den Anlaßmotor mit dem Umformer starr zu kuppeln und die Wicklung so anzuordnen, daß es möglich war, durch verschiedenartige Schaltung den Strom, der durch die Wicklungen des Anlaßmotors in den Umformer fließt, systematisch zu variieren.

Als die geänderte Maschine wieder aufs Prüffeld kam, zeigte es sich, daß das angestrebte Ziel erreicht werden konnte. Mit einem Motoranlaßstrom, der annähernd einem Drittel des Umformervolllaststroms entsprach, behielt der Umformer seine richtige Polarität und erreichte in weniger als einer Minute Synchronismus. Mit größerem Strome konnte die Synchronisierung in fünfzehn Sekunden erreicht werden, aber dann kehrte sich die Polarität manchmal um. Schädliche Funkenbildung am Stromwender trat in keinem der beiden Fälle auf.

Auf Ingenieure, denen die Versuche vorgeführt wurden, machten sie großen Eindruck, und als eine der ersten Maschinen mit der neuen Anordnung wurde ein zwölfpoliger Umformer für tausend Kilowatt bei 50 Perioden bestellt. Bei diesem und bei anderen bewährte sich die Anordnung sehr gut.

In der Patentbeschreibung erwähnte ich, daß man als Anlaßmotor auch einen einphasigen oder mehrphasigen Kollektormotor verwenden könne. Der Kollektormotor ist aber teurer und komplizierter als ein Kurzschlußmotor. Es hatte keinen Zweck, ihn zu verwenden und so wurde es nie versucht. Aber es hätte einen Zweck gehabt, eine andere Alternative zu versuchen, die in der Patentbeschreibung erwähnt war, nämlich einen Anlaßmotor mit der gleichen Polzahl wie der Umformer. Es wäre mir eine Demütigung erspart geblieben, hätte ich dies ausprobiert und mich nicht mit der alten Regel begnügt, den Anlaßmotor mit zwei Polen weniger auszuführen als den Umformer.

In Rawtenstall, Lancashire, wurde in einer Spinnerei ein sechspoliger Umformer für 300 Kilowatt und Frequenz 50 aufgestellt. Im Prüffeld der Fabrik zeigte sich nichts Ungewöhnliches, aber in der Spinnerei kam es vor, daß die Maschine sich nicht synchronisierte. Der Anlaßmotor hatte vier Pole, daher eine Leerlaufdrehzahl von nahe an 1500, während der Umformer mit 1000 Umdrehungen in der Minute lief; wenn daher durch irgend einen Zufall der Umformer sich nicht gleich erregte, so war die Gefahr, daß der Anlaßmotor rasch durch die Synchrondrehzahl von tausend durchlief und die Maschine weit über die Synchrondrehzahl kam. Dann mußte die Maschine abgeschaltet und wieder angelassen werden. Geschah dies ein paar Mal hintereinander, so wurden die Wicklungen des Anlaßmotors heiß und erschreckten den Maschinenwärter.

Gerade zur Zeit, als diese Schwierigkeiten auftraten, hielt ich meinen Vortrag über selbstsynchronisierende Maschinen vor der Institution of Electrical Engineers in London, Manchester und Birmingham. Der städtische Elektroingenieur von Rawtenstall, C. L. E. Stewart, schrieb mir, ich solle ihm dankbar sein, daß er nicht zum Vortrag in Manchester gekommen sei, um dort seine Erfahrungen mitzuteilen.

Es war die höchste Zeit, etwas zu tun. Das Intrittfallen der Maschine konnte durch Vergrößerung des Luftspaltes zwischen Läufer und Ständer des Motors und durch andere Anordnung der Wicklung erleichtert werden. Zur Vergrößerung des Luftspaltes war es notwendig, den Ständer zu überdrehen, und dies sollte am Montag früh, vor Beginn der Arbeit, in der Spinnerei geschehen. Ein guter Arbeiter wurde am Sonntag abgesandt. Am Montag früh kam eine Telephonmeldung: „Der Mann, den Sie hergeschickt haben, liegt betrunken im Bett. Die Maschine ist auseinandergenommen. Die Spinnerei liegt still. Die Arbeiter stehen herum."

Der Werkmeister, der den Arbeiter ausgewählt hatte, konnte es nicht glauben: „Der Mann ist ein Abstinenzler. Er hat das Gelöbnis geleistet, sich des Alkohols zu enthalten!"

Das Rätsel wurde durch eine trockene Bemerkung des Werkstattingenieurs T. G. Smith gelöst: „Er hat das Gelöbnis mehr als einmal geleistet. Jedesmal, wenn er betrunken ist und eine solche Sache aufführt, leistet er das Gelöbnis."

Ein anderer Arbeiter brachte die Sache in Ordnung, und man hörte nichts mehr von der Maschine.

Mein Assistent F. C. Aldous schlug dann vor, Anlaßmotoren für sechspolige Umformer mit einer kombinierten vierpoligen und sechspoligen Wicklung zu versehen, und das erwies sich als vollkommen zufriedenstellend. Ungefähr zwölf Jahre später schlug in Österreich mein Mitarbeiter F. Janovsky vor, für einen vierpoligen Umformer einen vierpoligen Anlaßmotor zu verwenden (wie es schon in meiner ursprünglichen Patentschrift erwähnt worden war!) und das war auch zufriedenstellend.

Einige Zeit nach 1912 verwendete ich einen Anlaßmotor mit massivem Eisenläufer ohne Wicklung. Für gewöhnliche Motoren hat der massive Eisenläufer gewisse ernste Nachteile, aber für Anlaßmotoren, deren Ständerentwicklung in Reihe mit dem Umformer geschaltet sind, verwandeln sich die Nachteile in Vorzüge.

Patentstreit über selbstsynchronisierende Umformer.

Die Kunden verlangten die patentierte Anordnung und der Konkurrenz gingen Aufträge verloren. Die British Thomson-Houston Co. fand ein amerikanisches Patent von Tesla aus dem Jahre 1891, das sie für neuigkeitsschädlich hielten. Es sah wie eine Vorwegnahme meiner Erfindung aus, hauptsächlich deshalb, weil ein Wechselstrommotor ohne Gleichstromerregung mit Kurzschlußwicklung auf dem sekundären Teil, als „synchronising motor" bezeichnet war, wahrscheinlich um anzudeuten, daß er (wie jeder Induktionsmotor) fast mit Synchrongeschwindigkeit läuft, was beim Kollektormotor nicht der Fall ist. Was man im Jahre 1891 synchronisierenden Motor nannte, hätte man später Asynchronmotor genannt. Der Hauptunterschied wurde mir im Eisenbahnzug auf einer Reise von Manchester nach Glasgow klar.

Kurz vorher war im deutschen Patentamt meine Anmeldung zur öffentlichen Besichtigung ausgelegt worden. Siemens-Schuckert in Berlin hatte mit anderer Begründung einen Einspruch erhoben, der abgewiesen worden war; aber es war noch Zeit für eine Beschwerde, bei der auch anderes Material vorgebracht werden konnte.

Als Herr Cachemaille von der Westinghouse-Patentabteilung mir Teslas Patent brachte, das ihm der gegnerische Anwalt genannt hatte, schlug ich einen kühnen Streich vor, der ihm fast verrückt schien: das Tesla-Patent an Siemens zu verraten. Diese könnten es in ihrer Beschwerdeschrift verwenden und das Urteil einer unabhängigen Stelle betreffs der Frage der Vorwegnahme provozieren. Cachemaille lehnte es ab, Gegnern Munition zu liefern; aber die Idee machte Eindruck auf den Sportgeist des Generaldirektors P. A. Lang. Er bat Herrn Koettgen von der englischen Siemens-Gesellschaft um seinen Besuch und zeigte ihm Teslas Patent. Koettgen zeigte dasselbe Erstaunen wie Cachemaille über unser Vorgehen, aber sendete die Information nach Deutschland und Siemens-Schuckert verwendete sie bei ihrer Beschwerde. Zur mündlichen Verhandlung reiste ich nach Berlin. Als der Vertreter von Siemens vom Synchronmotor Teslas sprach, besserte ihn der Referent sofort aus: „es ist kein Synchronmotor, es ist ein Kurzschlußmotor“ und das war schon ein Anzeichen dafür, wie die Entscheidung ausfallen werde. Sie hielt das Patent aufrecht und lehnte auch eine Abänderung des Wortlautes der Ansprüche ab. Sonderbar war es, daß der Vertreter von Siemens sich gebärdete, als ob wir ihm durch unsere Mitteilung listig eine Niederlage bereitet hätten. Das Patent wurde in Deutschland nicht weiter angefochten.

Aber es kam der Krieg von 1914, und es hätte nicht viel Zweck gehabt, sich in England auf eine Entscheidung des deutschen Patentamtes zu berufen. In England folgte ein kostspieliger Patentprozeß, der wegen des Krieges sich jahrelang hinauszog und erst im Jahre 1927 endgültig entschieden wurde, als das britische Patent schon abgelaufen war. Die Berichte über die Verhandlungen füllen große Bände. Das erste Gericht wollte das Patent aufheben; das Obergericht und das House of Lords erklärten es als gültig. Bis zum Ablauf des Patentes waren Umformer mit einer Gesamtleistung von mehr als einer Million Kilowatt von der British Westinghouse (später Metropolitan-Vickers) und British Thomson-Houston, so wie von zwei anderen Lizenznehmern, Siemens Bros. und Mather & Platt Ltd., ausgeführt worden.

Die British Thomson-Houston hätte sehr große Lizenzbeträge zahlen müssen, aber es kam nie dazu; bald nach dem Urteilsspruch des House of Lords kam eine Fusion zwischen Metrovick und BTH zustande.

In Deutschland veröffentlichte eine Firma mehrere Jahre später, wahrscheinlich vor Untersuchung durch das Patentamt, die selbstsynchronisierende Reihenschaltung für Hochspannungssynchronmotoren als eine neue Erfindung, mußte sich aber davon überzeugen, daß sie in meinem Patent ganz genau beschrieben war. Es war einer der Fälle, in denen die gleiche Sache von verschiedenen Leuten zu verschiedener Zeit unabhängig voneinander erfunden wird.

In den Vereinigten Staaten hatte James Burke schon 1907 eine Anmeldung für die gleiche Erfindung eingereicht. Das Patent wurde erst im September 1913 erteilt, fast eineinhalb Jahre nach meiner britischen Anmeldung und ein halbes Jahr nach Veröffentlichung meines Vortrages in der Institution of Electrical Engineers. Seine Ansprüche beziehen sich, im Falle direkt gekuppelter Maschinen, auf einen Anlaßmotor mit geringerer Polzahl als die der Synchronmaschine und sind zweifellos in Kenntnis des Tesla-Patentes ausgeschrieben. Nach meiner Veröffentlichung im „Engineer“ 1939, London, schrieb mir Burke, daß seine Einrichtung etliche 30 Jahre vorher erfolgreich war, daß aber in den Vereinigten Staaten für diese Anlaßmethode kein Interesse bestand.

Ich dachte mir nachher, daß auch die Sache in England leicht zu einem stillen Begräbnis hätte führen können, wenn sie zuerst in Rawtenstall ausgeführt worden wäre und der städtische Ingenieur keine Geduld gehabt hätte, zu warten, bis die Sache in Ordnung gebracht wurde. Dann hätte die erste Anlage auch die letzte sein können. Nach einem solchen Mißerfolg hätte sich kein Konkurrent der Mühe eines Patenteinspruchs unterzogen und wahrscheinlich hätte ich nie etwas von den Patenten Teslas und Burkes gehört.

Gesellschaftsabende.

Die Versammlungen der Institution of Electrical Engineers und des Westinghouse Engineers Club in Manchester waren oft recht interessant. Das Jahr 1907/8 wurde mit einem erstaunlich guten „Smoking Concert“ eröffnet, an dem humoristische Verse von Hill über technische Probleme in vorzüglicher Art von einem Herrn vorgetragen wurden, dessen Name mir entschwunden ist. Ein Gedicht schilderte die Empfindungen des Leiters eines Elektrizitätswerkes, der mit seiner Turbine in die Luft gegangen war (Dampfturbinen waren damals noch nicht ganz verläßlich), und schloß mit einem Vers, daß der Ingenieur vielleicht noch eine andere Dampfturbine aufstellen wird, wenn er wieder auf der Erde landet, „aber nur dann, wenn er wahnsinnig geworden ist. Sonst wird er reuig zur alten Dampfmaschine zurückkehren und Euch Verkäufer von Dampfturbinen ruhig schwätzen lassen.“

Eine andere Ballade gab eine Unterredung zwischen einem städtischen Ingenieur und dem Obmann des Elektrizitätsausschusses wieder, in der der Ingenieur alle seine Irrtümer beichtete und dem Obmann den Rat gab, die Steuern zu erhöhen, um für die Kosten seiner Fehler aufzukommen. Sie schloß: „Als Fachmann habe ich Schiffbruch erlitten. Ich werde mich als beratender Ingenieur etablieren."

Solche Dinge entfesselten stürmische Heiterkeit. Beratende Ingenieure, die sich hätten getroffen fühlen können, gab es nur wenige, und sie zogen es vor, mit den anderen zu lachen.

Die Gedichte waren unglaublich witzig. Als aber Hill ungefähr im Jahre 1940 als Leiter des Engineers-Club in London starb, wurden sie in den Nachrufen nicht erwähnt. Nach 30 Jahren und in einer anderen Stadt sind solche Dinge, die wahrscheinlich nie gedruckt wurden, vergessen.

Wie wichtig die Art des Vortrags war, zeigte sich, als einmal in Abwesenheit des ersten Vortragenden ein berufsmäßiger Vortragskünstler die Verse deklamierte. Wahrscheinlich hatte ihm niemand die Gedichte erklärt und ihn auf die Pointen aufmerksam gemacht. Sie verpufften.

Manchmal wurden bei dem alljährlich stattfindenden Diner wichtige Angelegenheiten zur Sprache gebracht. Etwa 1913 schlug ein „alderman" der Stadt Manchester vor, daß vor Vereinbarung über das System der Elektrifizierung keine einzige Bahnmeile auf elektrische Traktion umgewandelt werden sollte. Die meisten Strecken in und um London arbeiteten mit dritter Schiene und 600 V Gleichstrom, andere mit hochgespanntem Einphasenstrom und oberirdischer Leitung, andere wieder mit Gleichstrom von mäßig hoher Spannung. Ich hatte den Toast auf die Gäste vorzuschlagen und nahm die Gelegenheit wahr, den Vorschlag des Aldermans gleich im Embryonalstadium umzubringen. Ich erwähnte, daß die Vor- und Nachteile der verschiedenen Systeme nur durch die praktische Anwendung erwiesen werden können und es weit besser ist, vorwärts zu schreiten, das beste System durch Vergleich der Resultate herauszufinden und nachher die weniger geeigneten Systeme zu ersetzen, als zu warten und nichts zu tun. Eine Diskussion nach einem Vortrag über Bahnelektrifizierung in einer normalen Versammlung, bei welcher ich den Vorsitz führte, gab dann Gelegenheit, diesen Punkt noch eingehender zu behandeln.

Im Westinghouse Engineers Club gab es manchmal Vorstellungen von Pantomimen mit drastischen Titeln, wie: „Ali Baba und die vierzig Händler" mit witzigen Angriffen auf jedes Mitglied der Gesellschaft.

Die ernsthaften Vorträge und Diskussionen in diesem Klub erstreckten sich über ein weites Gebiet. Gasmaschinen, elektrische Schalteinrichtungen, Frauenstimmrecht und Radium gehörte zu den behandelten Gegenständen. Der Vortrag über Radium wurde von einem der größten Forscher, von Ernest Rutherford, gehalten, der gerade damals an die Universität Manchester berufen worden war. Als

New-Zealander wurde er im Klub durch einen Landsmann, J. S. C. Cooper, eingeführt, der zusammen mit R. Townend und Ted Brown die kommende Generation in meinem Büro vertrat. Rutherford, der bald den Titel Sir und nachher Lord Rutherford führte, erklärte humorvoll, wie notwendig es ist, von irgend einer Hypothese auszugehen, sie an Beobachtungen zu prüfen und, wenn sie sich als unmöglich erweist, rasch eine neue zu versuchen. Er erzählte den alten Scherz von einem sparsamen Schotten, der einen amerikanischen Freund durch seine Stadt führte und ihm zum Schluß etwas zu trinken anbot. „Was wollen Sie haben?" „I guess Champaign." (Ich denke, Champagner.) Der Schotte wollte aber nicht mehr als drei Pence ausgeben und forderte ihn auf: „Guess again" (denken Sie nochmals nach!). „Guessing again" ist auch bei wissenschaftlichen Untersuchungen das Wichtige, wenn der erste guess, die erste Vermutung, nicht zu einem zufriedenstellenden Resultat führt.

Verkäufer-Kniffe.

Cooper war später als Verkaufsingenieur tätig und war enttäuscht, wie unromantisch die Tätigkeit eines solchen ist. Er hatte keine Gelegenheit, die schlauen Kunstgriffe anzuwenden, deren sich manche Verkäufer rühmen.

Ein Verkäufer im Westinghouse-Büro Birmingham, aus Wales stammend, berichtete mit Stolz, wie er einmal einen Auftrag auf einen Generator erhalten hatte, für den ein billigeres Angebot von Seiten einer Konkurrenzfirma vorlag. Er ließ sich das billigere Angebot zeigen und fand, daß dort die Leistung der Maschine mit 1250 Kilo-Volt-Ampere bei einem Leistungsfaktor von 0,8 angegeben war, während das Angebot von Westinghouse von 1250 Kilowatt bei Leistungsfaktor 1 sprach. Nun kann ein Generator für 1250 Kilo-Volt-Ampere und Leistungsfaktor 0,8 bestimmt auch 1250 Kilowatt bei Leistungsfaktor 1 geben, während das Umgekehrte nicht sicher ist. Aber der schlaue Verkäufer verließ sich auf die Unwissenheit seines Kunden und sagte ihm: „Schauen Sie sich doch den Unterschied an. Er gibt Ihnen eine Maschine für einen niedrigeren Leistungsfaktor und nur dieselbe Zeit von Kilo-Volt-Amperen wie unsere Zahl von Kilowatt beim guten Leistungsfakor 1." Bei seinem Bericht fügte er hinzu: „Ich verließ den Kunden nicht früher, als bis er mir den Auftrag schriftlich gegeben hatte, und gab ihm keine Gelegenheit, die Sache nochmals mit dem Konkurrenten durchzubesprechen."

Sehr geschickt sprach ein Verkäufer von Koerting, die nur eine kleine elektrische Abteilung hatten. Ein Kunde sprach von dem großen Hause Siemens & Halske. Der Körting-Vertreter antwortete: „Siemens & Halske sind beide tot, und die Arbeit dort wird von Ingenieuren gemacht wie bei uns."

Als Kind hatte ich einmal mit einem tüchtigen Verkäufer zu tun. Ich ging in einen Obstladen und fragte nach dem Preis von Kirschen. Ich sah dann, daß die Kirschen nicht mehr frisch waren, kaufte sie aber doch, weil der Händler es in unhöflicher Weise ablehnte, mir den Preis zu nennen, mit der Begründung: „Sie kaufen ja doch keine".

Von einem ähnlich klugen Verhalten eines Verkäufers hörte ich bei meinem ersten Besuch bei P. A. Lang, dem ein Besucher aus Pittsburg über den Verkauf von Langs Villa in Pittsburg berichtete. Lang war nach Manchester übersiedelt, und es war schwer, für seine Villa in Pittsburg einen Käufer zu finden, da das Haus nur wenige Schlafzimmer hatte, dagegen ungewöhnliche Empfangsräume mit einem „Ratskeller". Für eine größere Familie war das Haus schlecht geeignet. Als Bewerber trat nun ein reichgewordener Kaufmann auf, wurde aber von dem Anwalt sehr abweisend empfangen: „Es hat gar keinen Zweck, daß Sie sich das Haus ansehen. Es ist künstlerisch und in einem besonderen Stil gebaut, der Ihnen nicht zusagen wird." Das reizte den Mann so, daß er das Haus wirklich kaufte.

Bei elektrischen Anlagen ist selten Gelegenheit vorhanden, durch solche Verkäuferkunststücke den Wettbewerbern Aufträge wegzuschnappen. Aber oft macht Sachverständnis und volle Offenheit des Verkäufers einen größeren Eindruck als alle Schlauheit es könnte. Von J. S. Peck erfuhr ich, was durch viele Jahre den größten Ruhm eines Verkaufsingenieurs in der Bahnabteilung der amerikanischen Westinghouse gebildet hatte. Der Sachverständige für eine zu elektrifizierende Bahnstrecke war überzeugt von den Vorzügen der rein elektrischen Schaltung und hielt dem Westinghouse-Ingenieur die Fehler vor, die bei der elektropneumatischen Schaltung auftreten können. Der Westinghouse-Ingenieur sagte ihm: „Ihre Liste ist nicht vollständig. Ich kann Ihnen noch andere Fehlerquellen nennen", und zählte solche auf, von denen der Sachverständige nie etwas gehört hatte. Seine Aufrichtigkeit und Sachkenntnis machten einen solchen Eindruck auf den Sachverständigen, daß dieser ihm auch aufmerksam zuhörte, als er ihm die Fehlerquellen bei der rein elektrischen Schaltung nannte und ihm die Überzeugung beibrachte, daß bei unparteiischer Beurteilung beider Systeme das elektropneumatische den Vorzug verdiene. Westinghouse erhielt den Auftrag für die Elektrifizierung der Bahn.

Kriegsgerüchte.

Bei einem Besuch meines Bruders Wilhelm an der Küste von Yorkshire im Jahre 1911 war ich gerade geschäftlich in Norwegen, und während der Rückfahrt hörte man von Gerüchten, daß die englische Flotte die Absicht hatte, Kaiser Wilhelm und seine Flotte bei der Rückkehr aus den norwegischen Fjords einzuschließen. Damals brach kein Krieg aus, ebensowenig wie im Jahre 1908 bei der Annexion von Bosnien durch Österreich. Auch 1912 — während des Balkankrieges — gab es Furcht vor einem großen europäischen Krieg. Man gewöhnte sich an diese wiederkehrende Panik.

Die letzte Vorstellung, die meine Frau und ich im Manchester „Gaiety"-Theater sahen, war „Der Andere" von Lindau, unter dem Titel „The Double Mystery". Die englische Bearbeitung des alten Stückes wurde in Manchester ausprobiert, ehe man sie in London aufführte. Die deutsche Fassung wurde so getreu wie möglich beibehalten, der Held wurde sogar mit dem deutschen Titel „Herr Staatsanwalt" angesprochen. Nach Ausbruch des Krieges las ich mit Erstaunen in der Zeitung, daß das Stück „The Double Mystery", eine Bearbeitung aus dem Französischen, in London großen Erfolg hatte, daß das Stück spezifisch französisch ist und der „Juge d' instruction" seine Rolle wundervoll gespielt hatte.

Ich litt an Schlaflosigkeit. Man kann es verstehen, daß ein Geschäftsmann, der dem Bankrott nahe ist, an Schlaflosigkeit leidet; manche Leute werden es aber sonderbar finden, daß kleine Funken am Stromwender eines Umformers bei einem Ingenieur ernste Schlaflosigkeit hervorrufen sollten. Ein amerikanischer Bekannter erzählte mir, daß er sich ein halbes Jahr vollkommen vom Geschäft zurückziehen und der Erholung widmen mußte. Ich fand ein einfacheres Heilmittel. In der Encyclopaedia Britannica war als Hausmittel ein Glas heiße Milch vor dem Schlafengehen erwähnt, und es bewährte sich bei mir.

Als der Krieg ausbrach, verschwand die Schlaflosigkeit. Das große Leid machte dem kleineren ein Ende.

Krieg 1914.

Am Montag, den 29. Juni 1914, las ich in der Zeitung bei der Fahrt von meinem Hause zur Fabrik den Bericht über die Ermordung des Erzherzogs Franz Ferdinand und seiner Frau in Sarajevo. Ich hatte nicht die leiseste Vorahnung, daß dies Millionen von Menschen das Leben kosten würde. Am selben Vormittag machte ein Irrsinnsausbruch bei einem Stenotypisten in meinem Büro einen weit stärkeren Eindruck auf mich als die Nachricht, die ich in der Zeitung gelesen hatte.

Beim Mittagstisch in der Fabrik an einem der folgenden Tage wiederholte jemand die in einer Zeitung ausgesprochene Meinung, daß Franz Ferdinand ein Kriegshetzer war und daß seine Ermordung vielleicht „a blessing in disguise", eine als Unglück erscheinende Segnung, wäre und daß der solang gefürchtete europäische Krieg vielleicht gerade durch seine Ermordung vermieden würde. Vorher hatten wir viele Tragödien ohne internationale Folgen erlebt: die Ermordung des Königs von Portugal, einige Jahre früher die Auflehnung der Norweger gegen ihren König und die Abtrennung von Schweden, noch vorher die Ermordung der Kaiserin Elisabeth von Österreich, die Ermordung eines Präsidenten der französischen Republik und eines Präsidenten der Vereinigten Staaten von Amerika. So sah in unserem Kreise niemand die Schrecken voraus, die diesmal dem Fürstenmord folgen würden.

Bald begannen die jährlichen Sommerferien. Die Ferien der Fabrik waren um den ersten Montag des August, den Augustbankfeiertag herum gruppiert. Die Werkstätten waren etwas mehr als eine Woche geschlossen. Die Hälfte der Büroangestellten hatten noch eine zusätzliche Ferienwoche vorher, die andere Hälfte nachher.

Ich ging mit meiner Familie auf die Insel Man, wo wir im Meer badeten und Golf spielten. Um das Haus, wo wir wohnten, flogen ständig schwarze Krähen, und ich könnte von den düsteren Vorahnungen erzählen, die diese schwarzen Vögel in uns erweckten. Es wäre aber eine Prophezeiung im nachhinein.

Eines Morgens berichtete die Zeitung vom Ultimatum, das Österreich an Serbien gerichtet hatte. An diesem Tage hatten wir den Besuch von Ted Brown, einem vielversprechenden jungen Ingenieur meines Büros, der in einem anderen Teil der Insel seine Ferien verbrachte. Er arbeitete an Projekten für die Elektrifizierung von Bergwerken und hatte einige Monate in Johannisburg in Südafrika verbracht und bei dieser Gelegenheit einige Flüge mitgemacht. Wir sprachen über die ernsten Nachrichten des Tages, aber keiner von uns sah voraus, was für ein Schicksal ihm bestimmt war. Bald nach Kriegsausbruch meldete sich Brown, obwohl Sohn amerikanischer Eltern, freiwillig zur englischen Heermacht, wurde Flieger, wurde in Deutschland abgeschossen und verwundet, war Gefangener in Deutschland, wurde später als Kriegsinvalide in die Schweiz gesandt und machte 1919, zusammen mit Alcock, einem anderen Ingenieur aus Manchester, den ersten Flug über den Atlantischen Ozean, von New Foundland nach Irland, in sechzehn Stunden. Beide wurden vom König mit einem Titel ausgezeichnet, Ted wurde Sir Arthur Witton Brown. Das Wunder dieses ersten Fluges über den Atlantischen Ozean wurde etwas in den Schatten gestellt durch den wenige Tage später erfolgenden Flug eines Lenkballons über den Atlantischen Ozean. Das große Publikum hatte den Flug von Alcock und Brown vergessen, als fast zehn Jahre später Lindbergh über den Ozean flog. Alcock verlor bald nach seinem großen Erfolg bei einem Flugzeugunglück sein Leben, aber Brown blieb bei der Metropolitan-Vickers-Gesellschaft, die einige Jahre nach dem Krieg die British-Westinghouse Co. übernahm. Im Kriege von 1939 bis 1945 verlor der einzige Sohn von Sir Arthur Witten Brown als Flieger sein Leben, und Brown starb 1948 durch Einnahme einer großen Dosis eines Schlafmittels.

Alle diese Dinge lagen in der fernen Zukunft und wir ahnten nichts davon. An diesem Sommertag in Ramsey konnte keiner von uns Browns ernste Frage beantworten: „Was kommt nach diesem Ultimatum?"

Am Tage darauf lauteten die Nachrichten nicht besser. Ich saß mit meiner Frau am Abhang eines Hügels und erzählte ihr, wie schwierig die Kriegführung auf dem Balkan wäre; ich erinnerte mich an die Erzählungen von der Okkupation Bosniens im Jahre 1879, als ich ein kleiner Knabe war, und wie ernst der Burenkrieg für die Engländer war, obwohl er gegen ein kleines Land geführt wurde.

Auf die Insel Man kamen immer mehr Besucher. Am Samstag vor dem Bankfeiertag war der Zudrang außerordentlich groß. Der Golfplatz war überfüllt. Ich fuhr am Nachmittag des Bankfeiertages ohne meine Familie nach Liverpool und Manchester. Eine Zeitung, die jemand auf dem Schiff vorwies, brachte die Nachricht, daß die Arbeiter der Werft von Cammel Laird bei Liverpool, die Samstag auf Ferien gegangen waren, für Dienstag zurückberufen worden waren. Dies schien mir sonderbar. Ich glaubte, daß der Krieg beendigt sein müßte, ehe im Bau befindliche Kriegsschiffe fertiggestellt werden könnten. Ich hatte Bücher und Aufsätze über den Krieg der Zukunft gelesen, die voraussagten, daß ein Krieg mit modernen Waffen solche Zerstörungen bringen würde, daß nach wenigen Tagen oder Wochen das Ende zu erwarten sei. Auch der wirtschaftliche Zusammenbruch aller kriegführenden Nationen wenige Tage nach der Kriegserklärung war prophezeit worden. Aber es kam anders.

Auf dem Eisenbahnzug von Liverpool nach Manchester und Altrincham sah ich viele Extraausgaben. Das österreichische Konsulat in Liverpool konnte mir am nächsten Tag nichts Näheres sagen. Meine Frau kam mit den Kindern und ihrer Mutter zurück und mußte wegen der Kleinen unseren Hausarzt rufen, Dr. Melland, einen Schwager des Ministerpräsidenten Asquith. Dr. Melland betrachtete die Lage als sehr schwarz. An diesem Tage hatte Großbritannien an Deutschland ein Ultimatum gerichtet, und ihm war kein Fall eines Ultimatums bekannt, dem kein Krieg gefolgt wäre. Ich hatte nicht geglaubt, daß die Sachlage so schwarz war. Ich hatte den liberalen „Manchester Guardian" gelesen, der dagegen Stellung nahm, daß Großbritannien in den Krieg eingreife. Für den gleichen Abend war eine Versammlung auf dem Rathausplatz in Manchester angesagt, um gegen den Krieg zu sprechen: „Kommt heute, morgen mag es zu spät sein!" Aber es war schon heute zu spät. Das Ultimatum lief um 11 Uhr nachts englischer Zeitrechnung ab und die Versammlung wurde auseinandergetrieben.

Dr. Melland erbot sich in freundlicher Art, bei Asquith zu intervenieren, um für mich die Einbürgerung in England zu erreichen. Er selber hätte niemals für sich eine Gunst vom Ministerpräsidenten erbeten, aber für mich würde er es tun. Ich dankte ihm für sein freundliches Anerbieten, lehnte es aber ab. Ich erinnerte mich an die Kriegsartikel, die ich als Zwanzigjähriger gelernt hatte, und die „Desertion zum Feind“ als das größte Verbrechen behandelten, das durch den Strang bestraft wurde. Ich sagte meiner Frau, daß ich in einem solchen Augenblick meine österreichische Staatsbürgerschaft nicht aufgeben könne, und sie redete mir auch nicht zu; sie erwies sich im Krieg als wirklich groß.

Meine Entscheidung, nicht um die britische Staatsbürgerschaft anzusuchen, wurde ohne eine Minute Überlegung gefaßt und wäre auch nicht anders ausgefallen, wenn ich die ganze Nacht darüber nachgedacht hätte. Aber es war eine jener Entscheidungen, die den Lauf des ganzen Lebens bestimmen.

Waren Österreich und Großbritannien Feinde? Wir wußten es nicht. Erst acht Tage später erklärte Großbritannien an Österreich den Krieg.

Ich war für dieses Jahr zum Vorsitzenden der Sektion Manchester der „Institution of Electrical Engineers“ gewählt worden, aber unmittelbar nach der Kriegserklärung gegen Deutschland legte ich mein Amt nieder und teilte dies dem Professor Marchant von Liverpool, dem gewesenen Vorstand, mit.

Schon zwei Jahre früher auf einer Ferienreise in der Schweiz hatte ich meinem Bruder Wilhelm erzählt, wie freundlich ich in England und besonders in der Institution of Electrical Engineers aufgenommen worden war. Ich erwähnte, daß ich das Amt eines stellvertretenden Vorsitzenden bekleidete und wahrscheinlich zum Vorsitzenden gewählt würde, wenn nicht „vielleicht zwischen Deutschland und England ein Krieg ausbricht“. Wir wußten nicht, daß in einem solchen Fall auch Österreich automatisch im Kriegszustand mit England sein würde.

Über Vorschlag von Herrn Mensforth besuchte ich unseren Anwalt Simpson, um meine Stellung mit ihm durchzusprechen. Er sagte, daß die Lage von Österreichern verschieden wäre von der der Deutschen. Er kenne Österreicher, die ihrem eigenen Vaterland feindlich wären. Das war nun nicht mein Fall. Ich war ein guter Österreicher. Aber er konnte mit meiner Antwort nicht viel anfangen und deutete mir an, daß er Hochachtung für meine Aufrichtigkeit, aber weniger für meine Klugheit hätte.

Die meisten unserer Freunde bezeigten uns auch weiterhin Freundlichkeit, besonders da nicht Österreich, sondern Deutschland als der wirkliche Feind angesehen wurde. Ein schottischer Arzt, Dr. Alexander, gab uns ein schönes Rezept: „A stout heart for a steep hill!“ „Ein starkes Herz für einen steilen Berg!“ Aber allmählich wurde die Atmosphäre ungünstiger, als die Zeitungen von deutschen Grausamkeiten berichteten und die Kriegslage sich für England verschlimmerte. Meine Frau hatte sich als Pflegerin gemeldet, aber es wurde ihr angedeutet, daß es für sie besser wäre, zurückzutreten.

Erste Internierung.

Ich arbeitete weiter wie bisher, bis gegen Ende Oktober 1914. Dann wurde ich gleichzeitig mit anderen Leuten interniert, die bis dahin in Freiheit geblieben waren, weil sie englische Frauen hatten. Nach englischem Gesetz verlieren sie allerdings durch ihre Heirat die britische Nationalität und werden wie ihre Männer als Feinde — „alien enemies“ — angesehen. Wir wurden in einem Lager bei Shrewsbury interniert. Einer unserer Kameraden erzählte uns, daß die Polizei schon früher in seinem Haus nach seiner Nationalität gefragt hätte, aber sich zurückzog, als er angab, daß er ein Bayer sei. Die Polizei hatte nur den Auftrag, Deutsche und Österreicher einzusperren, lernte aber ein paar Tage später, daß Bayern ein Teil von Deutschland sei, und holte ihn ab.

Einige Seeleute von Handelsschiffen brachten Leben in das Lager. Sie bildeten einen Gesangverein, exerzierten im Hof wie Soldaten und ersetzten den Lärm der fehlenden Gewehre durch Händeklatschen, das an finsteren Winterabenden ganz alarmierend klang. Ein paar Jahre später erkundigte ich mich über den Anführer der Seeleute, der in Shrewsbury eine große Rolle gespielt hatte, und hörte, daß er seinen guten Humor und seinen Führermut mit der Zeit verloren hatte und sehr ruhig geworden war.

Eines Nachts gab es einen Streit zwischen Österreichern verschiedener Nationalität, der aber nur mit Worten ausgefochten wurde. Einmal hielt ich auf Verlangen einen technischen Vortrag, und für einen der folgenden Abende war zur Unterhaltung eine Gerichtsverhandlung vorbereitet, aber ich nahm nicht teil daran. Am achten Tag der Internierung wurden ein junger Elsäßer und ich zum Kommandanten des Lagers gerufen und hörten, daß sich für jeden von uns Garanten gefunden hätten und daß wir beide nach Altrincham fahren könnten. Bürge für den Elsäßer war der Direktor einer Schule in Altrincham und für mich vier Bekannte, die zusammen eine Bürgschaft von 1000 Pfund für mich erlegten. Diese waren: der Fabriksleiter Mensforth, der Buchhalter Tearle der Westinghouse Gesellschaft, Professor Miles Walker und mein Arzt Dr. Melland. Während der ganzen Zeit, in der ich auf freiem Fuße war, beobachtete ich sehr genau alle mir gemachten Vorschriften, denn es hätte meinen Garanten teuer zu stehen kommen können, wenn ich mich ohne besondere Genehmigung vom Hause weiter als 8 km entfernt hätte oder wenn ich das Haus zwischen Sonnenuntergang und Sonnenaufgang verlassen hätte.

Viel später erzählte mir einer der damaligen Mitgefangenen, daß der Elsäßer zum Ärger der Gefangenen beim Verlassen des Lagers gerufen hätte: „Vive la France!“ Obwohl ich mit ihm zusammen gegangen war, hatte ich dies nicht bemerkt oder es hatte infolge meiner eigenen freudigen Erregung über die Freilassung so wenig Eindruck auf mich gemacht, daß ich nichts davon wußte.

Arbeit zu Hause.

Nach meiner Rückkehr ging ich nicht mehr in die Fabrik, sondern erhielt halben Gehalt und blieb zu Hause. Die Ingenieure meines Büros sollten zu mir kommen und ihre Angelegenheiten mit mir besprechen. Sie machten aber davon wenig Gebrauch. Es blieb mir viel freie Zeit, in der ich lesen und in dem erlaubten Umkreis von 8 km Rad fahren konnte. Eine angenehme Abwechslung boten Besuche amerikanischer Freunde, H. M. Hobart, Skinner und N. W. Storer. Damals waren die Vereinigten Staaten noch neutral und trotz ihrer Sympathien für Frankreich und England brachten die Besucher die Atmosphäre der Neutralität. Storer erhielt interessante Berichte über die Versuche mit einer Elektro-Lokomotive, in der ein Quecksilbergleichrichter den hochgespannten Einphasenwechselstrom in Gleichstrom von 3000 Volt umformte. Über diese von Storer entworfene Versuchslokomotive berichteten seine Mitarbeiter: Sie war wie das kleine Mädchen mit der Stirnlocke, von dem der englische Kindervers erzählt: „Wenn sie brav ist, ist sie ganz besonders brav, aber wenn sie schlimm ist, ist sie fürchterlich." Während Storer sich in Manchester aufhielt, wurde die Lusitania durch ein deutsches Unterseeboot versenkt, und seine Frau kabelte ihm erschreckt, er möge vor Kriegsende nicht nach Amerika zurückkehren. Gerade die Nacht vorher hatten wir die freundliche Aussicht besprochen, daß der Krieg noch 20 Jahre dauern könne. Storer befolgte die telegraphische Order nicht und kehrte noch während des Krieges zurück.

Im Frühjahr 1915 ging ich jeden Tag auf mehrere Stunden in ein Zimmer des Westinghouse Club, der weniger als einen Kilometer von der Fabrik entfernt war, um Besprechungen mit den Ingenieuren zu erleichtern. Eines Tages legte ich mich nach dem Mittagmahl nieder, um mich von einem starken Kopfschmerz zu befreien; ein Arbeiter öffnete die Tür, sah mich und sprach ohne Zweifel mit anderen darüber. Die Arbeiter waren darüber ungehalten, daß ich noch immer mit der Gesellschaft in Verbindung war. Die Zeitungen berichteten damals über die Verwendung von deutschen Giftgasen im Schützengrabenkrieg in Frankreich. Dann kam die Versenkung der Lusitania, und so endete meine Verbindung mit der Gesellschaft. In finanzielle Schwierigkeiten kamen wir dadurch nicht, denn ich hatte von meinem Gehalt genügend zurückgelegt, um uns über einige Jahre hinwegzuhelfen, da meine Frau auch sofort nach Beginn des Krieges den Haushalt auf das sparsamste einrichtete. Die Lizenzbeträge, die mir meine Zugbeleuchtungspatente brachten, hatte ich allerdings in österreichischen Staatspapieren angelegt, die mit der Zeit wertlos wurden.

Etwa im Jahre 1915 rückte ein junger Schreiber, Arthur Davy, aus dem Ingenieurbüro freiwillig ein. Er wurde nach Gallipoli geschickt und kehrte nicht zurück. Mit ihm ging ein junger Mann verloren, auf den ich die größten Hoffnungen gesetzt hatte und von dem ich überzeugt war, daß er es einmal zum Generaldirektor bringen würde. Schon als Laufjunge zeigte er außergewöhnliche Begabung. Er fand jeden Brief, den ich brauchte, auch wenn er Jahre alt war und ich ihm weder den Adressaten noch die Maschine namhaft machen konnte, auf die er sich bezog. Oft konnte ich ihm nur vage Angaben über den Inhalt eines Teiles des Briefes machen, aber er fand ihn. In verzweifelten Fällen lieh ich ihn anderen Abteilungen. Er kam und fand auf den ersten Blick, wie durch Zauberei, Akten, nach denen die ganze Abteilung tagelang gesucht hatte.

Der Ingenieur in der Küche.

Da ich genügend Zeit hatte, bot ich mich zur Mitarbeit in der Küche an, und mein Angebot wurde freundlich aufgenommen. Es sollte gerade Orangenmarmelade nach einem komplizierten Rezept gemacht werden, das von „tassenvoll“ und „löffelvoll“ und von Anzahl der Orangen ausging. Ich wog zuerst die „tassenvoll“ und „löffelvoll“ und die Orangen. Abwiegen machte das Rezept viel handlicher. Die Marmelade war zu süß (was für die allermeisten Marmeladen-Rezepte zutrifft). Dann wurde bei jeder folgenden Mischung die Menge Zucker verringert, bis zum vierten Teil des ursprünglichen Gewichtes, und wir waren alle mit der Marmelade zufrieden. Da alles schriftlich niedergelegt war, war es leicht, die Marmelade in Zukunft immer in gleicher Güte herzustellen. Die meisten Köche und Köchinnen können ein „Kunstwerk“, das ihnen gelungen ist, nicht wiederholen, da sie selten wägen und messen und selten Aufschreibungen machen. Selbst in Kochbüchern, wo Zahlen genannt sind, kann man Ausdrücke finden „nach Geschmack“, ohne die leiseste Andeutung, ob der Mittelwert für das zuzusetzende Gewürz 1 Gramm oder ein Zehntel Gramm sein soll. Wenn die Köchin eine solche Ziffer hätte, um damit zu beginnen, könnte sie das nächste Mal versuchen, sie um 20 % zu erhöhen oder zu erniedrigen und mit der Zeit eine genaues Resultat erzielen, das sich immer wiederholen ließe. Natürlich erfordern Unterschiede in den Eigenschaften der Bestandteile Unterschiede in den Mengen der Zutaten. Orangen haben nicht immer die gleiche Säure, und das erfordert eine Änderung der Zuckermenge. Das ist aber kein Grund, ohne eine bestimmte Ziffer anzufangen und zu glauben, daß alles dem Geschmack, oder besser gesagt, dem Zufall überlassen werden kann. Die Irrtümer in solchen Fällen beschränken sich nicht auf 20 % der Menge. Manchmal wird ein Fünftel der richtigen Quantität verwendet, in anderen Fällen fünfmal zuviel. Es wird Küchengenies geben, denen fast alles ohne Wiegen und Messen gelingt; aber eine gewöhnliche Person wird viel mehr Erfolg haben, wenn sie wiegt, mißt und aufschreibt.

Ein Ei kochen ist leicht. Trotzdem gibt es Köchinnen, die diese Kunst in ihrem ganzen Leben nicht erlernen. Wie ist es möglich, daß das Ei einen Tag fast roh ist, den anderen hart, und die Köchin — eine ehrenwerte Person, der man Geld und Juwelen anvertrauen könnte — versichert, daß sie das Ei beide Male in der gleichen Art gekocht hat? Sie lügt nicht: gestern und heute hat sie es gekocht, ohne auf die Uhr zu schauen oder ohne sich die Zeit gemerkt zu haben, wann sie das Ei eingelegt hat, oder ohne zu schauen, ob das Wasser dann gekocht hat.

Ein Ingenieur oder Chemiker in der Küche wird nicht beim ersten Versuch eine gute Mahlzeit erzielen, aber seine Gewohnheit der Beobachtung und des Niederschreibens wird nach verschiedenen Versuchen gute Resultate ergeben, und das einmal erzielte gute Resultat kann wiederholt werden.

Die einfache Regel „Koche ein Ei vier Minuten" erfordert eine Modifikation, wenn das Ei in ein kleines Gefäß gelegt wird. Das Wasser hört in diesem Moment zu kochen auf. Ich habe gefunden, daß die Zeit, bis das Wasser wieder kocht, nur mit ihrem halben Wert eingesetzt werden soll. Die Regel hat keine wissenschaftliche Begründung, gibt aber gute Resultate.

Wenn man das Ei täglich in demselben kleinen Gefäß kocht, so lernt man bald durch Beobachtung, ob $4^1/_2$, 5 oder $5^1/_2$ Minuten das gleiche Resultat ergeben wie vier Minuten in einem großen Gefäß, und braucht dann nicht mit der Uhr in der Hand zu beobachten, wie lange es nach Einlegen des Eies dauert, bis das Wasser wieder kocht. Um ein wirklich schlechtes Resultat zu erhalten, genügt ein Fehler von einer halben Minute nicht.

Auf einem Berg von 2700 m Höhe siedet das Wasser nicht bei 100^0 C, sondern bei 90^0 C. In dieser Höhe entsprechen sechs Minuten Kochzeit den vier Minuten in der Tiefebene. Wenn man aus dieser einen Beobachtung eine allgemeine Formel ableiten wollte, würde sie etwa sagen, daß die zum Kochen notwendige Zeit der vierten Potenz der Siedetemperatur verkehrt proportional ist, und eine solche Formel würde genügende Annäherung für Siedetemperaturen zwischen 100^0 und 85^0 C ergeben. Man darf sie aber nicht ohne weitere Versuche für größere Abweichungen extrapolieren und etwa annehmen, daß man auf der Höhe des Mount Everest direkt nach der Formel die nötige Kochzeit berechnen darf.

Kriegsänderungen.

Ende 1915 brachte mir J. S. Peck etwas Heimarbeit in Verbindung mit dem Patentprozeß über selbstsynchronisierende Umformer, der vor den englischen Behörden begonnen hatte, aber später mit Zustimmung beider Parteien während Kriegsdauer unterbrochen wurde, und mit einer Broschüre über Umformer, für die die

Fachingenieure in der Fabrik nicht genügend Zeit fanden, während ich Zeit im Überfluß hatte.

Neben einigen unserer alten Freunde kamen auch neue. Ein besonderer Mann war ein Geistlicher, Leyton Richards, ein Pazifist, der seine Gemeinde, trotzdem sie ihn innig verehrte, vor den Kopf stieß. Sie konnte es nicht verwinden, daß ihr Seelsorger den Krieg verdammte, während ihre Söhne für ihr Land starben oder ihr Leben aufs Spiel setzten. Er trat während des Krieges von seinem kirchlichen Amt zurück, wurde aber nach dem Krieg von seiner Gemeinde wieder gerufen. Er hatte Kinder im gleichen Alter wie die unsrigen, und wir verbrachten miteinander schöne Stunden. Zu Weihnachten brachte seine Frau unserer ältesten Tochter ein Buch „Very short stories in very short words" (Sehr kurze Geschichten in sehr kurzen Worten), das sie bis zum heutigen Tage besitzt. Miß Brighouse, die Schwester des Schriftstellers und Dramatikers Harold Brighouse, besuchte uns, begleitet von Miß Burgess, und es entwickelte sich eine dauernde Freundschaft. Miß Brighouse widmete all ihre Zeit erbaulicher Arbeit in Vereinigungen für arbeitende Mädchen, Gefangene und ähnliche Ziele. Mensforth, der kurz vor dem Kriege Fabriksleiter geworden war, spielte eine wichtige Rolle in der Organisation der Werke im Distrikt Manchester, wurde später zum Leiter aller dem Kriegsministerium unterstellten Fabriken ernannt, mit dem Titel Sir Holberry Mensforth ausgezeichnet und zum Verwaltungsrat von sehr bedeutenden Fabriksunternehmen gewählt. Er hatte Kinder, die ungefähr im Alter der unsrigen standen, und besuchte uns oft mit seiner Frau.

Im März 1916 wurde ich wieder interniert. Ich hörte nie den Grund dafür. Wahrscheinlich hatte jemand in einer Anzeige an eine Behörde Bedenken über mich geäußert. In einem solchen Fall wählte man den Weg des geringsten Widerstandes und internierte die beanstandete Person, ohne den Fall weiter zu untersuchen. Im Lager hörte ich, daß einmal das Home Office (Ministerium des Inneren) von den Gefangenen darauf aufmerksam gemacht wurde, daß nach den Berichten der englischen Blätter Engländer in Österreich und Ungarn einen großen Grad von Freiheit genossen. Die Antwort war: „Wahrscheinlich hat die Bevölkerung dort dagegen nichts einzuwenden. Wir müssen die Österreicher und Ungarn hier so behandeln, wie es die hiesige Bevölkerung verlangt."

Vor dieser Internierung hatte ich auf eine Erlaubnis gehofft, nach Südamerika auszuwandern. Einflußreiche Leute, darunter Parlamentsmitglieder, hatten für mich interveniert. Der berühmte Physiker Sir Ernest Rutherford (später Lord Rutherford) hatte mir sogar einmal angeboten, in seinem Laboratorium zu arbeiten. Ich lehnte es ab, da ich wußte, daß dies nur von kurzer Dauer wäre, ihm und mir unnötige Schwierigkeiten bereiten und enden würde wie meine Arbeit im Westinghouse Club. Meine Ablehnung schien ihm nicht unwillkommen, und er schrieb einem befreundeten Parlamentsmitglied, er möge beim Minister des Inneren vorstellig werden, daß mein Gesuch, nach Südamerika auswandern zu können, gewährt werde. Ich hatte Herrn Storer oft gesagt, wie glücklich ich wäre, in einem neutralen Land auch eine Stelle als Straßenbahnschaffner auszufüllen. Bald nach Storers Rückkehr in die Vereinigten Staaten erhielt ich ein Kabel von einem südamerikanischen Zigarrenfabrikanten, in dem mir die Stelle eines Buchhalters angeboten wurde. Wahrscheinlich erfolgte dieses Angebot dank der Intervention eines Freundes in der amerikanischen Westinghouse Company. Aber ich erhielt die Ausreise-Erlaubnis nicht und wurde statt dessen interniert.

Zuerst verbrachte ich eine Woche in einem Lager, wo Seeleute der Handelsmarine und auch deutsche Soldaten gefangen gehalten wurden. Das Lager der Kriegsgefangenen war wohl von dem der Zivilisten gesondert, ich traf sie aber im Büro, zu dem ich Zutritt hatte, um dort auf meiner Schreibmaschine zu arbeiten. Ins Büro kamen die Gefangenen, um den Arzt zu besuchen oder um irgend welche Wünsche vorzubringen. Es war das erste Mal, daß ich Gelegenheit hatte, mit wirklichen Kriegsgefangenen zu sprechen, die von ihren Erfahrungen in der Schlacht berichteten. Hier sah ich zum ersten Mal eingeschmuggelte deutsche Zeitungen, wie das Wochenblatt einer thüringischen kleinen Stadt, von der ich nie im Leben gehört hatte. Ein Seemann verkaufte mir die Zeitung für einen Schilling. Da ich sie ihm nachher zurückgeben wollte, fragte ich um seinen Namen und schrieb ihn auf. Der Mann schöpfte Verdacht: hatte ich vielleicht die Absicht, ihn anzuzeigen? Glücklicherweise beruhigte ihn ein anderer Internierter, der mit mir schon eine längere Unterhaltung gepflogen hatte, über meine Vertrauenswürdigkeit. Sonst wäre ich vielleicht durch eine Tracht Prügel belehrt worden.

Ich hörte, daß gebildete Leute, die über Mittel verfügten, ihre Übersiedlung zum „Gentlemens Camp“ nach Wakefield in Yorkshire erbitten konnten, und verlangte sofort Papier, um ein Gesuch zu schreiben. Das erregte die Verwunderung und Ablehnung des Lagerältesten. Hier durfte man es nicht so eilig haben. Papier wurde zweimal in der Woche ausgeteilt, um Briefe zu schreiben, und auf einen solchen Tag hatte ich zu warten.

Gentlemen's Camp.

Nach einer Woche wurde ich, begleitet von einem netten, älteren Soldaten, nach Wakefield geschickt. Auf der Straßenbahn von der Eisenbahnstation Wakefield zum Lager unterhielt er sich mit einer Frau aus Yorkshire, die er als Mutter ansprach und die sehr neugierig war zu hören, warum ich eskortiert werde. Auf ihre Frage, ob ich englisch verstehe, antwortete der Soldat: „So wie Sie und ich.“ Da konnte sie es nicht begreifen, warum man mich internierte und gab mir zum Abschied den freundlichen Rat, den Kopf hochzuhalten.

Unter den 1500 Zivilisten im Lager „Lofthouse Park“ bei Wakefield gab es eine starke kulturelle Betätigung. Sie wurden durch mehrere hundert Soldaten bewacht, konnten sich aber im Lager nach Belieben betätigen, formten Arbeitspartien, um die Straßen im Lager zu verbessern, bauten Tennisplätze, gaben Konzerte und Vorlesungen und arrangierten Theaterstücke. Zwei berühmte Tennisspieler, Froitzheim und Kreuzer, gaben sehenswerte Schaustellungen ihrer Kunst. Auch der Kommandant kam, um sie zu sehen. Lebensmittel gab es damals in Überfluß, und einige von den Köchen hatten als solche in erstklassigen Hotels gedient. Vorzügliche Kammermusikkonzerte wurden von Gefangenen für ihre Kollegen gegeben; es gab Vorträge über alle möglichen Themen, da die Gefangenen aus allen Berufen stammten und aus allen Erdteilen gekommen waren. Manche hatten in England oder in den britischen Kolonien gelebt; viele waren auf neutralen Schiffen mit eigenem oder mit falschem Paß gereist, um nach Deutschland zurückzukehren, und waren auf diesen Schiffen von den englischen Behörden arretiert worden. Alle konnten interessante Erlebnisse erzählen. Ein Neffe des berühmten deutschen Afrikaforschers Wissmann hielt einen Vortrag über das Thema „Wie mein Onkel Wissmann Südostafrika kolonisierte“. Ein anderer sprach über den Burenkrieg, in dem er als englischer Offizier gekämpft hatte. Er zeigte uns auch ein von ihm verfaßtes Buch, zu dem General French die Vorrede geschrieben hatte. Jetzt war er als deutscher Staatsangehöriger interniert und hielt Vorträge über den Balkan, den er genau kannte. Ein anderer Mann aus Konstantinopel zeigte uns die Stadt in Lichtbildern und erklärte uns die türkischen Probleme. Ein anderer gab eine Vorlesungsreihe über Griechenland und über französische Literatur. Fast jede Sprache der Welt konnte man in Kursen lernen. Professor Waetjen aus Heidelberg gab in packender Darstellung geschichtliche Vorträge über die napoleonischen Kriege und über die mittelalterliche Stadt. Ich traf im Lager Herrn Koettgen, den früheren Generaldirektor von Siemens Brothers, und verschiedene Bekannte aus Shrewsbury. Es gab Ärzte und Zahntechniker, Gelehrte, Künstler und Finanzleute.

Manchmal hatten wir Vorträge von Besuchern des Lagers. Eine schöne Ansprache hielt ein englischer Bischof, der vorher auch die Erlaubnis erhalten hatte, englische Kriegsgefangene in Ruhleben und anderen deutschen Lagern zu besuchen. Ein Funktionär der „Young Men's Christian Association“ hielt einmal einen hochinteressanten Vortrag über die Negerfrage in den Vereinigten Staaten. Es gab einige recht gute Schachspieler, und ich spielte mit Vergnügen, was ich seit meiner Kindheit nicht getan hatte. Ein Miniaturgolfplatz wurde errichtet. Kegelspiel war recht beliebt.

Für alles gab es Sachverständige: Leute, die Straßenbau verstanden, andere, die einen Tennisplatz oder eine Kegelbahn sachgemäß bauen konnten.

Übungen außerhalb des Lagers gab es nur in sehr beschränktem Maß. Zweimal in der Woche gab es Märsche durch Kohlendörfer in der Nachbarschaft, bei denen die Internierten beiderseits von je einem Dutzend Soldaten mit Gewehren und aufgepflanzten Bajonetten flankiert waren.

Ich hielt Vorträge über technische Dinge. Ehe ich damit begann, merkte ich, daß von manchen Leuten mein Titel mit Zweifel angesehen wurde. Bald hörte ich auch, warum. Ein sehr beliebter Elsässer im Lager führte den Titel „Doktor-Ingenieur". Andere bestritten seine Berechtigung zu diesem Titel und behaupteten, er wäre eine Kellner gewesen. Ein Ausschuß von Leuten mit Hochschulbildung (keiner davon Techniker) wurde gebildet, der die Sache untersuchen sollte. Sie verhörten den angeblichen Ingenieur, und einer schrieb an einen Bekannten in Deutschland, er möge sich an der Technischen Hochschule zu Hannover erkundigen, ob dort zur angegebenen Zeit die angebliche Doktordissertation genehmigt worden wäre. Ein Bekannter sagte mir: „Wir werden's schon wissen, ehe die Antwort einläuft. Wenn der Mann auf einmal Sehnsucht nach der Insel Man verspürt und sich dorthin versetzen läßt, dann will er die Antwort aus Hannover nicht abwarten."

Er war ein guter Prophet. Eines Tages hörten wir, daß ein „Befehl" eingelangt war, den Elsässer in ein privilegiertes Lager zu übersetzen, wo „Alien Enemies" von solcher Nationalität untergebracht waren, daß man sie als deutschfeindlich ansehen konnte, wie Österreicher von serbischer und polnischer Nationalität und Elsässer. Bei seinem Abgang wurden ihm Ovationen dargebracht, die in seltsamem Gegensatz zum Abscheu standen, der einige Tage früher einem anderen Gefangenen gezeigt wurde, von dem ein Brief aufgefangen worden war, der sich über die Mitgefangenen abfällig geäußert hatte. Zur Wahrung des Friedens hatte der Kommandant den Unbeliebten in ein anderes Lager versetzt, und sein Abgang aus Wakefield war wie der eines Verbrechers, der Abgang des „Ingenieurs" wie der eines Helden. Bald nach seinem Abgang kam ein Brief aus Hannover, daß man an der Hochschule von ihm oder seiner Doktordissertation nichts wisse.

Nach einigen Monaten meines Aufenthaltes in Wakefield begann ich eine Untersuchung über den einseitigen Zug in elektrischen Maschinen, wenn der Läufer exzentrisch zum Ständer gelagert ist. Da ich kein geübter Maschinschreiber war, so diktierte ich den Aufsatz einem Kollegen. Ich begann damit eines Tages unmittelbar nach dem Mittagessen, störte aber die anderen, die Mittagsruhe halten wollten. Durch Verlegung der Zeit konnte ich in drei Monaten meinen Aufsatz in Ruhe beendigen.

In einem Lager, das zum großen Teil Intellektuelle enthält, wird Mithilfe bei geistiger Arbeit sehr billig geleistet. Ein Schneider oder Schuster rechnete einen halben Schilling für die Arbeitsstunde, der „Kegelbub" war der höchstbezahlte Mann im Lager, während Sprachlehrer nur vier Pence für die Stunde erhielten und allgemeine Vorträge unentgeltlich gehalten wurden.

Nun sollte der Aufsatz auch veröffentlicht werden. Ich war nicht mehr Mitglied der Institution of Electrical Engineers. Durch den Lagerzensor den Aufsatz an eine ausländische Zeitschrift zu senden, war untunlich, denn der Zensor würde nicht die Verantwortung auf sich nehmen, einen umfangreichen Aufsatz, von dem er nichts verstand, durch die Post zu schicken. So bat ich meine Frau bei einem ihrer Besuche, sie möge bei Professor A. B. Field fragen, ob er bereit wäre, meinen Aufsatz an das American Institute of Electrical Engineers zu senden, dessen Mitglied er war. Er erklärte sich dazu ohne weiteres bereit, und so war es nur notwendig, meinen Aufsatz an ihn zu leiten. Er wurde in der Zeitschrift des amerikanischen Institutes veröffentlicht und später, als ich einen Abdruck davon bekam, veröffentlichte ich auch eine deutsche Übersetzung in der Elektrotechnischen Zeitschrift, Berlin, und „Elektrotechnik und Maschinenbau", Wien. Ich hatte große Freude an dieser Arbeit und war überzeugt, daß ich ein Problem geklärt hatte, das bis dahin falsch behandelt worden war. Aber jeder Schriftsteller lernt beizeiten, daß er die Wirkung einer Veröffentlichung nicht überschätzen darf. Etwa fünfzehn Jahre später sah ich die falschen Berechnungen eines jungen Ingenieurs nach, der an der Wiener Technischen Hochschule studiert hatte, und fand keine Spur der Resultate meiner Veröffentlichung. Ich schrieb an seine Professoren, um ihre Aufmerksamkeit auf eine Untersuchung zu lenken, die ich fünfzehn Jahre früher an drei verschiedenen Stellen veröffentlicht hatte. Dieselbe Erfahrung hatte ich oft in meinem Leben mit anderen Gegenständen, die ich bearbeitet hatte. In den ersten Jahren meiner Karriere erinnerte ich mich dabei an eine Geschichte Ciceros, die wir im Gymnasium gelesen hatten. Cicero war Prokonsul in einer Provinz gewesen und hatte dort solche Erfolge erzielt, daß er glaubte, man würde in Rom über nichts anderes sprechen. Aber bei seiner Rückkehr erlebte er eine arge Enttäuschung. Der erste Bekannte, dem er auf dem Kapitol begegnete, fragte ihn, wo er die letzten Jahre zugebracht habe. Das war ein arger Schlag für ihn. Er stürzte vor Schrecken beinahe zusammen: „Paene cecidi!"

Im Lager von Wakefield gab es ein interessantes elektrisches Problem. Beim Bau des Lagers wurde sicher keine Berechnung der elektrischen Leitungen vorgenommen, und der Spannungsabfall war groß. Die Internierten konnten sich nach ihrem Belieben Lampen kaufen, sie kauften sich solche für höhere Lichtstärken, und naturgemäß wurde der Spannungsabfall noch größer. Gerade zur Zeit meiner Ankunft hatten die Insassen einer Hütte eine großartige Idee: sie verschafften sich 120-Volt-Lampen anstatt der normalen 230-voltigen. Der Spannungsabfall in den Leitungen war so groß, daß die Lampen nicht unmittelbar ausbrannten, und diese Hütte hatte eine wundervolle Beleuchtung . . . bis eines Morgens beim Aufräumen das Licht eingeschaltet wurde, noch ehe es die anderen Hütten eingeschaltet hatten. Die Spannung war etwa 230 Volt und die 120-voltigen Lampen gaben sofort ihren Geist auf.

Ich sandte dem Kommandanten durch den Hütteältesten eine Berechnung, in der ich nachwies, daß stärkere Leitungen durch die Ersparnis an Stromkosten sich bezahlt machen würden. Der Kommandant war ganz erstaunt, als ihm die Berechnung gezeigt wurde. „Habt Ihr Leute die Absicht, hier noch Jahre zu bleiben, bis sich das Kupfer durch die Stromersparung bezahlt macht?!“ Unglücklicherweise blieben die Gefangenen noch Jahre.

Der Leser wird vielleicht glauben, daß ich im Lager interessante Tätigkeit und Zerstreuuung hatte und eigentlich sehr zufrieden hätte sein müssen. Aber das war nicht der Fall. Ich prüfte meine Lage mit wohlbekannten Redensarten aus alten Geschichten und kam zum Schluß, daß ich gern für meine Freiheit ein Jahr meines Lebens oder sogar ein Glied opfern würde.

Die Trennung von meiner Familie hatte natürlich viel damit zu tun. Einmal im Monat durfte man einen halbstündigen Besuch von Verwandten empfangen. Die Besucher saßen auf einer Seite einer Tischreihe, die Gefangenen auf der anderen Seite, und viele Soldaten waren zur Überwachung da. Es war ein rührendes Schauspiel, zu sehen, wie die Frauen mit ihren Kindern und mit schweren Paketen für die Gefangenen einmarschierten. Einen ganzen Monat warteten die Leute auf diese glückliche halbe Stunde; aber sie waren furchtbar niedergeschlagen, wenn ihre Frauen wieder abmarschieren mußten. Die anderen Gefangenen, deren Familien in Deutschland oder Österreich lebten, und die nie Besuch bekamen, waren an diesen Tagen noch viel mehr niedergeschlagen.

Ein Österreicher von guter Familie sagte mir aber einige Jahre nach dem Krieg, als er ein Unternehmen in Paris führte, das ihm manchmal große Sorgen bereitete, er wünsche oft die Zeit zurück, wo er Kriegsgefangener ohne Sorgen war, dem die englische Regierung alles Notwendige lieferte.

Im Lager hatten wir zwei eindrucksvolle österreichische Feiern. Die erste am 18. August 1916, dem 86. Geburtstag des Kaisers Franz Joseph. Das Lager wurde von den Österreichern und Ungarn mit Kaffee und Kuchen bewirtet, die Hymnen beider Länder wurden gesungen (wir lernten speziell die ungarische Hymne), eine patriotische Rede wurde gehalten und gute Musik gespielt. Eine Büste des Kaisers war entweder schon vorhanden oder wurde durch einen Bildhauer im Lager angefertigt. Um den Fuß der Büste wurde ein schwarzgelbes Tuch gebunden. Durch Zufall verlor sich die gelbe Hälfte, und man sah nur das schwarze Tuch, ein trauriges Vorzeichen.

Ich gestehe, daß ich oft in meinem Leben ähnliche Vorahnungen von Unglück hatte, muß aber hinzufügen, daß weitaus in der Mehrzahl aller Fälle das Unglück nicht eintraf. Wenn einmal ein Unglück sich wirklich ereignet, das man vorausgeahnt hat, so vergißt man meist die hundert Fälle, wo das vorausgeahnte Unglück nicht eingetroffen ist.

Die zweite Festlichkeit war die Trauerfeier beim Tod von Kaiser Franz Joseph Ende November 1916, als er fast das 68. Jahr seiner Regierung beendet hatte. Die Zertrümmerung Österreichs erlebte er nicht.

Zwischen diesen zwei Festlichkeiten hatte ich einzig und allein daran gearbeitet, aus dem Gefangenenlager entlassen zu werden. Sonst im bürgerlichen Leben war ich froh, nie einen Arzt konsultieren und niemals einen Arbeitstag durch Krankheit versäumen zu müssen. Jetzt ging ich mit jeder Kleinigkeit zum Lagerarzt und tat alles, um auf die Liste jener Leute gesetzt zu werden, die als kriegsdienstuntauglich in ihr Vaterland zurückgesandt wurden. Ich hütete mich aber dabei, Außenstehende um ihre Mitwirkung zu ersuchen oder von der Stelle zu sprechen, die ich früher bekleidet hatte. Koettgen hatte eine böse Erfahrung gemacht. Er hatte einen Bruch in der Hirnschale, war als kriegsdienstuntauglich angesehen worden und auf die Liste der Austauschgefangenen gesetzt worden. Man hatte ihn schon in das Lager Stratford in London geschickt, von wo der Austausch der Gefangenen stattfand. Aber im letzten Moment wurde die Entscheidung umgestoßen, zweifellos, weil man sich erinnerte, daß er bei Siemens in London eine führende Stelle bekleidet hatte. Deshalb sprach ich nicht unnötigerweise über meinen Beruf und bat auch meine Frau, zu niemandem etwas von meinen Bemühungen zu erwähnen.

Entlassung nach Holland.

Unmittelbar nach unserer Trauerfeier für Franz Joseph kam ein Sergeant und forderte mich auf, meine Sachen zu packen. In zwei Tagen würde ich nach Stratford gesandt werden, mein Gepäck solle sofort abgehen. Ich telegraphierte meiner Frau, die bei der Polizei einen Erlaubnisschein für einen Besuch in Wakefield anfordern mußte. Im Telegramm sprach ich nur von einer Überstellung nach Stratford, aber meine Frau wußte, daß Stratford die erste Etappe auf dem Wege zur Repatriierung war. Am nächsten Tag nahm sie in Wakefield von mir Abschied und acht Tage später erhielt sie ein Telegramm aus Holland, das meine Ankunft mitteilte. Jetzt begann ihre Arbeit. Sie mußte den Haushalt auflösen, und ihre Mutter, die bisher bei ihr gelebt hatte, übersiedelte zum verheirateten Sohn, der auch unsere Möbel übernahm. Sie mußte die Erlaubnis der englischen Behörden verlangen, um mit den Kindern nach Österreich zu reisen. Die Kinder waren englische Untertanen. Glücklicherweise waren es Mädchen; den Knaben wurde, wie wir hörten, die Erlaubnis verweigert, ins Feindesland auszuwandern.

Meine Frau wurde sowohl von den Behörden als von Bekannten gewarnt. Hatte sie sich überlegt, was sie tat? Würden die Kinder in Österreich nicht Hunger leiden? Sie erklärte, daß sie zu ihrem Mann gehe und die Kinder zu ihrem Vater bringen müßte.

Am 7. Dezember 1916 wurden wir Austauschgefangene auf das Spitalschiff St. Denis gebracht und landeten in Holland am Abend des nächsten Tages. Es war ein unbeschreibliches Gefühl, in einem neutralen Land zu sein. Ich ging sofort zum Postamt, um meiner Frau und meinen Geschwistern in Wien zu telegraphieren, und schrieb nach England und Österreich lange Briefe, ehe ich mich als freier Mann in einem Hotelbett niederlegte. Ich hörte nachher, daß meine Telegramme an beiden Stellen eine Flut von Tränen ausgelöst hatten. Mein Bruder Wilhelm erklärte sich sofort telegraphisch bereit, nach dem Haag zu kommen, um für mich zu sorgen, und Geld wurde mir sofort durch den Vertreter einer Wiener Bank im Haag angeboten. Ich hörte später, daß zu Beginn des Krieges meine Geschwister in Wien stündlich meine Ankunft erwartet und den Hausbesorgern in ihren Wohnungen Schlüssel und Geld für mich gegeben hatten, für den Fall, daß ich mitten in der Nacht mittellos ankäme.

In Holland führte mich Professor Feldmann beim Ingenieurverein ein, in dessen Bibliothek ich alles nachlesen konnte, was ich in den letzten zwei Jahren versäumt hatte. Ich benutzte auch die Gelegenheit, um als freier Mann in den Parks und am Meeresstrand herumzuspazieren und Theater zu besuchen. Zu meiner Verwunderung machten die Vorstellungen mit wirklichen Schauspielern und Sängerinnen gar nicht den großartigen Eindruck auf mich, den ich nach den Amateurvorstellungen in Wakefield erwartet hatte, wo auch die Frauenrollen durch Gefangene dargestellt wurden. Es ist merkwürdig, wie schnell man seinen Maßstab verändert. Ich merkte nicht so sehr die Überlegenheit gegenüber Wakefield als den Abstand zwischen den Opernvorstellungen in Holland und denen in Wien.

Mit Bewunderung las ich in einem der Hefte der Elektrotechnischen Zeitschrift von den großartigen Experimenten, die Kammerlingh-Onnes in Leyden bei Temperaturen nahe dem absoluten Nullpunkt angestellt hatte. Bei dieser Temperatur verloren die Metalle ihren elektrischen Widerstand, und das Magnetfeld, das ein induzierter Strom schuf, dauerte „ewig", weil der einmal induzierte Strom nicht abgedämpft wurde. Leyden ist ganz nahe dem Haag, und ich konnte die Einrichtungen bewundern, obwohl die Versuche selbst in meiner Anwesenheit nicht wiederholt werden konnten.

Der österreichische Konsul Lederer in Rotterdam, den ich von Manchester aus kannte, lud mich in sein Hotel ein, wo er mit seiner Frau wohnte, die, wie die meine, Engländerin war. Der Abend erinnerte mich an angenehme Vorkriegsabende im Midland-Hotel Manchester in der paradiesischen Zeit. Während der ersten Kriegsjahre hatte Lederer als Reserveoffizier in Ragusa an der dalmatinischen Küste Dienst geleistet. Seine Frau hatte die freundlichste Aufnahme gefunden und merkte nicht die mindeste Animosität gegen Engländer. Dagegen hatte der britische Konsul in Rotterdam sie angestarrt, als sie mit ihm ihre Absicht besprach, eine englische Pflegerin kommen zu lassen. „Glauben Sie, daß ein englisches Mädchen bei einer Frau Dienst nehmen wird, die mit einem Österreicher verheiratet ist?"

Weihnachtsfest.

Am Weihnachtsabend 1916 kamen meine Frau und meine Kinder nach Holland. Ich mußte 24 Stunden in Hook of Holland warten und machte mich wahrscheinlich verdächtig, zu einer Zeit, wo es in Holland von Spionen aller kriegführenden Länder wimmelte. Das Schiff hatte eine Verzögerung durch rauhes Wetter; Minen und Unterseeboote mußten vermieden werden.

Es war eine herrliche Zusammenkunft im Zollamt. Die Reise von dort nach dem Haag und die erste Nacht sind unvergeßlich.

Auf dem Schiff waren mehrere Austauschgefangene, deutsche Zivilisten von der Insel Man; sie hatten seit Kriegsbeginn keine Kinder gesehen.

Wir wollten direkt nach Österreich weiterfahren. Die Beschaffung von Pässen beim österreichischen Konsul bereitete keine Schwierigkeiten, aber für die Reise durch Deutschland mußte in Berlin ein Visum erbeten werden, und die Zustimmung des deutschen Generalstabes war notwendig, weil meine Frau geborene Engländerin war. Vergebens versuchte ich durch Freunde in Berlin die Erledigung zu beschleunigen. Einmal stellte sich heraus, daß das Gesuch von Amsterdam noch nicht abgegangen war, ein andermal hieß es, die Pässe wären an die Polizei in Wien gesandt worden, aber dort konnten sie nicht gefunden werden. Viele Tage hintereinander marschierten wir vier zum Konsulat und warteten dort, um jedesmal, wenn an uns die Reihe kam, zu hören, daß aus Berlin noch keine Entscheidung gekommen sei. Zu Beginn des Krieges konnten die Kinder englisch und deutsch gleich gut sprechen. Einige Monate später mußte die österreichische Lehrerin (später wurde sie Tschechoslowakin genannt) nach Österreich zurückkehren und die Kinder vergaßen ihr Deutsch, mit einziger Ausnahme des Abendgebetes. Die Wartezeit wurde benutzt, um die wunderbaren Museen im Haag und Amsterdam zu besichtigen. Das erste Mal wurden wir beim Eintritt gefragt: „Sind die Kinder sieben Jahre alt?" Und die Antwort „ja" war die halbe Wahrheit: Die ältere war sieben, die jüngere vier. Wir kannten aber jetzt die Zauberformel, die den Eintritt in alle Sammlungen vermittelte.

Während unseres Aufenthaltes in Holland, setzte ein sehr strenger Winter ein. Bis nach Weihnachten war mildes Wetter, aber dann litt ganz Europa unter einem der schärfsten und längsten Fröste. Der Hafen von Amsterdam war gefroren und Eisbrecher hielten notdürftig den Weg für die Schiffe offen.

Überall wohin wir gingen, wurden wir beobachtet: ob dies durch den deutschen, englischen oder holländischen Geheimdienst geschah, weiß ich nicht.

Wer weiß, wie lang unser Aufenthalt in Amsterdam gedauert hätte, wenn wir die Ankunft unserer Pässe abgewartet hätten! Aber die Atmosphäre verdüsterte sich sehr, als die Vereinigten Staaten im Februar 1917 die diplomatischen Beziehungen mit Deutschland abbrachen. Wenn Holland an Deutschland Krieg erklärt hätte, wäre unsere Lage dort viel schlimmer gewesen als in England. Auch der deutsche Konsulatsbeamte, Herr Brand, teilte meine Befürchtungen und gab mir den Rat, ohne Paß zur deutschen Grenze zu fahren. Er telephonierte den Beamten an der Grenze, sie mögen uns den Grenzübertritt gestatten und uns nach Berlin reisen lassen. Es war wie im Märchen vom Dornröschen: die bisher undurchdringliche Hecke öffnete sich plötzlich.

An der holländischen Grenze wurden uns die Lebensmittel, neue Schuhe und Kleidungstücke abgenommen, die meine Frau vor der Abreise aus England gekauft hatte. Während meine Frau mit den Beamten diskutierte, hielt die Siebenjährige ihre eigene Handtasche fest. Als der Schlachtennebel sich verzogen hatte, sahen wir, daß in dieser Kindertasche etliche Lebensmittel und Kleidungsstücke gerettet waren.

An der deutschen Grenze gab es keinen Anstand; wider Erwarten konnten wir sogar Andersens Märchen über die Grenze bringen und behalten. In Berlin erhielten wir einen provisorischen österreichischen Reisepaß und mußten nur die Juwelen meiner Frau bei Freunden deponieren, da die Einfuhr von Luxusgegenständen nicht gestattet war. Wir erhielten sie später nach Überreichung eines Gesuches in Wien.

In Berlin mußten wir persönlich im Gebäude des Generalstabs das Visum anfordern. Wir warnten das kleinere Kind, das ihr Deutsch vollkommen vergessen hatte, daß die Leute in dem Gebäude englische Gespräche nicht lieben. Obwohl sonst ein sehr lebhaftes Kind, saß sie während der Stunden des Wartens im Korridor, ohne eine Silbe zu äußern. Sie bildete eine Illustration zu dem englischen Sprichwort, daß man brave Kinder nur sehen, aber nicht hören solle.

Ankunft in Wien.

In Wien kamen wir am Abend des 12. Februar 1917 an. Meine Schwestern und Brüder erwarteten uns beim Zug, und zwei Fiaker waren bereit, eine Sache die nicht leicht war, wie wir später erfuhren. Eine Woche lang wohnten wir bei meinem Bruder Wilhelm und konnten dann in die Wohnung einer Tante einziehen, die gerade gestorben war, während wir uns in Holland aufhielten. Ihre Tochter gab uns die Wohnung mit Benutzung der Möbel, meine Geschwister hatten uns Lebensmittelvorräte überlassen und durch einen unglaublichen Glücksfall gelangten wir sogar plötzlich in den Besitz von 250 kg Kohle, einem Schatz von unermeßbarem Wert. Als wir später die Verhältnisse in Wien klar erkannten, die Not des Winters und die Überfüllung durch Flüchtlinge aus Polen, wußten wir erst zu schätzen, daß der Besitz einer Wohnung, von Kohle und Lebensmitteln Kapitel aus einem Märchen waren, und was für ein Opfer von seiten meiner Geschwister die Überlassung von Lebensmitteln bedeutete.

Mein Bruder Wilhelm war Anwalt und später Verwaltungsrat der Anglo-Österreichischen Bank, die trotz des Krieges es durchgesetzt hatte, daß ihr Name nicht geändert werden brauchte. Andere Unternehmungen mit englischen, französischen oder russischen Namen mußten sie ändern. Ein Linzer Hotel „Zum König von England" nannte sich im Kriege „Deutscher Kaiser", mußte aber nach Schluß des Krieges, als Kaiser und Könige verjagt worden waren, seinen Namen nochmals ändern. Das Hotel „Erzherzog Karl" mußte nach Schluß des Krieges einen bescheidenen bürgerlichen Namen annehmen. Der Besitzer des „Cafe Westminster" in Wien hatte den klugen Einfall, nur das „i" in „ü" zu verwandeln und sonst den Namen beizubehalten. Da Münster eine deutsche Stadt ist und sicher einen Westbezirk hat, so konnte er sich darauf berufen, daß das „Cafe Westmünster" nach einer deutschen Ortschaft benannt war. In Österreich war kein Haß gegen Engländer, Franzosen oder Amerikaner wahrzunehmen. Durch seine Verbindungen in der Anglo-Bank konnte mein Bruder mich mit den Leitern aller wichtigen Unternehmungen in der Monarchie bekannt machen. Die Arbeitsstunden der leitenden Persönlichkeiten waren unbegrenzt. Einmal sprach ich mit Günther, dem führenden Mann der Bergwerks- und Stahlindustrie, um halb zehn bei Nacht nach einer Sitzung in der Bank, die mehrere Stunden lang gedauert hatte. Ein anderes Mal mußte ich bei einem führenden Industriellen an einem Sonntag um 8 Uhr früh vorsprechen.

ELIN.

Während unseres Aufenthaltes in Holland traf einmal Herr Hans Altmann, der leitende Direktor der Gesellschaft für elektrische Industrie, bei einem Vortrag meinen Bruder Heinrich, freute sich sehr über die Nachricht, daß ich nach Wien kommen würde, und bat um meinen Besuch. Wir hatten an der Wiener Technischen Hochschule zusammen die Vorlesungen über Elektrotechnik besucht und waren auch bei der Allgemeinen Elektrizitätsgesellschaft in Berlin Kollegen, obwohl wir in verschiedenen Abteilungen tätig waren. Eine Woche nach meiner Ankunft in Wien stellte mich Altmann dem Direktor Franz Pichler vor, dem Gründer des Werkes in Weiz, das die Gesellschaft angekauft hatte. Pichler hatte großes Interesse und großes Verständnis für technische und industrielle Angelegenheiten. Wir machten aus, daß ich am 2. März 1917 Weiz besuchen sollte.

Ich hatte schon manches von Pichler und seiner Fabrik in Weiz, Steiermark, gehört. Pichlers Kühlrippen bei Transformatoren machten seinen Namen als Erfinder bekannt. Sie waren eine anscheinend selbstverständliche Idee, die es erlaubte, die Leistung eines Transformators ansehnlich zu steigern. Die Kühlrippen wurden nicht nur von Pichler, sondern auch von mehreren anderen Fabrikanten angewendet, die auf seine Erfindung Lizenz genommen hatten.

Mehrere Jahre vor dem Krieg hatte Westinghouse in Manchester einmal den Besuch eines Direktors der Gesellschaft für ELektrische INdustrie in Wien (später ELIN), der die Mitarbeit von Westinghouse erbat, um sich bei der bevorstehenden Elektrifizierung der Wiener Stadtbahn beteiligen zu können. Der Verkaufsdirektor von Westinghouse, Herr Blunt, sagte, er könne sich für das Projekt nicht erwärmen, weil er von Österreich und Wien nichts wüßte. Ich sagte, ich könne mich dafür nicht erwärmen, weil ich nur zu viel von Österreich und Wien wußte und überzeugt war, daß die ganze Arbeit vergeblich wäre. Damals hätte ich nicht geglaubt, daß ein verlorener Krieg die Möglichkeit bringen würde, die Wiener Stadtbahn zu elektrifizieren, und daß ich an dieser Arbeit bei der gleichen Firma mitarbeiten würde, mit der mir die Zusammenarbeit in Manchester zwecklos erschienen war.

Als ich von meinem Besuch in Weiz zurückkehrte, war ich niedergeschlagen. Meine Frau sagte mir später, ich hätte nur von der schönen Kirche auf dem Weizberg erzählt. Die Fabrik war klein. Zubauten waren in Ausführung, aber die Schwierigkeiten während des Krieges waren derart, daß die Bauten nicht vorwärtsgingen. Bei Unterhaltung mit dem Werkstättenleiter und den Ingenieuren fand ich zu meiner Überraschung das größte Interesse. Im allgemeinen zeigen sich Techniker in einem Betrieb selten begeistert über Vorschläge von auswärts und suchen eher die Nachteile in den Methoden anderer Fabriken zu entdecken und verteidigen die Vorteile ihrer eigenen Methoden. Und das ist gut so. Jede Methode hat ihre Vor- und Nachteile, und ein Mann, der nicht versucht, die letzteren herauszufinden und voll Begeisterung jeden neuen Vorschlag annimmt, kommt allzuleicht in Schwierigkeiten. Bei einem

Fabrikstechniker ist Skeptizismus, der zuerst wägt, ehe er wagt, sehr angebracht. Ich war erstaunt, nicht nur bei Pichler, sondern auch bei seinen Untergebenen ganz unerwartetes Verständnis zu finden, aber später merkte ich, daß ihr Enthusiasmus für sie ganz ungefährlich war: in Kriegszeiten konnte man weder eine neue Konstruktion noch eine neue Methode adoptieren. Man hatte nicht das Material, nicht die Leute und nicht die Zeit dazu.

Obwohl ich mit den führenden Persönlichkeiten so vieler Unternehmungen verhandelt hatte, war doch die Auswahl jetzt sehr beschränkt: eine Stellung in Deutschland, Böhmen oder Ungarn wollte ich nicht annehmen, weil ich nach dem Krieg Schwierigkeiten zwischen den Nationalitäten befürchtete, ohne mir ein klares Bild über die künftige Lage in Europa zu machen. Ich wollte mich auch mit keiner untergeordneten Stellung bei einem großen Unternehmen begnügen.

Zum Schluß blieb die Auswahl zwischen zwei Möglichkeiten: entweder mit Unterstützung meines Bruders Wilhelm ein kleines Unternehmen zu kaufen, das guten Gewinn abwarf und dessen Besitzer zum Verkauf geneigt schien, oder als technischer Direktor unter Pichler nach Weiz zu gehen. Altmann schlug einen dreijährigen Vertrag vor. Meine Frau erkannte den Vorteil, während des Krieges auf dem Land zu leben. „Aber was tun wir, wenn der Krieg früher endigt?"

Ich erzählte ihr von einem seltsamen Erlebnis, das ich etwa zwanzig Jahre früher in einem kleinen Orte an der Ostbahn bei Wien hatte. Ich wurde als junger Ingenieur zum Besitzer einer kleinen elektrischen Anlage geschickt, der angeblich einen sachverständigen Rat brauchte. Die Eisenbahnverbindung war schlecht. Ich kam mit einem frühen Zug an, der Besitzer der Anlage wußte aber von nichts. Möglicherweise hatte sein Sohn einige Wünsche betreffs der Anlage, aber er war in früher Morgenstunde nach Wien gefahren. Ich wartete den ganzen Tag. Spät nachts kam der Sohn von Wien zurück; auch er wußte von nichts. Es klärte sich nie auf, wie der Irrtum entstanden war und wo die Anlage in Wirklichkeit existierte, die einen Sachverständigen angefordert und niemals seinen Besuch erhalten hat. Aber während der Wartezeit sprach ich mit dem Eisenbahnmann. Er war vor achtzehn Jahren auf diesen einsamen Platz versetzt worden. Vorher hatte er auf verschiedenen Stationen Dienst geleistet, war überall nur kurze Zeit geblieben und hatte erwartet, bald wieder an einen anderen Ort geschickt zu werden. „Aber jetzt bin ich achtzehn Jahre hier und werde wahrscheinlich bis zu meinem Tode hierbleiben."

Anscheinend war ich zu dem Ort nur geschickt worden, um das Schicksal des Eisenbahnmannes zu erfahren.

Weiz erwies sich als solcher Posten für uns. Anstatt der drei Jahre, für die ich mich verpflichtet hatte, blieb ich 21, und meine arme Frau wurde dort beerdigt.

Ich hatte Altmann über die Zusammenarbeit mit Pichler befragt, da zu befürchten war, daß Pichler mit dem Eindringling nicht einverstanden sein würde. Altmann versicherte mir, daß der wahre Ehrgeiz von Pichler darin bestand, bei der bevorstehenden Elektrifizierung der österreichischen Wasserkräfte die maßgebende Rolle zu spielen, und daß nach Friedensschluß Pichler mit Vergnügen die Leitung der Fabrik in andere Hände legen würde.

Wir fanden die freundlichste Aufnahme bei Herrn und Frau Pichler und bei allen Leuten in Weiz, mit denen wir Bekanntschaft schlossen. Daß meine Frau Engländerin war und daß wir zu Hause englisch sprachen, erregte keinen Anstoß. Am Abend unserer Ankunft in Weiz wurde im Beamtenheim der Fabrik ein gemütlicher Abend veranstaltet und machte einen solchen Eindruck wie seinerzeit das erste „Smoking Concert“ in Manchester. Wir trafen auch Leute aus England und Amerika. Herrn und Frau Mitscha kannten wir aus Manchester. Schon 1896 war er Konstrukteur bei Kremenezky gewesen, als ich dort eintrat, und zur British Westinghouse Co. kam er noch vor mir. Beim Ausbruch des Krieges war er mit einem seiner Kinder auf Besuch bei Verwandten in Wien und konnte nicht nach England zurückkehren. In Weiz war auch ein Beamter Pamperl, der in Amerika naturalisiert worden war. Frau Mitscha und Frau Pamperl lernten einander erst bei dieser Gelegenheit kennen. Es gab Bier, Wein, Musik, interessante gesellschaftliche und technische Unterhaltung mit Pichler und seinen Ingenieuren. Das ganze erinnerte uns an einen deutschen Roman „Seine englische Frau“, den wir in englischer Übersetzung gelesen hatten, wo die Ankunft der englischen Frau eines deutschen Offiziers im Rheinland im Offizierskasino gefeiert wird und eitel Friede und Eintracht herrscht.

Ehe ich nach Weiz fuhr, wurde ich einmal zur Polizeidirektion nach Wien vorgeladen, die endlich meinen Paß von Holland via Berlin erhalten hatte. Voll Erstaunen fragte mich der Beamte, wie es möglich war, daß ich ohne den Paß eingereist sei, der jetzt auf seinem Schreibtisch lag. Ich vermute, daß im Verlauf der folgenden Monate Dutzende meiner telegraphischen Urgenzen allmählich den Weg zu seinem Schreibtisch fanden.

Tätigkeit in Weiz.

Meine technische Betätigung in Weiz bestand zuerst hauptsächlich darin, zu sehen, daß trotz aller Hindernisse wenigstens einige von den vielen bestellten Maschinen geliefert wurden. In bezug auf Kraft und Heizung waren wir nicht so übel dran. Wir hatten Wasserkraft. Pichler, ein geborener Weizer, hatte schon als junger Mensch, frisch von der Hochschule, einen Bach als Kraftquelle verwendet und hatte dann auch angefangen, seine eigenen elektrischen Maschinen zu bauen; dann baute er ein größeres Kraftwerk in der

Raabklamm, fünf Kilometer von Weiz entfernt, und führte eine Hochspannungsleitung auf Eisenbetonmasten nach Weiz. Im Frühjahr 1917 gab es genug Wasser, und Weiz schwamm in einem Meer von Licht, während in Wien Gas und elektrischer Strom streng rationiert werden mußten. Auch Kohle gab es in der Nachbarschaft. Es war wohl ein schlechter Lignit, aber er brannte. Holz war auch zu haben, obwohl hiezu diplomatische Besuche in einem Wirtshaus erforderlich waren, dessen Eigentümer in der Nachbarschaft Wälder besaß. An Holz war kein Mangel; die Schwierigkeit war nur, Pferde und Leute zu finden, die das Holz aus den Bergen zu Tal brachten.

Aber es war schwierig, Eisen zu beschaffen. Wegen des Eisenmangels war in Wien eine Kommission eingesetzt worden, die über die Dringlichkeit jeder einzelnen Anforderung entscheiden mußte. Theoretisch war es notwendig, nach Empfang einer Order für einen 5-PS-Motor die Ermächtigung einzuholen, ein paar Kilogramm Eisenblech, ein paar Kilogramm Rundstahl und ein paar Kilogramm Gußeisen zu kaufen, welche Ermächtigung dann an das Blechwalzwerk, an das Stahlwerk und an die Gießerei weiterzugeben waren. Vorschriften werden in der Regel durch Beamte gemacht, die das Geschäft nicht kennen. Geschäftsleute und Fabrikanten müssen dann versuchen, doch ein Resultat zu erzielen, trotz der Vorschriften, die dies verhindern würden, wenn man sie getreulich befolgte.

Vorerst war es notwendig, alle Bestellungen auf große Maschinen beiseite zu schieben, um Hunderte von kleinen Motoren liefern zu können, denn für die großen Maschinen konnte man nie alle notwendigen Materialien beschaffen.

Dann mußte ein Ersatz gefunden werden für den Stahl hoher Festigkeit, der für die Motorwellen vorgeschrieben und damals nicht erhältlich war. Der Werkstättenleiter wollte nichts davon wissen, als ich ihm sagte, er könne ohne Nachteil normalen Stahl mit den gleichen Abmessungen verwenden, der in genügender Menge auf Lager war. Nun werden aber die Wellen elektrischer Maschinen so dimensioniert, daß ihre Durchbiegung klein ist, und die Durchbiegung ist praktisch die gleiche, ob ein sehr fester oder ein normaler Stahl verwendet wird. Die Festigkeitsbeanspruchung ist bei solchen Maschinen nie groß. Der Werkstättenleiter lehnte die Verantwortung ab und zeichnete jede Welle aus normalem Stahl, die gegen seinen Rat verwendet wurde, besonders an. Nie gaben die so gezeichneten Wellen die geringste Schwierigkeit. Diese Erfahrung in großem Maßstab leistete mir viele Jahre nachher gute Dienste. Ich führte elektrische Schweißung ein, und die Schweißung harter Stahlwellen brachte Schwierigkeiten. Ich kehrte dann mit bestem Erfolg zur allgemeinen Verwendung des weichen Stahles zurück.

In der Schule lernt man tausend Dinge, die man wieder vergißt, wenn nicht im späteren Leben sich etwas ereignet, um die

Sache dem Bewußtsein einzugraben. Daß es nicht notwendig ist, für Motorwellen besonders harten Stahl zu verwenden, weiß ich durch eine Unterhaltung zu Anfang meiner Tätigkeit als Konstrukteur. Ein Vorgänger hatte für Motoren sehr dünne Wellen aus hochgradigem Material verwendet. Er hatte nur die mechanische Beanspruchung des zu übertragenden Drehmomentes im Auge und berechnete nicht die Durchbiegung, die entsteht, wenn der Motor einen ungünstigen Riemenantrieb hat. In der Praxis kamen mehrere Brüche von Motorwellen vor. Einer meiner Kollegen kritisierte nicht nur die zu schwache Dimensionierung der Welle, sondern auch den Gebrauch des teuren hochwertigen Stahles, der die Durchbiegung der Welle nicht verringerte. Das schien mir neu, aber ich überzeugte mich in den Tabellen über die Eigenschaften der verschiedenen Stähle von der Richtigkeit der Behauptung. Die Daten gehörten zu den Millionen von Daten, die uns in der Schule gelehrt worden waren, aber in meinem Gedächtnis blieben sie erst durch diese Unterhaltung, die 20 und 30 Jahre später Früchte trug. Es gibt viele Ingenieure, die diese einfache Tatsache nicht kennen, und glauben, daß sie den Sicherheitsfaktor einer Konstruktion durch Verwendung hochwertigen Stahles erhöhen, in Fällen, wo die Durchbiegung einer Welle das einzig Wichtige ist.

Es ist oft erstaunlich zu finden, daß geschulte Leute Tatsachen nicht kennen, die jeder Schuljunge wissen müßte. 50 Jahre nach meiner Maturitätsprüfung erstaunte ich über meine eigene Unwissenheit bei der Lektüre einer spanischen Übersetzung von Herbert Spencers Buch über Berufe. Ich las darin, daß Pontifex, der lateinische Ausdruck für Priester, Brückenbauer bedeutet, und daß im alten Rom die Priester so genannt wurden, weil sie die Bauaufsicht über die sieben Brücken des Tiber in Rom führten. Diese Erklärung war mir absolut neu, obwohl es kaum möglich scheint, daß ich während der acht Jahre meines Lateinstudiums sie nie gehört oder nie selbst herausgefunden hätte.

Im Jahre 1917 versuchte ich, im Weizer Werk bei den Wellblechkasten der Transformatoren elektrische Schweißung statt der Oxy-Azetylen-Schweißung einzuführen, hatte aber damals damit keinen Erfolg. Ich hatte zehn Jahre früher bei der General Electric Company in Schenectady das elektrische Schweißen solcher Kessel mit dem Kohlenlichtbogen gesehen; in Manchester wurde, wie in Weiz, mit Oxy-Azetylengas geschweißt; aber in Weiz war es zur Zeit unmöglich, der Fabrikation Leute zu entziehen, die ihre Zeit den notwendigen Experimenten gewidmet hätten. Erst fünf Jahre später konnten wir das Ziel erreichen.

Auch der Ersatz von Kupfer durch Aluminium bei den Wicklungen elektrischer Maschinen machte geringe Fortschritte. Die französische und später die britische Westinghouse-Gesellschaft hatte Kurzschlußkäfige mit Aluminium verwendet. Die Resultate waren nicht immer zufriedenstellend und erst später fand man, daß es notwendig war, den Aluminiumkäfig unter starker Pressung einzugießen, um stets ein verläßliches Resultat zu erzielen. Dafür wurden eigene Gußmaschinen konstruiert. Zu jener Zeit war aber der Kurzschlußmotor in Österreich unwichtig; alle Motoren von 1 PS aufwärts mußten Schleifringläufer haben. Erst zehn Jahre später kämpfte ich für den Kurzschlußmotor und setzte es durch, daß er allmählich auch für viel höhere Leistungen zugelassen wurde.

Für Maschinen mit Magnetspulen sollte der oxydierte Aluminiumdraht die Umspinnung mit Baumwolle ersetzen. Schon zehn Jahre vorher waren solche Spulen gezeigt worden. Altmann stellte dem Chemiker Dr. Hansgirg die Aufgabe, die Oxydierung des Aluminiumdrahtes in der Fabrik zu entwickeln, und Hansgirg löste sie in kurzer Zeit. Aber zur praktischen Einführung wären Einrichtungen notwendig gewesen, die in der Kriegszeit nicht entwickelt werden konnten. Auch kann der Oxydfilm betreff dielektrischer Festigkeit den Vergleich mit einem Lackfilm nicht aufnehmen.

Lebensmittel.

Technische Aufgaben waren zu jener Zeit nur ein kleiner Teil der Sorgen eines Fabriksleiters. Das Wichtigste war die Beschaffung von Lebensmitteln. Arbeiter hatten zwar eine Vorzugsstellung und bekamen größere Brotrationen als andere Leute, aber die offiziellen Rationen waren auf jeden Fall ungenügend. Der „militärische Leiter“ der Fabrik verlangte energisch bessere Versorgung der russischen und italienischen Kriegsgefangenen, die in den Werkstätten arbeiteten. Wie wir uns die zusätzlichen Lebensmittel beschaffen, wäre unsere Sache.

Die Kriegsgefangenen in Österreich erfreuten sich weitaus größerer Freiheit als die Zivilgefangenen in England. Sie waren die einzigen gesunden jungen Leute am Lande, da die gesunden jungen Österreicher alle im Feld dienen mußten. Kriegsgefangene, die in Bauernhöfen Dienst taten, waren die beneidenswertesten. Sie wurden gut genährt und untergebracht und gut behandelt. Die Kriegsgefangenen, die in Fabriken arbeiteten, waren nicht so gut genährt, wurden aber gut behandelt und wurden in ihrer Freiheit wenig beschränkt.

Die Beschaffung zusätzlicher Lebensmittel war das große Problem. Man sandte nach Ungarn und Kroatien Leute, die Schmalz, Mehl und Mais bringen sollten, aber die meisten Projekte führten zu nichts. Viele Leute fanden damals ein gutes Auskommen damit, daß sie die Beschaffung von Lebensmitteln *versprachen*.

Im Sommer und Herbst waren wir besser daran als die Stadtleute, weil die ganze Gegend um Weiz ein großer Obstgarten ist. Ein Spaziergang erlaubte es, gutes, reifes Obst von der Erde nach Herzenslust aufzulesen. Die Bauern hatten nicht genug Leute, um rechtzeitig die reifen Früchte zu pflücken oder die abgefallenen zu sammeln. Obst war leicht zu kaufen, aber die meisten anderen Lebensmittel waren knapp, doch konnte man bei den Bauern Lebensmittel gegen andere Gegenstände tauschen.

Werkserweiterung.

Trotz des Krieges wurden Zubauten zur Fabrik vorgenommen. Der Fortschritt war langsam. Die Fabrikserweiterung war nicht leicht, weil die Fabrik mitten im Ort lag und nicht die geringste Erweiterung vorgenommen werden konnte, ohne von einem Nachbarn Grund erwerben zu müssen. Im allgemeinen spielt bei Bauten der Preis des Grundes keine wesentliche Rolle, aber man hütete sich davor, Phantasiepreise zu bezahlen, um nicht künftige Erweiterungen zu erschweren.

Wegen einer Schleppbahn von etwa 1 km Länge von der Eisenbahnstation zur Fabrik mußte ein gerichtliches Enteignungsverfahren gegen zwei Grundbesitzer durchgeführt werden. Der Widerstand der Besitzer war leicht verständlich, denn sie hatten zum Geld kein Vertrauen. Da man vor dem gerichtlichen Enteignungserkenntnis nicht den Teil bei der Bahnstation beginnen konnte, wurde die Arbeit am anderen Ende, in der Fabrik, begonnen und die ausgegrabene Erde im Obstgarten von Pichlers Vater so angehäuft, daß ein großer künstlicher Hügel entstand, der erst nach langer Zeit abgetragen werden konnte.

Altmann, der leitende Direktor der Gesellschaft, zeigte einen weiten Blick bei der Ausführung dieser Schleppbahn und bei Ausführung solider Bauten, anstatt provisorischer Holzhütten, deren Errichtung in dieser Zeit so nahe lag. Eine lebensfähige Fabrik dehnt sich stetig aus, und was heute als vorübergehendes Bedürfnis erscheint, erweist sich in der großen Mehrheit aller Fälle als dauerndes Bedürfnis. Es mutet sonderbar an, sogar bei großen, reichen Unternehmungen Holzhütten und Baracken zu sehen, die hohe Erhaltungskosten erfordern und die Arbeit erschweren und verteuern. Eine anständige Stahl- oder Eisenbetonhalle stellt eine Dauerlösung dar, erlaubt wegen ihrer Durchsichtigkeit bessere Arbeit mit geringerem Aufwand an Personal, und kostet im Bau nicht so viel mehr an Zeit und Geld, als manche Leute glauben. Vor der Vollendung der Schleppbahn war es oft eine ganz erstaunliche Aufgabe, schwere Lasten in die Fabrik oder aus ihr heraus zu schaffen. Pferde waren schwer zu beschaffen und ein Motorlastwagen, den die Fabrik besaß, war ständig in Reparatur. Ein großer Transformator wurde durch 40 russische Kriegsgefangene von Hand aus zur Eisenbahnstation geschafft; in derselben Art wurden ein Laufkran und eine große Drehbank von der Station zur Fabrik gefahren. Der Werkstättenleiter Hribar war Meister in solchen Transporten. Zur Mittags- und Abendstunde, wenn die Fabrikspfeife blies, wurden Transformator oder Drehbank mitten auf der

Straße belassen: es gab keinen großen Verkehr, und die Bewohner behandelten das Ungetüm mit Hochachtung. Die kleinen Kinder und alten Weiber kannten alle genau die Bewegungen des Transformators.

Spaziergänge.

Der Bahndienst war nicht sehr gut; zu manchen Stunden des Tages konnten tüchtige Fußgänger, wie Pichler und ich, Zeit sparen, indem wir auf Abkürzungswegen zwanzig Kilometer nach Maria Trost bei Graz marschierten, von wo eine Straßenbahn ins Innere der Stadt führte. Pichler war kein Freund von Automobilen; zu jener Zeit war es auch schwer, Gummireifen und Benzin aufzutreiben. So marschierten wir oft in Geschäften und zum Vergnügen. Beispielsweise verließen meine Frau und ich Weiz an einem schönen Sonntagmorgen im Herbst und marschierten nach Graz, aßen Lebensmittel aus unserem Rucksack und Obst, das wir vom Boden auflasen, besuchten in Graz ein Theater und blieben dort über Nacht. Am Montagmorgen wohnte ich einer Sitzung von Industriellen bei. Ein anderes Mal übernachtete ich mit Pichler auf dem Schöckel in einer Höhe von 1400 Metern. Das Schutzhaus war von Weiz in vier Stunden zu erreichen, von Graz in drei Stunden. Pichler kehrte am Montag früh nach Weiz zurück und ich ging nach Graz zu einer Sitzung.

Ein solcher dreistündiger Spaziergang durch die wunderbaren Felder und Wälder war ein schöner Beginn der Tagesarbeit.

Einmal trafen wir bei einem solchen Spaziergang in der Nähe von Weiz einen Arzt, der seine Krankenbesuche zu Pferde machte und seine kleine Tochter als Begleiterin mitnahm. Ich versprach damals meiner Tochter Margaret, daß sie nach dem Krieg ein Pferd haben sollte, konnte aber mein Versprechen nicht einlösen; nach dem Krieg waren die Schwierigkeiten mit Lebensmittel noch größer als vorher, und es war nicht leicht, ein Pferd zu versorgen.

Die Reisen nach Wien boten immer großes Interesse, aber die abgezehrten Gesichter der Leute in den Straßen von Wien zeigten, wie schlecht sie genährt waren, vielleicht nach dem Krieg noch schlechter als vorher. Die Schwierigkeiten mit Beleuchtung und Beheizung waren auch schlimm. Kaffeehäuser stellten eigene kleine Anlagen für Gaserzeugung oder Erzeugung von elektrischem Strom auf. Wie sie sich das Material für die Anlage und den Brennstoff verschafften, blieb ihr Geheimnis. Oft gab es in einem Lokal drei verschiedene Beleuchtungsanlagen, gebaut in der Hoffnung, daß doch eine von den dreien betriebsfähig gehalten werden könne; das Licht war nicht allzu gut, und sie verbreiteten meist einen üblen Geruch; aber in den Kaffeehäusern traf man interessante Leute, von denen manche gut informiert waren. Trotzdem glaube ich nicht, daß ich einen einzigen Menschen traf, der das Schicksal Österreichs nach Kriegsschluß klar voraussah.

1918. Kriegsende.

In den letzten Oktobertagen 1918 gab es Konferenzen in Weiz. Der Bezirkshauptmann, der rangälteste Offizier, der Bürgermeister und der Feuerwehrhauptmann berieten mit Pichler und mir die Maßnahmen, die zu ergreifen waren, wenn die Soldaten von der italienischen Front zurückfluten würden. Aber in Wirklichkeit gab es keine Unruhen. Die russischen und italienischen Kriegsgefangenen marschierten ab, ohne einen Befehl abzuwarten; die meisten der in Weiz stationierten österreichischen Soldaten taten dasselbe. Manche von ihnen kamen nach einigen Tagen wieder: in den Baracken hatten sie mehr zu essen als zu Hause.

Die größte Befürchtung herrschte davor, daß die von der Front zurückkehrenden Soldaten die Lebensmittelmagazine stürmen und Aufruhr machen würden, wenn sie nichts zu essen fänden. In Wirklichkeit brachten die Soldaten selber von der Front Lebensmittel ins Hinterland.

In der Fabrik hatten wir das Glück, daß wir am Samstag, den 3. November 1918, als Österreich in Trümmer fiel, einen Eisenbahnwagen mit zehn Tonnen Kartoffel erhielten. Man würde glauben, daß die Bewohner eines Reiches von 50 Millionen, das plötzlich zusammenbricht und in kleine Trümmer zerfällt, von denen keines lebensfähig ist, Verzweiflung zeigen würden. Es war eine Katastrophe, wie sie die Welt seit langem nicht gesehen hatte. Aber man freute sich, daß Kartoffeln angekommen waren; man freute sich, daß der Krieg zu Ende war.

Als die Soldaten nach Weiz zurückkamen, gab es den ganzen Winter hindurch Feste und Tänze.

Meine älteste Schwester Emilie in Wien wurde bald nach Kriegsende krank, ein Opfer der Kriegsnot. Bei der Überführung in ein Sanatorium mußten wir in Dunkelheit und Kälte unseren Weg suchen, konnten nicht Wasser erhitzen, weil jedem Haushalt nur winzige Quantitäten von Gas und elektrischem Strom zugemessen waren und vollständige Absperrung gedroht war, wenn die zugemessene Ration überschritten wurde. Zwei Jahre später starb meine Schwester.

Das Ende des Krieges brachte eine Republik. In der Regierung waren wohl die drei großen Parteien Österreichs vertreten, die Sozialdemokraten, die Christlichsozialen und die Großdeutschen, aber die Sozialdemokraten waren führend. Während der Revolution wurde gute Disziplin gehalten, Tumulte gab es kaum.

Eine der ersten Maßregeln war die Einführung des achtstündigen Arbeitstages oder der 48-Stunden-Woche, einer Maßregel, die seit dem 1. Mai 1890, dem ersten internationalen Arbeiterfeiertag, ständig gefordert worden war. Plötzlich, nach dem verlorenen Krieg, wurde, ohne die mindeste Vorbereitung, der Achtstundentag eingeführt. Für Weiz erschien es eine sinnlose Maßnahme. Wir hatten

Wasserkraft und in den Ruhestunden floß das Wasser nutzlos ab. Eine zweite oder dritte Schicht konnten wir dort, wo sie nicht schon bestanden, nicht einführen, weil wir neue Arbeiter nicht beherbergen konnten. Unsere eigenen Arbeiter wären wohl bereit gewesen, gegen besondere Vergütung länger zu arbeiten, aber die Führer der sozialdemokratischen Partei bestanden auf der strengen Durchführung des Gesetzes.

Jetzt muß ich gestehen, daß sie recht hatten. Die Verkürzung der Arbeitszeit war die wesentlichste Errungenschaft der Revolution.

Wir bauten Militärbaracken in provisorische Unterkünfte für Arbeiter um, bevor wir im Jahre 1920 damit begannen, bei Gelegenheit einer neuen Fabrikserweiterung große Wohnhäuser für Arbeiter zu errichten. Aber als diese fertig waren, konnten wir nicht, wie erwartet, viele gelernte Arbeiter von auswärts in diesen Wohnungen unterbringen und unsere Belegschaft erheblich vergrößern; eine Heiratsepidemie war ausgebrochen, und jeder von den unverheirateten Arbeitern und Beamten verlangte eine Wohnung. Wir mußten weiterbauen.

Bei Abschluß des Waffenstillstandes zwischen Österreich und Italien gab es ein Mißverständnis in bezug auf das Datum, das nie aufgeklärt wurde. Dadurch hatten die Italiener Gelegenheit, in einem Tag 400 000 österreichische Gefangene zu machen, die viele Monate lang in Italien festgehalten wurden.

Niemand konnte damals wissen, wie die Friedensbedingungen aussehen würden, noch, daß die verschiedenen Nationen Österreichs vor die Wahl gestellt würden, entweder sich den glücklichen Siegern zuzuzählen oder den unglücklichen Besiegten, denen die Verpflichtung auferlegt wurde, Kriegsentschädigungen zu zahlen, zu deren Aufbringung eine viermal so große Bevölkerung, als sie der Reststaat hatte, durch viele Generationen hätte Sklavendienste leisten müssen. Niemand konnte voraussehen, daß die großen Siegerstaaten, deren Staatsmänner den österreichischen Problemen so unschuldig gegenüberstanden wie neugeborene Kinder, die Friedensbedingungen nicht mit Österreich und Ungarn, sondern nur mit den Führern der slavischen Völkerschaften besprechen und es ihnen überlassen würden, die neue Weltkarte mit der Vollmacht der Großen zu entwerfen. Wenn eine Familie sich auflöst, so wird man es nicht einem Teil überlassen, die Bedingungen der Erbteilung festzusetzen. Jeder, der wußte, wie innig gemischt die Völkerschaften des Reiches waren, mußte auch erkennen, daß der schöne Gedanke, die „unterdrückten Nationen zu befreien", unausführbar war. Das Resultat war, daß statt eines Reiches mit gemischter Bevölkerung ein halbes Dutzend solcher Kleinstaaten entstanden, jeder mit einem Völkergemisch, jeder mit den Problemen des alten Reiches belastet; jeder einzelne mit denselben Klagen der Unterdrückung der Bevölkerungsminorität durch die Mehrheit, und das Ärgste: keiner von den Staaten war lebensfähig.

Die neuen Staaten fingen damit an, ihre Grenzen gegeneinander abzusperren. Das kleine Österreich mit sechs Millionen Einwohnern und einer Hauptstadt von fast zwei Millionen, konnte sich nicht selbst ernähren. Seine Kohle hatte es bisher aus Böhmen und Galizien bezogen, seinen Zucker aus Böhmen, das Brotgetreide zum großen Teil aus Ungarn und Kroatien, welch letzteres jetzt zu Jugoslawien gehörte. Der wirkliche Krieg gegen die Bevölkerung von Österreich brach nach dem Waffenstillstand aus, und es war erschreckend, die abgezehrten Gesichter in den Straßen von Wien zu sehen. Um ihre Wohnungen zu heizen, gingen die Leute in den Wienerwald und brachen gesetzwidrig Baumzweige ab, um sie viele Kilometer weit in ihre Wohnungen zu schleppen. Ein jugoslawischer Geschäftsmann, den ich einmal in einem Eisenbahnzug traf, charakterisierte die Situation durch ein hübsches Gleichnis: „Die Teilung einer Verlassenschaft in der Art, daß einer von den Söhnen das Haus, der zweite das Feld, der dritte das Lager, der vierte die Kasse, der fünfte die Kundschaft und der sechste die Schulden übernimmt."

Die Staatsmänner der großen Reiche versuchten dann erfolglos, die Kleinstaaten dazu zu veranlassen, zu einem Modus vivendi zu kommen. Meine Frau erinnerte an den englischen Kindervers von Humpty-Dumpty, dem Ei, das von einer Mauer heruntergefallen war:

„All the king's horses and all the king's men
Could not put Humpty-Dumpty together again."

„All des Königs Reiter und Mannen konnten Humpty-Dumpty nicht wieder zusammenleimen."

Man müßte lange in den Annalen der Weltgeschichte suchen, um ein so unglückliches diplomatisches Instrument zu finden wie diesen Friedensvertrag. Die unglaublichen Verpflichtungen, die dem einen Viertel der Monarchie auferlegt wurden, der als besiegt erklärt wurde, wurden niemals ausgeführt. Die Reparationskommission erschien in Wien, um zu strafen und die Bedingungen des Friedensvertrages durchzuführen. Sie fand zu ihrem Erstaunen, daß die Wiener von ihr Hilfe erwarteten; in der Tat mußte sie ihr Programm vollständig ändern. Nicht viele Leute eignen sich dazu, das Bett wegzutragen, auf dem ein Mensch im Sterben liegt, auch wenn sie mit diesem Auftrag gesandt wurden.

Die Friedensbedingungen, mit Ausnahme jener, die sich auf die neuen Grenzen bezogen, kamen nie zur Durchführung; von allen Seiten wurden den Notleidenden in Österreich Hilfe zuteil: Holland, Schweden, die Schweiz und auch England luden österreichische Kinder zu Gaste; Wohltäter aus den Vereinigten Staaten lieferten Lebensmittel für Kinder in den österreichischen Schulen: es gab Weißbrot, Schokolade und Mahlzeiten mit einer ganz komplizierten, wissenschaftlich zusammengestellten Speisekarte; andere Wohltäter bekümmerten sich um Spitäler, und es gab Quäker, die die Verteilung der Lebensmittel beaufsichtigten und sich Monate lang nur von in Büchsen mitgebrachten Konserven nährten, um den Österreichern nicht ein Gramm der im Lande befindlichen Lebensmittel wegzuessen.

Elektrifizierung von Wasserkräften.

Allgemein war das Verständnis dafür, daß die Elektrifizierung der Wasserkräfte für die Belebung der österreichischen Wirtschaft von großer Wichtigkeit war. Einmal schrieb ich für Sir William Good, den Vertreter englischer Finanzkreise, ein kurzes Memorandum, in dem ich zeigte, daß damals die Baukosten für Elektrizitätswerke, in englischem Gelde gerechnet, niedriger waren als in der Vorkriegszeit und daß für elektrische Energie von Industrie, Gewerbe und Landwirtschaft ein Preis gezahlt werden könne, der die investierten Kosten gut verzinst und amortisiert, obwohl damals die altbestehenden Elektrizitätswerke einen weit niedereren Strompreis verrechneten.

Man konnte überall den Hunger nach elektrischem Strom wahrnehmen. Vor dem Kriege hatte Pichler große Schwierigkeit, von Besitzern die Erlaubnis zu erhalten, auf ihrem Grund Leitungsmaste aufzustellen. Aber während des Krieges und nachher hatten die Bauern, die elektrische Beleuchtung eingeführt hatten, Licht und konnten Elektromotoren betreiben, während die anderen Petroleum für ihre Lampen oder Benzin für Motoren nicht auftreiben konnten. Jeder war glücklich, der sich an ein elektrisches Leitungsnetz anschließen konnte. Die Bauern verlangten von der Bezirkshauptmannschaft, man solle der Fabrik verbieten, Motoren nach Wien und anderen Plätzen zu „exportieren". Alle Elektromotoren sollten nur den steirischen Bauern dienen. Sie bedachten nicht, daß die Fabrik von Brot allein nicht leben kann, daß sie auch Eisen, Kupfer und Isoliermaterial braucht, das nicht auf ihren Feldern wächst.

Kohle wuchs in Weiz, aber was für eine Kohle! Als die Grenzen geschlossen wurden und wenig Kohle aus der Tschechoslowakei und Polen ins Land kam, begann man in Österreich nach dem Lignit zu graben, der in vielen Teilen des Landes zu finden ist. Er wurde den Grubenbesitzern „aus der Hand gerissen", obwohl er von schlechter Qualität, mit viel Lehm gemischt und nicht gesiebt war, denn die Unternehmer konnten keine großen Investitionen für Maschinen wagen, weil sie wußten, daß bei Wiederkehr normaler Zeiten ihr Geschäft ein Ende finden werde. Damals sprach man von „feuerfester Kohle". Ein existierendes Feuer konnte leicht durch das Aufwerfen dieser Kohle erstickt werden, der viel feuchter Lehm beigemischt war.

Jedenfalls brauchten die neuen Gruben Seilbahnen, Elektromotoren und Beleuchtung. Pichler erweiterte sein Elektrizitätswerk, das er unabhängig von der „ELIN“ als Familienbesitz betrieb, und schuf ein großes Verteilungsnetz, um nicht nur die neuentstandenen Industrien, sondern auch etwa hundert Ortschaften mit Strom zu versorgen. Als Pichler im August 1919 starb, war keine dieser Erweiterungen vollendet; aber seine Söhne vollendeten das Werk mit gutem Erfolg. Die Elektrifizierung der Landwirtschaft bewährte sich.

Inflation.

Die vier Jahre nach Schluß des Krieges brachten eine Inflation und Geldverschlechterung, wie sie bis dahin in großen Ländern nicht vorgekommen war. Zu Ende 1916, bei meiner Ankunft in Holland, war der Wert des österreichischen Papiergeldes auf die Hälfte gesunken, im Frühjahr 1919 auf ein Viertel, im Herbst auf den zwanzigsten Teil. Weise Leute hatten vorausgesagt, daß damit der völlige Zusammenbruch eintreten würde, denn die Kosten des Papiers und Druckes einer Kronennote machten angeblich fünf Heller aus. Die Weisen hatten aber nicht bedacht, daß es unnötig sei, Einkronennoten zu drucken; bald waren auch Hundertkronennoten kein Vorrecht der Reichen; später wurden wunderschöne Fünftausend- und Fünfzigtausendkronennoten gedruckt und die Bauern lernten, mit Millionen zu rechnen. Als nach ein paar Jahren die Inflation aufhörte, das Geld stabilisiert wurde und zehntausend Kronen ein Schilling genannt wurden, sprachen die Bauern noch viele Jahre von einer Million, wenn sie 100 Schilling meinten.

In Österreich dauerte die Inflation bis zum September 1922. Da wurde das Geld mit dem 14 400sten Teil seines früheren Wertes stabilisiert. In Deutschland dauerte die Inflation länger, und eine Billion Mark wurde zur neuen Rentenmark, deren Wert einer Mark vor dem Kriege annähernd gleich war. Von einer Reise nach Dresden im Frühjahr 1924 brachte ich eine Banknote für 100 000 Millionen Mark nach Hause, die zehn Pfennig wert war.

Die Inflation brachte viele Probleme im täglichen und Geschäftsleben. Die Gesetze gegen Preistreiberei verboten dem Wiederverkäufer einen „übermäßigen“ Gewinn auf die Waren aufzuschlagen, und die Rechtssprechung ging lange von der Voraussetzung aus, daß die Kronen, die der Geschäftsmann von seinen Kunden empfing, denselben Wert hätten als die Kronen, die er für die Ware bezahlt hatte. Wenn im Jahre 1922 ein Holländer nach Österreich kam, konnte er in den österreichischen Läden holländische Schokolade und holländischen Käse weitaus billiger kaufen als in Holland, denn er brauchte für österreichische Kronen weitaus weniger holländische Gulden zu bezahlen als sie damals wert waren, wie der österreichische Kaufmann in Holland seine Schokolade und seinen Käse gekauft hatte. Wien und Österreich waren belagert von Ausländern, die alles, was sie kaufen konnten, für lächerliches Geld an sich brachten. Während die große Bevölkerung darbte, konnten sich diese ausländischen Einkäufer, zum großen Teil aus den früheren österreichischen Provinzen, jeden Luxus leisten. Natürlich gab es auch Österreicher, die sich an diesem Handel beteiligten und während der Inflation reich wurden. Als das Geld stabilisiert wurde, verschwand in den meisten Fällen der Reichtum so schnell als er gekommen war, aber in den Tagen der Inflation hatten Theater, Varietés, Hotels und Gastwirte, die es verstanden, sich Lebensmittel zu verschaffen, eine goldene Zeit.

Im Geschäftsleben war der Verkäufer der Herr; der Einkäufer mußte mit dem Hute in der Hand erscheinen, um überhaupt empfangen zu werden. Es war unmöglich, einen festen Preis für irgend einen Gegenstand auszumachen, der erst fabriziert werden mußte; Verkäufe, die vor dem Krieg oder zu Anfang des Krieges zu festem Preis getätigt worden waren, konnten nicht eingehalten werden, wenn die Lieferung noch nicht erfolgt war. Es dauerte einige Zeit, bis sich ein Verfahren entwickelte, um solche Fragen zu klären, aber bald war es für jeden Menschen ersichtlich, daß die alte Regel eines ehrlichen Geschäftsmannes, durch sein Versprechen gebunden zu sein, nicht länger anwendbar war.

Im Laufe der Zeit wurde in der Elektroindustrie ein Verfahren entwickelt, jeden Monat die Verteuerung der Rohstoffe und der Löhne festzusetzen und daraus den prozentuellen Zuschlag zu bestimmen, der auf den Grundpreis aufgeschlagen werden mußte. Bei längeren Lieferzeiten wurde der Durchschnitt der Monatspreise von der Bestellung bis zur Lieferung bestimmt. Obwohl die Kunden in der Preiskommission nicht vertreten waren, und Regierungsvertreter nur so lange als der Krieg dauerte, wurde doch der Preisaufschlag ganz regelmäßig niedriger festgesetzt, als der, der dem wirklichen Stand des Rohstoffmarktes entsprach, in Monaten plötzlicher Geldverschlechterung sogar unglaublich niedrig. Die Mitglieder der Kommission hatten wie die meisten anderen Leute keine Ahnung, daß die Geldverschlechterung nicht eine vorübergehende, sondern eine Dauererscheinung war. Durch viele Jahre hindurch wurde ein immer höherer Satz von vielen hundert Prozenten einem fiktiven niederen Preis oder Lohn zugeschlagen, weil man nicht daran glaubte, daß die hohen Preise von Dauer sein oder gar sich noch immer mehr erhöhen würden.

Die Verhandlungen mit Kunden, die zu Beginn des Krieges große Maschinen bestellt und sie vorausbezahlt hatten, waren ein schwieriges Kapitel. Die Bestellung konnte nicht ausgeführt werden, weil Rohstoffe fehlten. Jeder Monat Verzögerung machte die Ware teurer. Der Kunde wurde nicht nur schlecht behandelt und vernachlässigt, er sollte für die Verzögerung noch mehr zahlen. Es ließen sich von beiden Seiten genug Argumente vorbringen; aber da jeder Fabrikant einmal Käufer, ein anderes Mal Verkäufer war, so erfolgte im allgemeinen eine friedliche Einigung, und man rief nicht die Gerichte an.

Manchmal versuchten Kunden, kleine Angestellte zu bestechen, damit ihre Bestellungen rascher erledigt würden. Die wirksamste Bestechung bestand in Lebensmitteln. Einmal kam der Vorschlag, eine solche Bestechung offiziell zu verlangen und jeden Kunden dazu zu verhalten, einen Teil des Preises seiner Maschine mit Lebensmitteln zu bezahlen. Aber der Vorschlag hatte keinen Erfolg: die Kunden konnten nicht mit Lebensmitteln bezahlen, weil sie selbst keine hatten.

Einmal erschien in Weiz ein Rechtsanwalt und Gemeinderat einer steirischen Stadt, ein Freund Pichlers, um technische Hilfe zu erbitten, zur Befreiung aus einem nachteiligen Vertrag. Ein alter Vertrag forderte, daß sie einer anderen Stadt Strom zu einem, jetzt ganz unrentablem Preis lieferten. Der Kunde wollte von einer Abänderung des Vertrages nichts wissen. Da sollte nun die Fabrik einspringen und einen Hochspannungsschalter liefern, der bei jeder auch noch so kleinen Überschreitung des vereinbarten Stromverbrauches eine Unterbrechung verursachen sollte. Die Sache wäre natürlich durchführbar gewesen, und Pichler hörte seinem Freund mit Sympathie zu, stimmte aber meiner Meinung bei, daß wir uns nicht mit neuen Sorgen belasten und es ruhig den Anwälten überlassen sollten, sich aus einem unbilligen, drückenden Vertrag herauszuwinden.

Gerichtsentscheidungen machten das Geschäftsleben nicht leichter. Als ich im Jahre 1917 nach Wien kam, war jeder Mensch glücklich, wenn er ein Stück guter Seife um zwei Kronen kaufen konnte. Aber zur gleichen Zeit verurteilte ein Richter einen Händler, der ein Stück Seife, das er um 24 Heller erworben hatte, um 30 Heller verkaufte, denn das war ein Zuschlag von 25 %, während als höchstzulässiger 20 % betrachtet wurden. Vergebens wies der angeklagte Kaufmann darauf hin, daß es keine Münze gebe, mit der eine Summe von 28,8 Heller ausbezahlt werden könne. Der Richter belehrte ihn, das wäre der Höchstpreis. Er könne auch weniger verlangen.

Es war eine Zeit, wo jeder, der existieren wollte, die Vorschriften verletzen mußte. Es war verboten, sich Lebensmittel im Schleichhandel zu beschaffen, aber niemand konnte von den offiziell zugeteilten Lebensmitteln existieren. In solchen Fällen siegt die Maxime, daß es ebenso gut ist, ein Schaf zu stehlen als ein Lamm, wenn man für jeden Diebstahl gehängt wird, und am besten ging es jenen Leuten, die ein recht weites Gewissen hatten.

Während eines Jahres, vom Sommer 1921 bis zum Sommer 1922, sank der Wert des Geldes auf den hundertsten Teil. Ein

Stück Eisen, das jemand auf Lager hatte, sollte er, nach der bisherigen Spruchpraxis der Gerichte um einen bestimmten Preis verkaufen; wenn er aber rechnete, welchen Preis er zu zahlen hätte, wenn er die gleiche Menge Eisen vom Stahlwerk bestellen würde, würde auch der hundertfache Preis kaum genügen, und jeder Preis zwischen diesen beiden Extremen war möglich. Vielleicht verkaufte er das Stück Eisen zum zehnfachen Einstandspreis und sprach optimistisch von 900 % Gewinn, um zu seinem Schrecken herauszufinden, daß er selbst mit diesem preistreiberischen Gewinn nur den zehnten Teil des Eisens wieder kaufen konnte, das er seinem Kunden überlassen hatte.

Zur Fortführung ihres Geschäftes mußten Fabriksunternehmungen andauernd ihr Kapital vergrößern. Die alten Aktionäre, die wegen Geldmangel die neuausgegebenen Aktien nicht übernehmen konnten, mußten zusehen, wie ihr Anteil am Unternehmen allmählich schwand. Dagegen gab es andere Leute, die mit nichts angefangen hatten und mit Geld arbeiteten, das sie sich von Banken ausliehen, und die in kurzer Zeit „reich" wurden. Es war nicht ungewöhnlich, Knaben mit siebzehn Jahren als erfolgreiche Geschäftsleute zu sehen, die in Geld und Vergnügungen wateten. Kenntnisse waren nicht erforderlich. Je weniger einer wußte, desto erfolgreicher war er oft. Einzelne dieser jungen Leute kehrten ein paar Jahre später zur Schulbank zurück oder nahmen einen Posten als Laufjungen an, nachdem sie erfolgreiche Finanziers gewesen waren.

Zu jener Zeit machte ein Scherz die Runde: der deutsche Kaiser habe vor der Kriegserklärung im Jahre 1914 eine Anfrage an das Orakel in Delphi gerichtet, was die wirtschaftlichen Folgen des Krieges sein würden. Das Orakel habe geantwortet: nach dem Krieg wird jeder Deutsche ein Millionär sein.

Trotz der unfaßbaren Preisänderungen von Tag zu Tag arbeiteten die Fabriken weiter und erhöhten ihre Erzeugung ständig. Schwierig war die Festsetzung der Löhne. Der auswärtige Wechselkurs des Geldes konnte nicht als Maßstab genommen werden; in Österreich waren die Preise der Waren ganz verschieden, und ein Arbeiter, der seinen Vorkriegslohn in ausländischer Währung erhalten hätte, wäre im Stande gewesen, für einen Wochenlohn ein ganzes Dorf anzukaufen. Der feste Gehalt eines Generaldirektors, umgerechnet in ausländische Valuta, war kleiner als der Lohn eines Laufjungen in London oder New York. Eine Dollarnote, die ein Knabe von einem Vetter in Amerika in einem Brief als Geschenk empfing, stellte in Österreich einen unglaublichen Reichtum dar, der noch dazu von Tag zu Tag anwuchs. Mancher Mensch wurde Spieler oder Spekulant durch das Geschenk einer ausländischen Note oder einiger Aktien.

Lohnverhandlungen mit Angestellten sind meist langwierig und unangenehm. Während Verhandlungen mit Kunden gewöhnlich geschäftsmäßig, schnell und ohne unnütze Schärfe geführt werden, während große Geschäfte oft in einer Unterredung von einer Viertelstunde erledigt werden, werden bei Lohnverhandlungen oft lange Reden gehalten, die mit Absicht verletzend sind und den Unternehmer für den Zustand der Welt verantwortlich machen.

Die ersten Verhandlungen mit unseren Arbeitern waren verhältnismäßig einfach, weil die Lohnfragen im wesentlichen durch eine Kommission in Graz entschieden wurden und wir dann in Weiz mit unseren Leuten nur verhandelten, um die Entscheidungen der Kommission nach unseren besonderen Bedingungen zu modifizieren.

Im Juli 1919 war es das erste Mal, daß ich bei einer großen Konferenz in der „Burg" in Graz auf der Seite der „Kapitalisten" saß. Die Beamten der steirischen Industrie hatten sich vereinigt und sehr große Gehaltserhöhungen und eine Verbesserung ihrer Anstellungsbedingungen verlangt. Sie setzten anscheinend enorme Erhöhungen durch, so daß sie ein weit höheres Einkommen erhielten als Angestellte in anderen Zweigen. Aber auch die großen Erhöhungen konnten ihnen keine Lebensbedingungen gewähren, wie sie vor dem Krieg üblich waren. Die Waren waren nicht vorhanden.

Manche Arbeitgeber weigern sich, mit Gewerkschaftsfunktionären zu verhandeln, und fordern Besprechungen mit ihren eigenen Arbeitern und Angestellten. Ich zweifle an der Zweckmäßigkeit dieses Vorgehens. Natürlich wollen Gewerkschaftsfunktionäre den Arbeitern zeigen, daß sich die Gewerkschaft ihrer Interessen warm annimmt, greifen daher in Anwesenheit der Arbeiter die Arbeitgeber scharf an und halten politische Reden, die die Verhandlungen nicht weiterbringen. Wenn eine Forderung in einer Besprechung von zehn Minuten erledigt würde, hätten die Arbeiter die Sache für allzu leicht gehalten und würden die Mühen ihrer Vertreter nicht würdigen. Deshalb braucht man oft mehrere vielstündige Sitzungen für eine Regelung, die ebensogut in zehn Minuten hätte erreicht werden können. Auch die Sekretäre der Arbeitgebervereinigungen verfolgen dieselbe Taktik und raten nicht dazu, sofort das zu gewähren, wovon man weiß, daß man es schließlich wird gewähren müssen. Das lateinische Wort: „Bis dat, qui cito dat" (doppelt gibt, wer schnell gibt) wurde mir einmal von einem industriellen Sekretär übersetzt: „Doppelt m u ß geben, wer schnell gibt".

Anderseits ist es für einen Arbeitgeber viel leichter, scharfe Worte und unangenehme Bemerkungen von einem Fremden anzuhören als von einem der eigenen Leute, für die er glaubt, wohltätig gewirkt zu haben. Die eigenen Leute, oft ausgezeichnete Arbeiter oder Angestellte, erweisen sich oft, wenn sie als Wortführer ihrer Mitarbeiter auftreten, als allzufeurige Anwälte und haben nicht die Erfahrung alter Gewerkschaftsbeamter. Deshalb wirken die Verhandlungen zwischen Unternehmerverband und Gewerkschaft nicht so verletzend wie die häuslichen Verhandlungen.

Die Unterhändler hatten es nicht leicht in diesen Zeiten der Inflation und in den Monaten und Jahren, die der Inflation folgten. Die Lebensmittelpreise stiegen zuerst in Wien an. Löhne und Gehälter wurden nicht nur in Wien, sondern auch auf dem Lande erhöht. Die Leute in Weiz waren mit der Erhöhung zufrieden. Aber dann erst stiegen die Warenpreise auf dem Land, und Arbeiter und Angestellte beklagten sich bitter über die Teuerung, obwohl ihnen die Unterhändler erklärten, daß diese Teuerung ja schon in der Lohnerhöhung berücksichtigt worden war.

In Weiz war ein Techniker, der während des Krieges sich durch seine Tüchtigkeit auszeichnete, seiner Familie Lebensmittel zu verschaffen. Ich glaubte, er würde nach dem Krieg sich als Lebensmittelhändler oder Gastwirt etablieren. Ich war im Irrtum. Nach Kriegsende wurde er Wortführer der Beamtenschaft, führte sie alle der sozialdemokratischen Partei zu und hatte großen Erfolg. Ich glaubte jetzt, er würde Parteipolitik als Laufbahn wählen, und war wieder im Irrtum. Denn während der Kämpfe erkannte er, daß das Brot eines Parteifunktionärs ein sehr bitteres war, daß jedes Parteimitglied sich als sein Herr betrachtete, und daher zog er es vor, nach einiger Zeit sich von der Führerstellung zurückzuziehen, obwohl er dabei sehr erfolgreich gewesen war.

Unmittelbar nach den Verhandlungen in Graz — im Sommer 1919 — unternahm ich mit meiner Frau eine zweiwöchige Fußtour durch Steiermark mit Besichtigung der Hochöfen und Walzwerke, die nicht in Betrieb waren, weil es an Kohle fehlte. Bei unseren Bergwanderungen mußte ich schon von Weiz aus Brot und Mehl im Rucksack mitschleppen. Dagegen konnte man Milch und Butter auf den Almen erhalten, manchmal auch Eier, und einmal machte uns sogar eine Wirtin einen „Kaiserschmarren“, nachdem wir ihr Mehl und Butter ausgefolgt hatten.

Wir hatten unsere Tour mit Pichlers Hilfe zusammengestellt, um die Wildbäche und Flüsse des Landes zu sehen, noch ehe sie für die Kraftwerke ausgebaut waren. Solche Eile hätte nicht notgetan; Jahre verflossen, ehe das Werk des Ausbaues begonnen wurde, und viele von den damals besuchten Flüssen sind auch nach 30 Jahren noch nicht ausgebaut.

Pichler nahm Urlaub als wir zurückkehrten, aber kam nicht mehr lebend zurück. Er fühlte sich recht wohl und beabsichtigte mit seiner Tochter und seinem jüngeren Sohn den Dachstein zu besteigen, den höchsten Berg Steiermarks, doch starb er plötzlich eines Nachts am Wörthersee. Es war ein schwerer Schlag.

Nach Pichlers Tod übernahm ich die technische und kommerzielle Leitung der Fabrik.

Ein Fabrikleiter auf dem Land ist eine Art Pascha, hat aber Sorgen und Pflichten, von denen ein Fabrikleiter in der Stadt kaum etwas weiß.

Sehr reiche Leute beklagen sich, daß auf ihren Reisen alle möglichen Bittsteller zu ihnen kommen und ihre Sorgen ausbreiten, als wenn der Reiche ein Übermensch wäre. Der Besitzer oder der Leiter einer Fabrik auf dem Land ist in einer ähnlichen Lage: Jeder Arbeitslose wendet sich an ihn; jeder Vater heranwachsender Kinder will sie in der Fabrik unterbringen; Eltern von schwierig zu erziehenden Kindern suchen seinen Rat; Mädchen, die von ihren Liebhabern verlassen wurden, wollen, daß von seiten des Arbeitgebers auf den Liebhaber ein Druck ausgeübt wird; vernachlässigte Frauen verlangen Genugtuung; Streitigkeiten zwischen Bewohnern von Personalhäusern oder deren Frauen erfordern Schlichtung; Liebespaare wollen heiraten und verlangen Wohnungen. Zur Zeit als noch keine anderen Automobile in Weiz waren, kamen noch zusätzliche Forderungen: Manchmal handelte es sich um die Rettung eines Kranken, der in ein Grazer Spital befördert werden mußte, oder zu dem ein Spezialarzt von Graz herausgeführt werden mußte; zu anderen Zeiten kamen aber lächerliche Ansuchen, wie das Abholen von Kleidern oder die Zurverfügungstellung des einzigen Automobils zu einer Familienfeier. Es war nicht immer leicht, gegen unbegründete Ansuchen die Türe zu verschließen und sie offen zu halten für Dinge, die sogar wichtiger waren als die gewöhnlichen Pflichten eines Fabrikleiters.

Die Frau eines Fabrikleiters auf dem Lande wird ebenso in Anspruch genommen; ihr werden alle Berichte von häuslichen Zwistigkeiten überbracht und sie soll vermitteln.

Währungsstabilisierung.

Die Inflation machte im Jahre 1922 solche Riesenfortschritte, daß viele Leute eine unmittelbare Katastrophe erwarteten. Wie kann ein Staat existieren, wenn der Wert seines Geldes auf Null sinkt? In der steirischen Industrie wurden Stimmen laut, die einen Anschluß an Italien befürworteten. Obwohl von Südtirol, das durch den Friedensvertrag von Österreich losgerissen und an Italien angeschlossen worden war, Klagen über Unterdrückung der Nationalität kamen, brauche man doch eine solche nicht zu fürchten, wenn ganz Österreich sich an Italien anschließe. Eine Bevölkerung von 6 Millionen werde nicht unterdrückt werden.

Aber die Lage änderte sich vollkommen, als der österreichische Bundeskanzler Seipel mit den Nachbarn und den großen Siegerstaaten verhandelte. Der Völkerbund garantierte eine österreichische Anleihe, die wie durch ein Wunder der weiteren Inflation ein Ende machte. Im September 1922 wurde die österreichische Krone mit dem 14 400sten Teil ihres ursprünglichen Wertes stabilisiert und behielt diesen unvermindert bis 1931 bei.

Mein Bruder Wilhelm arbeitete aufopferungsvoll, um Österreich aus dem Währungselend zu befreien und Hilfe von den Finanzkreisen Englands und des Völkerbundes zu erreichen. Er leistete seine Dienste als Berater des Finanzministeriums unentgeltlich und ohne den Titel eines Staatssekretärs anzunehmen, der ihm angeboten worden war. Sein Privatleben war zerstört durch den tragischen Tod seines einzigen Sohnes in Paris im Jahre 1921. In seinem Berufsleben hatte er viel erreicht, war aber des Lebens müde, als er im Jahre 1923 starb.

Elektrifizierung als politisches Bekenntnis.

Ich habe nie vorher in meinem Leben gesehen, daß eine technische Angelegenheit in einem Volke so großes Interesse erregte, wie die Elektrifizierung der österreichischen Wasserkräfte und der Bundesbahnen. Es war ein Glaubensartikel aller politischen Parteien, daß Österreich nur durch die Elektrifizierung gerettet werden könne. Es war ja von den Kohlenfeldern seiner einstigen Kronländer so gut wie abgeschnitten. Eine Reise von Graz nach Wien im Jahre 1919 zeigte kaum den Rauch eines einzigen Fabrikschornsteines. Auf dieser weiten Strecke lagen alle Werke, die von Kohle abhängig waren, müßig.

Geld war nirgends aufzutreiben, aber die Regierung hatte doch den Mut, die Bahnelektrifizierung zu beginnen und errichtete unter der Leitung von Ing. Dittes ein Elektrifizierungsamt. Zur Zeit, als ich an der Hochschule Maschinenbau studierte, war Dittes Assistent von Professor Radinger. Ein enthusiastischer Verfechter der Bahnelektrifizierung war Dr. Wilhelm Ellenbogen während und auch nach seiner Amtstätigkeit als Unterstaatssekretär. Ellenbogen war Arzt, aber bald nach seinem Eintritt ins Parlament, etwa zu Ende des neunzehnten Jahrhunderts, spezialisierte er sich auf Eisenbahnfragen und wurde als Fachmann darin angesehen. Die Eisenbahnelektrifizierung wurde im äußersten westlichen Winkel, in Vorarlberg und Tirol begonnen, obwohl man damals nicht wußte, ob diese Länder bei Österreich bleiben oder sich an die Schweiz und Deutschland anschließen würden.

In allen Ländern Österreichs gab es Pläne zum Ausbau der Wasserkräfte, aber die Finanzierung war ein schwieriges Geschäft. Kapital, das heute genügend schien, um den ganzen Bau zu bestreiten, zeigte sich wenige Monate später als ungenügend, um auch nur das Eisen für die Fundamente zu bezahlen, und viele Finanzpläne mußten immer wieder von neuem umgearbeitet werden. Die „ELIN“, Aktiengesellschaft für elektrische Industrie, wie sie bald offiziell hieß, war damals die kleinste von den vier großen österreichischen Elektrizitätsgesellschaften, erhielt aber einen angemessenen Teil aller Aufträge: 100 000-Volt-Transformatoren für die oberösterreichischen Wasserkraftwerke, Transformator-Stationen für die Bundesbahnen, Hochspannungsübertragungslinien, Transformatoren und einen großen Stromerzeuger für die steirische Wasserkraftaktiengesellschaft mit einer Leistung von 13 000 Kilovoltampere bei 750 Umdrehungen in der Minute. „ELIN“ erhielt auch Aufträge von Bahnmotoren für die Wiener Stadtbahn, bei der der Dampfbetrieb aufgelassen und nach einem Vorschlag von Spengler mit Straßenbahnwagen aufgenommen wurde. Auch fahrbare Umformerstationen mit selbstsynchronisierenden Einanker-Umformern nach meinem bei Westinghouse entwickelten Patente wurden geliefert.

Um Aufträge für Vollbahnlokomotiven zu erhalten, mußten wir Konstruktionen zeigen, die auf anderen Bahnen in erfolgreichem Betrieb waren. Siemens-Schuckert und die Allgemeine Elektrizitätsgesellschaft hatten die Lokomotiven ihrer deutschen Stammhäuser. Brown Boveri verfügte über die Konstruktionen des Schweizer Stammhauses und des deutschen Werkes. Altmann und ich unternahmen Reisen nach Deutschland und der Schweiz, um Anschluß an Firmen zu finden, die, unabhängig von den genannten, im Elektro-Lokomotivbau tätig waren. Wir schlossen einen Vertrag mit Sécheron in Genf, die in der Schweiz ausgezeichnete Erfolge erzielt hatten. Der Direktor Meyfahrt und der Chefkonstrukteur Werz hatten beide in Amerika ausgezeichnete Erfahrung in Traktion gesammelt, und Werz hatte auch früher mehrere Jahre in Manchester mit mir zusammen gearbeitet. Die Mitarbeit mit ihnen war höchst ersprießlich und von dauerndem Wert. „ELIN“ hatte dadurch die Möglichkeit, sofort Aufträge auf eine erhebliche Zahl von Lokomotiven zu übernehmen und sie erfolgreich durchzuführen.

Wechselströme in massivem Eisen.

Solche Aufträge erforderten nicht nur Fabrikserweiterung, neue Werkzeugmaschinen und Neu-Anstellungen, sondern brachten auch neue technische Probleme. Bei Besprechung der Konstruktion für die großen Transformatoren entschieden wir uns für Bolzen durch die Mitte der Eisenkerne. Solche Bolzen wurden damals allgemein aus Bronze gefertigt und auch ich verwendete Bronzebolzen, ließ es aber dabei nicht bewenden, sondern untersuchte das Problem und kam zu Schluß, daß massives Eisen dort, wo es von geblättertem Eisen umgeben ist, nicht der Sitz so hoher Wirbelströme sein kann, daß sie ernstliche Verluste verursachen könnten. Ich führte diese Untersuchung mit mathematischen Vereinfachungen in überraschend einfacher Weise durch, und trotz der anscheinend willkürlichen Voraussetzungen ergab sie fast genaue Übereinstimmung mit den Versuchsresultaten. Ich ging davon aus, daß im Eisenbolzen Ströme entstehen, die den das Eisen magnetisierenden Amperewindungen entgegengesetzt und annähernd gleich sind. Eine kleine äußere Schicht des Bolzens nahm ich als voll gesättigt an und die Stromdichte des peripher in dieser Schicht verlaufenden Stromes nimmt geradlinig vom Höchstwert auf Null ab. Diese vereinfachten Annahmen erlauben eine ganz einfache Berechnung, und die Resultate zeigen, trotz der scheinbaren Willkür in der Annahme, viel genauere Übereinstimmung mit den Beobachtungen als die bis dahin durchgeführte Berechnung mit konstanter Permeabilität.

Ich entwickelte dies in einem Vortrag im Elektrotechnischen Verein in Wien und zeigte meine Beobachtungen an Versuchen. In der Diskussion regte ein Teilnehmer an, ich möchte diese Berechnungsmethode auch auf Eisenleiter für Wechselstromnetze anwenden. Schon bei der Heimfahrt in der Eisenbahn wurde mir klar, wie einfach diese Anregung durchzuführen war, und daß die Berechnungsmethode auch auf Wirbelstrombremsen angewendet werden konnte, die bis dahin rein empirisch konstruiert worden waren. Ich veröffentlichte im selben Jahre, 1923, die Untersuchung über Wechselströme in massiven Eisenleitern und die Berechnung von Wirbelstrombremsen.

Die Fertigung des Stromerzeugers für das Teigitsch-Werk in Steiermark brachte andere Probleme. Die äußeren Dimensionen und Formgebung mußten übereinstimmen mit denen einer gleich großen Maschine, die von einer anderen Firma geliefert wurde. Ein interessantes Problem war das Aufschrumpfen der Läuferstahlplatten auf die Welle. Erhitzt wurden die Platten elektrisch mit Verwendung eines Transformatorkerns, der durch das Mittelloch gesteckt wurde, und Transformatorspulen, die den primären Wechselstrom führten und in den Stahlplatten sekundäre Ströme induzierten. Meine Untersuchungen über Wechselströme in massivem Eisen waren dabei von Nutzen. Eine andere wichtige Arbeit, das Auswuchten eines so großen Läufers, erzielte ich ohne Ankauf einer teuren Auswuchtmaschine, indem ich den Läufer in seinen eigenen Lagern auf Federn stellte und mit Riemen antrieb. Der Reihe nach wurde das eine und dann das andere Lager festgemacht. Das frei schwingende Lager erlaubte Oszillationen des Körpers, die bequem verzeichnet werden konnten.

Bei der Prüfung der fertigen Maschine zeigte sich eine ernste Erhitzung im gußeisernen Ständer, den Endplatten des Ständereisens und den gußeisernen Wicklungsschildern. Das Pflichtenheft des Kunden hatte unnötigerweise einen horizontal geteilten Ständer verlangt, obwohl es praktisch in einem Elektrizitätswerk gar keine Komplikation oder merkliche Verteuerung bedeutet, wenn man den Laufkran stark genug macht, daß er einen einteiligen Ständer heben kann. Aber wegen dieser Vorschreibung wurden die Wickelköpfe anders ausgebildet, als es bei Turbogeneratoren üblich war. Dies verursachte offenbar die Erhitzung, die mir bisher bei Turbogeneratoren nicht untergekommen war. Die Sache schien ernst. Aber glücklicherweise hatte ich mich in meinem Leben viel mit Kurzschlußproblemen beschäftigt und hatte auch die Verluste in massivem Eisen als Kurzschlußprobleme behandelt. So wurde es mir bald klar, daß die Endverbindungen der Ständerwicklungen als Primärwicklung wirkten und in ihrer Summe im massiven Eisen Ströme hervorriefen, die den primären entgegengesetzt waren. Da Wechselströme der üblichen Frequenz nicht tief in massives Eisen eindringen, so ist der wirksame Widerstand des Eisenpfades groß und verursacht starke Erhitzung. Um dies zu verhindern, mußte man den Strömen einen Weg von geringem Widerstand bieten, und das konnte leicht geschehen, indem man starke Kupferringe in die Nähe der erregenden Wickelköpfe brachte. Die Wickelköpfe waren gegen die großen, bei plötzlichen Kurzschlüssen auftretenden Kräfte durch starke Isolierstücke gestützt, die durch Bolzen befestigt waren, und diese wieder wurden gegeneinander durch Teile von Stahlringen gestützt, die miteinander mechanisch verbunden, aber gegeneinander elektrisch isoliert waren. Es war nun möglich, statt der Stahlringteile starke Kupferringe mit guter elektrischer Verbindung anzubringen. Ich hätte gern provisorische Ringe angebracht, um meine Schlußfolgerungen auszuprobieren, aber die Berechnung zeigte, daß die Ringe dauernd einen Strom von 10 000 Ampere führen müßten, und natürlich waren Leiter für eine so hohe Stromstärke auch für einen kurz dauernden Versuch nicht vorrätig. Ich hatte aber keinen Zweifel, ließ aus dem Lager alle Kupferstangen zusammensuchen, die vorrätig waren, und gleich vier Ringe (zwei für jedes Maschinenende) schmieden und schweißen. Nach wenigen Tagen konnte die Maschine mit den Kurzschlußringen wieder zusammengestellt werden, und alles war in Ordnung. Die Temperaturerhöhung war geringfügig, der Wirkungsgrad besser als gewährleistet und bei den Versuchen mit plötzlichem Kurzschluß verhielt sich die Wicklung vorzüglich.

Als mir 24 Jahre später Herr F. Kade schrieb, daß er an einem Buch über Verluste in Generatoren arbeitete, teilte ich ihm diese alte Geschichte mit, und es stellte sich heraus, daß er beinahe zur gleichen Zeit wie ich durch die gleiche Erfahrung gegangen und das gleiche Hilfsmittel unabhängig von mir gefunden hatte.

Kurzschlußläufer.

Bald nach der Lieferung des Teigitschgenerators ließ ich mich in einen Kampf gegen Verwendung von Drehstrommotoren mit Stromwendern, automatischen Kupplungen und anderen Komplikationen ein. Deutschland war der Geburtsort des von Dobrovolsky erfundenen Kurzschlußmotors, aber er wurde dort und in den meisten anderen europäischen Ländern nur für ganz geringe Leistung verwendet, während er sich in Amerika auch für große Leistung durchaus bewährt hatte. Schüller gab einmal als Grund für die Unbeliebtheit des Kurzschlußmotors an, daß er in Deutschland weichgelötet worden war und daher in Betrieben, wo schwere Anfahrbedingungen vorkamen, oft schadhaft wurde. In den meisten Ländern Europas fürchtete man sich unbegründeter Weise vor dem großen Anlaufstrom und schrieb Schleifringmotoren schon bei einer Leistung von ein bis zwei PS vor. Auch viele britische Werke hatten solche Vorschriften, während andere Kurzschlußmotoren von ansehnlicher Leistung an ihre Netze anschlossen. Im Jahre 1907 hatte ich bei der General Electric in Schenectady elektrisch geschweißte Kurzschlußläufer mit Endringen gesehen, die ein wenig kompliziert waren. Ich versuchte, solche Ringe in Weiz zu schweißen. Wir fanden, daß wir die Konstruktion vereinfachen und doch die wichtige Eigenschaft der Unzerstörbarkeit beibehalten konnten. Nun handelte es sich darum, solche geschweißte Kurzschlußläufer in praktischen Betrieb zu bringen, und Herr Franz Pichler junior, der nach dem Tode seines Vaters das Elektrizitätswerk Weiz betrieb, war gern bereit, den Motor in der Landwirtschaft einzuführen. Er mußte dazu Dörfer wählen, in denen die elektrische Leitung erst eingeführt wurde. In einem Dorf, das schon Elektromotoren hatte, konnte er nicht einem Bauern einen anderen Motor geben als seinem Nachbarn. Pichler fand, daß das Anlassen mit gewöhnlichem Schalter oft ein Abfallen des Antriebriemens zur Folge hatte, wenn Motor und angetriebene Maschine nicht genau ausgerichtet waren, daß aber dies vermieden wurde, wenn man für die Ständerwicklung einen Sterndreieckschalter verwendete, weil dann das Drehmoment beim Anlassen aus der Ruhe erheblich kleiner war. Auf Vorschlag des Leobener ELIN-Vertreters Haas wurde dann der Sterndreieckschalter mit dem Motor zusammengebaut, und dies bewährte sich. In unserer eigenen Fabrik ersetzten wir die meisten Schleifringmotoren durch Kurzschlußmotoren mit geschweißtem Läufer und Sterndreieckschalter und fanden, daß sich dadurch auch die Erhaltungskosten in unerwartetem Maße verringerten. Es stellte sich heraus, daß die meisten Störungen von den Schleifringläufern ausgegangen waren, und daß jetzt auch bei den Ständern der Motoren fast keine Schäden mehr auftraten. Wir instruierten die Wärter dahin, daß sie bei geringer Belastung der Motoren die Sternschaltung der Ständerwicklung benutzten und dadurch den Leistungsfaktor bedeutend verbesserten. In Deutschland gab es zu dieser Zeit zwei verschiedene Bewegungen. Die erste zu Gunsten eines Kollektormotors, da gerade wieder ein Leistungsfaktorwahn ausgebrochen war. Eine Firma in Sachsen hatte ungeheure Reklame für einen solchen Motor gemacht und verkaufte ihn unter ihren wirklichen Selbstkosten; die Leiter von Elektrizitätswerken, die nur auf den Leistungsfaktor sahen, waren augenblicklich blind für die Nachteile des Kollektormotors. Eine andere neue (in Wirklichkeit alte)

Erfindung mit unnützer Komplikation waren Zentrifugalkupplungen, die es erlaubten, einen Kurzschlußmotor unbelastet anzulassen und die Last auf ihn erst allmählich zu übertragen, nachdem er auf Geschwindigkeit gekommen war. Ich fuhr einmal zu einer Versammlung des Berliner elektrotechnischen Vereins, bei der ein Professor über Versuche mit all diesen interessanten selbsttätigen Kupplungen berichtete. An der Aussprache nahmen eine große Reihe von Rednern teil und deshalb wurde die Redezeit jedes einzelnen auf zehn Minuten beschränkt. Ich sprach weniger als zehn Minuten, aber was ich sagte, änderte den Verlauf der Debatte vollständig. Ich zeigte, daß die damaligen Vorschriften ungerechtfertigt waren, daß Kurzschlußmotoren in Fabriken, wo der Anlaßstrom eines Motors klein ist, gegenüber dem Gesamtstrom der Fabrik, keinerlei Störungen verursachen und daß auch in der überwiegenden Mehrheit der anderen Fälle die Störung beim Anlassen weitaus kleiner war als die der normalen Belastungsschwankungen. Ich konnte Schaubilder aus meiner Erfahrung zeigen über Verbesserung von Leistungsfaktor und Erhaltungskosten, und welche Vorteile für Elektrizitätswerk und Abnehmer durch den Kurzschlußmotor erzielt werden konnten. Für Schweißumformer hatte ich schon lange im Gegensatz zu den Vorschriften, die für so große Motoren Schleifringe vorschrieben, allgemein Kurzschlußmotoren eingeführt und damit Erfolg gehabt, obwohl ich von Anfang an gewarnt worden war, nicht einen nutzlosen Krieg gegen die ganze Welt zu beginnen. Die Wechselrede in Berlin kann als Wendepunkt in diesem Kampf angesehen werden. Man sprach dann nicht mehr nur über die Vor- und Nachteile der verschiedenen Ausführungen von automatischen Kupplungen, sondern befaßte sich mit der wichtigeren Frage, ob nicht der Kurzschlußmotor ohne diese Komplikation verwendbar wäre. Die Vorschriften wurden nicht unmittelbar geändert, aber allmählich, zuerst in Wien und bei anderen österreichischen Elektrizitätswerken, dann in Berlin und anderen deutschen Werken fielen die Einschränkungen zum Vorteil aller Beteiligten mit Ausnahme der Fabrikanten von Zentrifugalkupplungen. In Österreich fanden weder die Zentrifugalkupplung noch der Kollektormotor für den normalen Betrieb Eingang. Die Prüfungen, die in den Elektrizitätswerken auf Grund meiner Anregungen vorgenommen wurden, zeigten den Vorteil des einfachen Kurzschlußmotors.

Elektrische Lichtbogenschweißung.

Sehr wichtig war die Entwicklung meiner Querfeldmaschine mit Regulierpol als Stromerzeuger für Lichtbogenschweißung.

Ungefähr im Jahre 1922 hatte Dr. Fähnrich der „ELIN“ mit dem Elektroingenieur der damals noch im Privatbetrieb befindlichen österreichischen Südbahn über elektrische Beleuchtung von

Eisenbahnzügen gesprochen und glaubte, daß eine Möglichkeit für die Einführung der Querfeldmaschine bei dieser Bahn vorhanden sei. Die Akkumulatorenfabrik A. G. als Vertreterin der deutschen Zugbeleuchtungsgesellschaft verkaufte nur das System „DICK", das die Österreichischen Siemens-Schuckertwerke fabrizierten. Der Vorschlag der „ELIN" sich an diesem Geschäftszweig durch Lieferung meiner Maschine zu beteiligen, wurde nicht angenommen. Solange die österreichischen Patente für meine Maschine in Kraft waren, konnte „ELIN" die Maschinen nicht anfertigen. Die Patente waren kriegsverlängert worden, wurden aber in Österreich, trotz ihrer starken Verbreitung im Ausland, nicht angewendet. Das gab gemäß der damaligen Rechtslage jedem Interessenten die Möglichkeit, die Annullierung des Patentes zu fordern, und so geschah das Sonderbare, daß die Gesellschaft, bei der ich tätig war, die Annullierung meiner Patente verlangte. Das Verfahren dauerte bis zum Jahre 1924 und wurde zu Gunsten der „ELIN" entschieden. Erst dann war es mir möglich, meine eigenen Maschinen zu bauen.

Bald nach dem Krieg war ich ernstlich an die Aufgabe herangetreten, die Wellblechkasten von Transformatoren elektrisch zu schweißen und sandte im Jahre 1922 den Ingenieur Hafergut auf eine Reise, um zu sehen, wie weit andere Werkstätten in elektrischer Schweißung gekommen waren. Er sah nicht sehr viel, nur die getauchten oder ummantelten Elektroden von Kjellberg, einem schwedischen Schweißfachmann, hatten einen Vorsprung gebracht. Konkurrenten von Kjellberg erzeugten ähnliche Elektroden und waren bereit, ihre Kunden zu beraten. Unsere Aufgabe, Dünnblechgefäße zu schweißen, konnte mit den damaligen Stahlelektroden nicht gelöst werden; wir mußten zur Kohlenelektrode zurückkehren, deren Anwendung ich 1907 in Schenectady gesehen hatte, und Hafergut konstruierte einen automatischen Apparat für das Schweißen mit Kohlenelektroden, der sehr zufriedenstellend arbeitete. Allmählich machten wir uns auch an andere Schweißprobleme heran. Im Jahre 1924 kaufte Altmann bei einer günstigen Gelegenheit für die „ELIN" einen Großteil der Aktien der Grazer Tramway-Gesellschaft. Er wurde Vizepräsident und ich Verwaltungsrat der Gesellschaft. Bei einer der Verwaltungsratssitzungen kam die Frage auf die hohen Kosten der Thermitschweißung von Schienen, und ich schlug vor, die elektrische Schweißung der Schienen zu studieren und einen Ingenieur der Tramway-Gesellschaft mit Hafergut zusammen auf Reisen zu schicken, um zu sehen, was andere Unternehmungen leisteten. Das Ergebnis der Reise war sehr mager, insoweit die Schienenverbindungen in Betracht kamen. Dagegen fanden sie, daß für abgenutzte Weichen die Einschweißung neuen Materials sich bewährte. Das andere Problem der elektrischen Schienenverbindung mußten wir durch eigene Versuche ergründen. Als Stromerzeuger hatten wir, da es damals noch nicht zulässig war, die der AEG patentierte Rosenbergmaschine zu verwenden, eine Dynamomaschine mit Gegencompoundwindung und besonderer Erregermaschine gebaut.

Ende 1924 war die Entscheidung des Patentamtes zu unseren Gunsten erflossen, und ich konnte eine Querfeldmaschine für 200 Ampere bauen. Es war nahezu zwanzig Jahre vorher gewesen, daß ich eine Scheinwerfermaschine für die gleiche Leistung entworfen hatte. In diesen zwanzig Jahren hatte man durch verbesserte Ventilation die Leistung elektrischer Maschinen bedeutend heraufgesetzt und jetzt konnte der Anker für die gleiche Leistung viel kleinere Dimensionen erhalten als damals. Die Dimensionen und Spulen der Magnetpole bestimmte ich in Anlehnung an die Verhältnisse der alten Maschine. Als die Maschine auf das Prüffeld kam, erlebte ich eine Überraschung; sie gab nicht 200 Ampere, sondern kaum mehr als die Hälfte. Da der Anker der Dynamomaschine für jeden Zentimeter seines Umfanges mit viel mehr „Amperestäben" belastet war als der alte Anker, so wuchs auch die „Streuung" von Kraftlinien, die bei dieser Maschine sehr wichtig ist, und es wäre notwendig gewesen, entweder den Polquerschnitt zu vergrößern oder die Zahl der Windungen auf den Feldspulen stark zu erhöhen, um der erhöhten Streuung angemessen entgegenzuwirken. Wieviel Windungen die Feldspulen haben müssen, um dem Anker die gewünschte Leistung zu entnehmen, ließ sich durch Verwendung zusätzlichen Stroms an der fertigen Maschine leicht feststellen. Wir fertigten neue Spulen an und erhielten die gewünschte Leistung. Wenn man mit dünnen Elektroden schweißen wollte, konnte man den Strom dadurch verkleinern, daß man parallel zu den Feldspulen einen Ablenkungswiderstand schaltete. Diese Art der Regulierung hatte ich zwanzig Jahre vorher angewendet und damit gute Resultate erzielt. Nun kam Hafergut eines Tages zu mir und berichtete über ein merkwürdiges Phänomen. Bei der Einstellung auf kleinen Schweißstrom polte sich die Maschine in regelmäßigem Zyklus um. In diesem Zustand war die Maschine unbrauchbar, denn bei Schweißung mit Gleichstrom soll die Elektrode eine bestimmte Polarität haben.

Warum polte sich die Maschine um? Von Seite der Feldspulen wird der Eisenkörper der Maschine in einer bestimmten Richtung magnetisiert; die Ankerströme wollen das Eisen in entgegengesetzter Richtung magnetisieren. Wenn man mit vollem Strom arbeitet, haben die Feldspulen ein entschiedenes Übergewicht über die Ankerdrähte. Arbeitet man aber mit kleinem Strom, so wird durch den Parallelwiderstand der Feldspulen ein großer Teil des Feldstromes abgelenkt. Der Parallelwiderstand ist fast frei von Selbstinduktion, während die Feldspule große Selbstinduktion hat, die sich einer plötzlichen Stromänderung widersetzt. Wenn daher beim Schweißen die Elektrode das Werkstück berührt und momentanen Kurzschluß bildet, so wächst der durch den Anker gehende Schweißstrom sofort an, auch der durch den induktionslosen Parallelwiderstand zur Feldspule gehende Strom wächst sofort an, während der Strom in der Feldspule wegen ihrer Selbstinduktion erst allmählich wachsen kann. Während dieses Augenblickes hat die gegenmagnetisierende Tendenz der Ankerströme das Übergewicht über die Feldspule erreicht, und die Maschine polt sich um. Hätte ich die ursprünglichen Spulen mit der geringen Windungszahl beibehalten, so wäre die Umpolung beim Arbeiten mit kleinem Strom nicht eingetreten. Es wäre so schön gewesen, wenn ich fürs Schweißen mit großem Strom einen dicken Eisenkern und für das mit kleinem Strom einen dünnen Eisenkern hätte verwenden können, ohne die wirksame Zahl der Windungen auf dem Pol zu ändern und ohne einen Parallelwiderstand zur Spule zu brauchen. Ich empfand eine große Sehnsucht nach einem elastischen Magnetschenkel, der nach Belieben dicker und dünner gemacht werden konnte.

Glücklicherweise hatte ich zu jener Zeit auch andere Sorgen. Wir hatten große Mengen von Stahlrohren auf Lager, ohne geeignete Verwendung für sie. Im und nach dem Kriege kaufte man jedes Material, das angeboten wurde, gleichgültig, ob man unmittelbaren Bedarf dafür hatte. Man war sicher, das Material niemals wieder so billig kaufen zu können, und oft ergab sich die Gelegenheit, es aushilfsweise statt eines normalen Werkstoffes zu verwenden, der nicht erhältlich war. So hatten wir für die Aufhängung des Fahrdrahtes bei unserer Schleppbahn eine Konstruktion aus zusammengeschweißten Rohren verwendet, obwohl diese in normaler Zeit sich viel teurer stellt als ein gewöhnliches Profileisen. Und wir hatten noch viel Rohre auf Lager, über deren Verwendung ich mich mit dem Werkstättenleiter unterhalten hatte. Jetzt fiel mir plötzlich ein: ich könnte ein Rohr für die Magnetpole verwenden und darin einen Kolben hin- und herschieben. Das würde einen Pol mit variablem Querschnitt ergeben.

Regulierpol.

Die Versuche zeigten bald, daß die Idee durchführbar war und wie die Teile am zweckmäßigsten dimensioniert werden. Mit der Zeit war es auch möglich, aus einer Maschine mit gegebenen Dimensionen immer mehr Leistung herauszubekommen, die Schweißeigenschaften zu verbessern, dem Regulierpol eine solche Gestalt zu geben, daß ein einziger genügte und ihn mit einer Skala zu verbinden, die den Schweißstrom bei jeder Stellung des Regulierpols anzeigte, ohne daß irgend ein Meßinstrument notwendig gewesen wäre. Mit der Zeit wurden auch Generator- und Antriebsmotor in einer kompakten, geschweißten Stahlkonstruktion vereinigt.

Dies war zum Teil das Verdienst des Vertreters Weber in einem Bergwerksgebiet, der sich in der Korrespondenz höchst abfällig darüber äußerte, daß die Maschinen mit gußeisernen Lagerschildern geliefert werden, die brechen, wenn der Schweißumformer unsanft von einem Grubenniveau in ein tieferes gestoßen wird. Er wollte nichts davon hören, daß dies eine unzulässige Mißhandlung der Maschine war. Eine Maschine soll so konstruiert sein, daß sie mißhandelt werden kann, ohne Schaden zu leiden. Hättet ihr die Lagerschilder aus Stahlguß gemacht, dann wären sie nicht gebrochen!

Bis dahin hatte ich nur die Gehäuse und Anker der Schweißmaschine besonders hergestellt, für die anderen Teile aber die Bestandteile gewöhnlicher Motoren verwendet. Die Anregung Webers war sicher beachtenswert, aber wenn ich für Schweißmaschinen andere als normale Lagerschilder verwenden soll, dann werde ich nicht Stahlgußlagerschilder nehmen, sondern alles aus Walzstahl schweißen! In der langen Wartezeit während des Leichenbegängnisses eines Angestellten, Fasching, entwarf ich die neue Konstruktion im Kopfe. Zur Zeit hatten wir in der Fabrik keine kräftigen Pressen. Daher verwendete ich als Gehäuse der Maschinen eine zylindrische Trommel und als Lagerschilder ebene Platten. Die gleiche Konstruktion verwendete ich für große Drehstrommotoren. Klagen über Bruch im Betriebe oder während des Transportes hörten damit auf.

Geschweißte Konstruktionen.

In unserer eigenen Fabrik entwickelten wir das Schweißen, Rollen und Pressen des Walzeisens in jeder Richtung. Noch zu Pichlers Lebzeiten hatten wir für die Gehäuse von Gleichstrommaschinen dickwandige Rohrstücke vom Walzwerk Wittkowitz bezogen und gußeiserne Füße an diese Rohrstücke angenietet. Die dickwandigen Rohre waren aber sehr teuer und es war wirtschaftlich, statt des nahtlosen Rohrstückes einen rechteckigen Streifen starken Stahlbleches zu schneiden und ihn zu einem rohrähnlichen Körper mit offener Naht zu schmieden, an den die Füße angeschweißt wurden. Die Rohrnaht wurde ebenfalls verschweißt. Zuerst ließen wir die Rohre in fremden Werken heiß schmieden, später fanden wir, daß wir sie auf einer einfachen hydraulischen Presse von 200 Tonnen ohne kostbare Werkzeuge kalt pressen konnten, und das Schweißen der Längsnaht wurde automatisch vorgenommen. Andere Firmen, die die gleiche Konstruktion entwickelten, hatten Pressen mit einem Druck von tausend Tonnen. Bei einer schwächeren Presse braucht man wohl mehrere Niedergänge des Stempels, aber man kann das gleiche Resultat damit erzielen, und es ist sehr wichtig, in Zeiten einer Depression mit bestehenden Werkzeugen sein Auslangen zu finden.

Unser Absatz in Schweißumformern entwickelte sich in den folgenden Jahren ganz außerordentlich. Ein Grund hiefür war, daß wir in unserer eigenen Fabrik mit großem Erfolg die geschweißte Stahlkonstruktion (fabricated design) anwandten, eine Schweißerschule errichteten und unsere Kunden in bezug auf Entwurf, Konstruktion und Ausführung in einem Grade beraten konnten wie kein Konkurrent. Ich glaube nicht, daß irgend eine Fabrik die Einführung geschweißter Stahlkonstruktionen so gründlich, systematisch und in so kurzer Zeit durchgeführt hat wie „ELIN". Und wir sammelten auch schnell und gründlich die Erfahrungen, die unvermeidlich sind, wenn man an neue Probleme herangeht.

Ich schaffte die besonderen, gußeisernen Ankerkörper auch bei großen Läufern ab und schweißte statt dessen rechteckige Platten in Sternform an die Läuferwelle an. Diese Platten bilden dann die Auflageflächen für die lamellierten Bleche, die sowohl bei Gleichstrom- als Wechselstrommaschinen den Läuferkörper bilden. In einem tschechoslowakischen Stahlwerk wurde der erste große Motor dieser Art aufgestellt; aber wir erhielten bald den Läufer mit gebrochener Welle zurück, und der Kunde ließ uns wissen, daß er keine Wiederholung dieser Konstruktion haben wolle. Man möge ihm einen besonderen Ankerkörper liefern und die Welle nicht schweißen. Der Wunsch des Kunden wurde befolgt, aber ich begann sofort systematische Versuche, Ankerwellen zu schweißen und sie unter dem Hammer mit wiederholten Schlägen zu zerbrechen. Bald ergab sich, daß weicher Wellenstahl auch in geschweißtem Zustand verläßlich ist, daß dies aber nicht von hartem Stahl gesagt werden kann. Es war wahrscheinlich, daß man später eine besondere Elektrode oder ein besonderes Verfahren der Wärmebehandlung finden würde, die auch harten Wellenstahl verläßlich schweißbar machten, aber es war nicht notwendig, diese Entwicklung abzuwarten. Unsere Erfahrung in der Kriegszeit, als harter Wellenstahl nicht verfügbar war und durch weichen Stahl ersetzt werden mußte, hatte ja tadellose Resultate ergeben. Wir konnten unsere Fabrikation unverändert fortsetzen, wenn wir bei den Schweißkonstruktionen den weichen Wellenstahl verwendeten.

Wir bestanden darauf, daß unsere Lieferanten für Kräne, Aufzüge, Behälter und, wenn möglich, Werkzeugmaschinen, geschweißte Konstruktionen verwendeten, und unterrichteten sie in deren Anwendung. Wir errichteten eine geschweißte Brücke auf unserer Fabrikschleppbahn und ließen uns keine Mühe verdrießen, bis die Behörden die Zustimmung zu dieser Konstruktion gaben, für die damals keine Vorschriften existierten. Wir führten die Schweißung bei der Stahlbewehrung der Eisenbetonbauten ein und arbeiteten als Pioniere der Schweißung in allen Zweigen. Einige Werkzeugmaschinen fabrizierten wir selbst, um die Vorteile der geschweißten Stahlkonstruktion zu beweisen, und arbeiteten auch gründlich in der Entwicklung automatischer Schweißung in Europa. Mit der Zeit wurden alle unsere Maschinen aus Walzstahl hergestellt und elektrisch geschweißt, und kein Gußstück fand sich in unserer Fabrik, obwohl die „ELIN" in der Nähe Wiens eine große Gießerei hatte. Sie mußte sich andere Kunden suchen. Bei dieser ganzen Entwicklung fand ich niemals den geringsten Widerstand von Seite Altmanns, der technische Fortschritte über alles liebte.

Ich hörte manchmal von Konkurrenten, daß sie geschweißte Konstruktionen versucht hatten und damit wohl eine Gewichtsverringerung, aber keine Verbilligung erreicht hatten. Ich konnte es wohl glauben, als ich mir ihre Konstruktionen ansah. Aber wer mit ganzem Herzen sich der neuen Methode widmete, richtig konstruierte und richtige Werkstattmethoden dafür entwickelte, hatte keinen Grund sich zu beklagen. Er erzielte Maschinen, die leichter, besser und billiger waren.

Wie stellten sich die Kunden zur neuen Konstruktion? Im allgemeinen überraschend freundlich. Wohl beanstandeten einige die Trommelform; andere sprachen von einer Maschine, die wie ein gebrauchter Fordwagen aussah; andere glaubten, die Maschinen seien lärmender als gußeiserne Maschinen. Der Vertreter einer Konkurrenzfirma fragte einen bäuerlichen Kunden: Wenn er die Wahl hätte zwischen zwei Kühen, die gleichviel Milch geben, von denen aber die eine 50 kg mehr wiege als die andere, welche er vorziehen würde? Selbstverständlich muß ein Verkäufer seine eigene Ware anpreisen, aber im allgemeinen hatten sie nicht viel Glück mit dem Nörgeln: die Kunden waren mit der neuen Konstruktion sehr zufrieden, und ich ließ es mir angelegen sein, jede Beanstandung zur besseren Reklame allgemein bekanntzumachen.

Die Frage von Lärm und Vibration wurde natürlich eingehend untersucht. Jeder Maschinenteil kann vibrieren, ob er nun aus Gußeisen oder Stahlblech hergestellt ist. Jeder Teil hat eine kritische Geschwindigkeit, bei der eine Resonanz mit einer gewissen, vom Läufer verursachten Vibration auftreten wird. In manchen Fällen wird der gußeiserne Körper, in anderen der geschweißte Blechkörper dieser Vibration mehr entsprechen. In letzterem Falle liegt aber die Möglichkeit vor, durch Einschweißung von Versteifungsrippen die kritische Geschwindigkeit des Körpers so zu verändern, daß die übermäßige Vibration verschwindet. Die Geschichte der Dampfturbine hat gezeigt, daß in manchen Fällen zu starke Vibrationen durch stärkere, in anderen Fällen durch schwächere Wellen vermieden worden sind. Es ist ein Problem, das sowohl durch Berechnung als durch systematische Versuche in jedem Falle gelöst werden kann.

Elektrisches Schneiden.

Mehrere Jahre lang habe ich versucht, das Schneiden von Stahlplatten mit elektrischen Lichtbogen zu verbessern. Immer schien der Erfolg zu winken, aber er wurde nie erreicht. Es war seit vielen Jahren bekannt, daß der elektrische Lichtbogen dazu verwendet werden konnte, um Schmiedeeisen, Gußeisen oder Stahlguß zu durchschneiden, und die Methode leistete gute Dienste, wenn es sich darum handelte, alte Schiffe oder Stahlskelette zu demolieren, deren Teile eingeschmolzen werden sollten. Aber der Schnitt ist rauh und kann mit dem Oxyazetylen-Verfahren nicht konkurrieren, bei dem aus einer Düse eine Mischung von Azetylengas und Sauerstoff ausgeblasen wird, deren Flamme die Platte örtlich erhitzt, während dann hauptsächlich ein Strom von Sauerstoff eine Verbrennung der Stahlteile verursacht. Dort ist die Schnittfläche vollkommen glatt.

Ich hätte gern den Sauerstoffstrom verwendet, aber die Azetylenflamme durch elektrisches Erhitzen ersetzt. Bei Verwendung eines Lichtbogens brannte aber die Elektrode unter der Einwirkung des Sauerstoffstromes rasch ab. Ich verwendete eine Kupferelektrode, wassergekühlt, mit Auflage auf der zu schneidenden Platte, um die Erwärmung nur durch den Übergangswiderstand zu erzielen. Bei manchen der Versuche diente die Elektrode auch als Sauerstoffdüse und war innen durchbohrt; bei anderen Versuchen wurde eine besondere Düse verwendet und die Elektrode in unmittelbare Nachbarschaft der Düse gebracht. Herr Gosch machte die Versuche mit großer Ausdauer, aber ohne verläßliches Resultat. Manchmal wurden schöne glatte Schnitte erzielt, aber die kleine Öffnung im Kupferrohr verstopfte sich bald oder nützte sich ab. Kein anderes Material gab bei unseren Versuchen ein besseres Resultat als wassergekühltes Kupferrohr.

Das Schneiden von Platten mit der Sauerstoffdüse ist von großer Wichtigkeit bei der Herstellung von Stahlkonstruktionen und Maschinen und es wäre ein großer Vorteil, wenn das elektrische Erhitzen möglich wäre und so gute Resultate gäbe als die Verwendung des explosionsgefährlichen Azetylens.

Doppelkäfig.

Eine andere Erfindung, die keinen Erfolg hatte, war ein besonderer „Doppelkäfigläufer“. Zur Zeit, als Elektrizitätswerke sich vor dem gewöhnlichen Käfigläufer fürchteten, aber jede Komplikation begrüßten, wenn dadurch der Anlaßstrom verringert wurde, nahm ich ein Patent auf einen Läufer mit doppelter Wicklung, unten in der Nut Kupfer und außen Stahl. Sowohl der innere Kupferkäfig als der äußere Stahlkäfig wurden elektrisch geschweißt. Beim Anlassen, wo die Frequenz der Läuferströme groß war, würde der Strom hauptsächlich in der äußersten Schicht der Eisenleiter verlaufen, die in diesem Moment einen hohen Widerstand boten. Wenn der Läufer beinahe synchron lief und die Frequenz der Läuferströme klein war, diente der geringe Widerstand des Kupferkäfigs dazu, um die Schlüpfung zu verringern. Diese Motoren liefen zwar mit kleinem Strom an, aber der Leistungsfaktor im Betriebe war ungünstig. Einige große Motoren wurden so ausgeführt, aber die Konstruktion erwies sich bald als unnötig, als die Elektrizitätswerke den Anschluß des gewöhnlichen Kurzschlußmotors erlaubten, der im Betrieb einen besseren Leistungsfaktor hat.

Konkurrenz.

Der große Erfolg des Regulierpoles bei Querfeldmaschinen erinnerte die Wettbewerber an das Querfeldprinzip, und so wie im Jahre 1905 gab es wieder massenhaft Patentanmeldungen auf Maschinen mit zwei Feldern. In Deutschland, Ungarn, der Tschechoslowakei, England, Italien, den Vereinigten Staaten kamen Vorschläge für Querfeldmaschinen, die mein ursprüngliches Querfeldprinzip beibehielten, aber den Wortlaut meiner Ansprüche für den Regulierpol, wie sie im betreffenden Lande gewährt worden waren, zu vermeiden suchten. Die AEG in Berlin, bei der ich zwanzig Jahre früher Querfeldschweißmaschinen gebaut hatte, die sich recht gut bewährt hatten, hatte für Schweißmaschinen das Querfeldprinzip aufgegeben und modifizierte Normalmaschinen gebaut. Jetzt kehrte sie zum Querfeld zurück und führte die Regulierung mit Anzapfungen an den Magnetspulen durch. Siemens entwickelte auch eine Querfeldmaschine mit anderer Regulierung und gab sie wieder auf. In den Fabriken von AEG und Siemens in Deutschland wurde aber während der ganzen Zeit die Rosenberg-Zugbeleuchtungsmaschine gebaut. Eine Firma glaubte eine neue Erfindung gemacht zu haben, indem sie die Querfeldmaschine vierpolig baute, doch mußte sie sich aus meinen Veröffentlichungen überzeugen, daß die allererste Querfeldmaschine, die ich im Jahre 1904 gebaut hatte, vierpolig gewesen war.

Die Depression, die in den Vereinigten Staaten schon im Jahre 1929 einsetzte, machte sich in Österreich etwa 1931 geltend. Die Bestellungen großer Generatoren und Transformatoren sanken auf Null und auch die Bestellungen für Motoren fielen stark ab, während das Schweißgeschäft sich annähernd auf dem früheren Niveau hielt. Wir mußten den Arbeiter- und Beamtenstand stark reduzieren und schnitten uns selbst ins Fleisch durch den Abbau von Konstrukteuren, die bei den Schweißmaschinen mitgearbeitet hatten. Einer von ihnen fand Anstellung bei einer ungarischen, ein anderer bei einer italienischen Firma. Dort kopierten sie unsere Konstruktion mit einigen Änderungen, und es folgten Prozesse.

Die Reihe der Prozesse wurde durch einen eröffnet, der mit Stromerzeugern nichts zu tun hatte: es war die Angelegenheit der getauchten Schweißdrähte. Kjellberg hatte die Schweißtechnik durch die Einführung ummantelter Elektroden um ein gutes Stück vorwärtsgebracht. Seine Idee war ursprünglich, den Draht in ein nichtleitendes Rohr einzuschließen, um beim „Überkopfschweißen" (auf der Unterseite eines Schweißstückes) zu verhindern, daß Tropfen des flüssigen Schweißdrahtes hinunterfallen. Das war der Hauptanspruch seines Patentes. Später fand man, daß ein wirkliches Rohr unnötig war und daß das Tauchen des Drahtes in irgend eine Mischung nicht nur das Überkopfschweißen, sondern auch das Schweißen in gewöhnlicher Lage erleichterte und Vorteile bot. Es gab bald tausendundein verschiedene Rezepte für die Tauchmischung. Kjellberg versuchte, seine Konkurrenten daran zu hindern, getauchte Drähte zu verwenden, aber die deutschen Gerichte entschieden, daß seine Patente nicht das Verfahren schützten, Drähte zu tauchen. Eine Unzahl anderer Werke fabrizierte dann solche Elektroden und verkaufte auch Rezepte für die Mischung. „ELIN" kaufte und verbesserte ein solches Rezept und erzeugte Elektroden.

Eines Tages, im Sommer 1926, erhielt ich auf einem Urlaub am Ufer des Gardasees die Mitteilung, daß die Kjellberg-Gesellschaft gegen „ELIN" eine Klage wegen der Verwendung getauchter Elektroden eingebracht hatte. Ich nahm an, daß der Prozeß in Österreich ebenso entschieden werden würde, wie die früheren Klagen in Deutschland, war aber im Irrtum. „ELIN" zog den kürzeren und mußte sich mit Kjellberg verständigen.

Aber während der Dauer dieses Prozesses versuchte Kjellberg uns andere Schwierigkeiten zu bereiten. Zu jener Zeit war in Deutschland die Patentanmeldung für den Stromerzeuger mit Regulierpolen ausgelegt und die Kjellberg-Gesellschaft verzögerte die Erteilung durch Einsprüche. Ein Dutzend Veröffentlichungen wurden zitiert, die sehr wenig mit der neuen Anmeldung zu tun hatten. Es stellte sich später heraus, daß Kjellberg auch eine Querfeldmaschine fabrizierte. Mein Patent wurde in allen Ländern aufrecht erhalten, aber in Deutschland und Österreich wurden die letzten Entscheidungen des Reichsgerichtes und des Patentgerichtshofes erst zu Ende des Jahres 1937 gefällt.

Andere Patentprozesse bezogen sich auf unsere Methode des automatischen Schweißens. Nach vielen Versuchen hatte ich gefunden, daß vorzügliche Resultate erzielt wurden durch die Anwendung von „Ward-Leonard-Control". Ward Leonard hatte gezeigt, daß gewisse Motoren (besonders recht große) anstatt mit Anlaßwiderständen vor dem Anker gut geregelt werden können, wenn man zur Speisung des Motors einen eigenen Generator verwendet, ohne zwischen Anker des Generators und Anker des Motors irgend welche Widerstände zu schalten.

Die Regulierung erfolgte lediglich im Erregerkreis des Generators. Durch Verstärkung des Erregerstroms wurde die Spannung des Generators und damit die Geschwindigkeit des Motors erhöht, durch Schwächung verringert. Umkehrung des Erregerstroms bewirkte eine Umkehr der Drehrichtung des Motors. Diese Einrichtung wurde bei Bergwerksaufzügen, Walzwerken und großen Hobelmaschinen verwendet. Ich wendete sie beim Schweißen an und sah einen kleinen Gleichstromgenerator vor, der den kleinen Gleichstrommotor speiste, durch den der Schweißdraht bewegt wurde. Der kleine Generator hatte zwei einander entgegenwirkende Erregerwicklungen, von denen die eine dem Lichtbogen parallel geschaltet wurde. Bei richtiger Lichtbogenspannung gab der Generator sehr kleine Spannung und der Motor hatte eine sehr kleine Vorschubgeschwindigkeit. Wenn die Lichtbogenspannung über das normale Maß wuchs, so schob der Motor den Draht rasch vor. Wenn der Lichtbogen zu kurz war, kehrte sich die Generatorspannung um und der Draht wurde in entgegengesetztem Sinn bewegt. Westinghouse in Pittsbourgh brachte beim amerikanischen Patentamt vor, daß Westinghouse-Ingenieure an der gleichen Idee mit der Priorität von einem Tage gearbeitet hatten, obwohl ihre Anmeldungen später erfolgt waren. In Europa wurde zwischen Siemens, den Lizenznehmern von Westinghouse, und „ELIN“ eine Vereinbarung getroffen, die beiden Gesellschaften die Verwendung der beiderseitigen Patente gestattete.

Gegen die Patente von Regulierpolen bei Querfeldmaschinen wurden Dutzende alter Veröffentlichungen zitiert. Eine ist ein amerikanisches Patent von Johnson aus dem Jahre 1900 und zeigt einen Regulierpol bei einer gewöhnlichen elektrischen Maschine, um die Spannung eines Stromerzeugers oder die Geschwindigkeit eines Motors ohne Nebenschlußregler zu verändern. Es bot in Wirklichkeit bei gewöhnlichen Maschinen keinen Vorteil. In alten Lehrbüchern war es erwähnt worden, aber in den neueren Auflagen nicht mehr, weil es keine praktische Bedeutung hatte. Jetzt aber war ein neues Problem aufgetaucht, die Verhinderung des Umpolens bei Schweißmaschinen, die mit kleinem Strom betrieben wurden, und gerade bei der Querfeldmaschine brachte die Verwendung des Regulierpoles ungeahnte Vorteile.

Zu Ende des Jahres 1927 schrieb ich für den Wiener elektrotechnischen Verein einen Vortrag über diese Maschine und fand, daß das Publikum von den früheren Veröffentlichungen meist nur die Auszüge kannte, die in Lehrbüchern veröffentlicht worden waren. Deshalb sammelte ich die alten und neuen Veröffentlichungen und gab sie unter dem Titel „Die Gleichstrom-Querfeldmaschine“ im Jahre 1928 heraus. Das Buch fand großen Anklang bei allen Konkurrenten. Von da an gab es kaum eine Patentamtseingabe, in der nicht Veröffentlichungen aus diesem Buche zitiert wurden, entweder bei Einsprüchen gegen eine meiner Anmeldungen oder zur Unterstützung des Anspruches eines Konkurrenten. Ich glaube, daß Politiker mehr als andere Leute daran gewöhnt sind, daß ihre Gegner die eifrigsten Leser ihrer früheren Reden und Bücher sind.

1928 gab es in Wien einen Schweißkongreß, bei dem ich über automatische Schweißung sprach. Viele Fachleute besuchten unsere Fabrik in Weiz und überzeugten sich von unseren Fortschritten.

Dies wiederholte sich im Jahre 1930, als der Verein deutscher Ingenieure in Wien eine Hauptversammlung abhielt, bei der ich über geschweißte Brücken und Kräne und deren behördliche Genehmigung berichtete. Wir hatten viel Besucher aus allen Teilen der Welt. Die Fabrik war Schule und Ausstellung.

Ausstand.

Im Jahre 1928 hatte ich die unangenehme Erfahrung eines Arbeiterausstandes, der nur die „ELIN"-Fabrik betraf. Bis dahin hatten Bewegungen wegen Änderung der Löhne und Anstellungsbedingungen sich auf die ganze metallverarbeitende Industrie Steiermarks bezogen und meist konnte ich mit jenen Arbeitgebern stimmen, die für eine Erhöhung der Löhne war. Auch wenn es manchmal zu kurzen Ausständen kam, blieben die persönlichen Beziehungen mit Arbeitern und Angestellten gut. Im Jahre 1928 hingegen wurden besondere Forderungen in unserer Fabrik allein vorgebracht, weil der Beschäftigungsgrad bei uns besser war als der in anderen Fabriken. Ein neuer Gewerkschaftssekretär aus Graz zeigte sich etwas überheblich, remonstrierte sofort am Anfang der Verhandlungen gegen eine meiner Bemerkungen und brach die Verhandlungen ab. Ich mußte am gleichen Abend nach Wien fahren, um am nächsten Tag einer Sitzung beizuwohnen, und erwartete keine Folgen von diesem unbegründeten Abbruch der Verhandlungen, aber am nächsten Morgen wurde ich überall in Wien gesucht, um die Mitteilung zu erhalten, daß die Arbeiter in Ausstand getreten waren. Der Ausstand dauerte drei Wochen. In einem kleinen Ort ist so etwas viel unangenehmer als in einer großen Stadt. Überall ist man von den Streikenden und ihren Verwandten umgeben, die durch den Ausstand leiden. Die Familienmitglieder sehen überall saure Gesichter, während sie sonst an freundliche Blicke gewöhnt sind. Wenn ein solcher Zustand lange dauert, dann ist er wohl recht unangenehm. Aber hier erfolgte eine friedliche Regelung.

Bis zum Herbst 1922, als der Geldwert dauernd fiel, war es natürlich, daß Löhne und Gehälter monatlich neu geregelt werden mußten. Die größte Erhöhung folgte aber nach der Stabilisierung des ausländischen Wechselkurses: die Preise der Lebensmittel und Rohstoffe im Land erreichten erst allmählich ihren höchsten Stand. Einem Wechselstromtechniker ist die Phasenverschiebung zwischen Spannung und Strom nichts Neues, aber bei wirtschaftlichen Problemen gibt es viele Leute, die ihr mit vollem Unverständnis gegenüberstehen. Aber ob ein Arbeitgeber das Phänomen versteht oder nicht, muß er sich vor den Tatsachen beugen. Man hatte nach englischem Vorbild einen Index aufgestellt, in den monatlich die Preise aller Lebensmittel und Bedarfsartikel eingetragen wurden, und die Löhne und Gehälter wurden gemäß dem Index erhöht.

Man hatte gehofft, daß dadurch alle Streitigkeiten beseitigt und der gerechte Lohn automatisch bestimmt würde. Aber es war nicht so, und der Index zeigte unerwünschte Nebenwirkungen. Er diente den Geschäftsleuten dazu, um ihnen zu zeigen, wieviel sie die Preise erhöhen könnten. In einem kleinen Ort fanden es die Geschäftsleute ganz natürlich, daß sie bei Erhöhung der Löhne für ihre Waren mehr verlangen konnten. Im Verlauf der Zeit waren auch Arbeiter und Beamte naturgemäß nicht damit zufrieden, die Entbehrungen fortzusetzen, die in den Zeiten der Not selbstverständlich waren, und brachten, unabhängig vom Index, neue Forderungen vor. Im allgemeinen fand man eine friedliche Lösung; wenn es zum Kampfe kam, war es die Schuld ungeschickter Unterhändler.

Internationale elektrotechnische Kommission.

Im Jahre 1927 fand eine Versammlung der Internationalen elektrotechnischen Kommission in Bellagio am Comosee statt, gefolgt von einer Rundreise der Kommission durch viele Städte Italiens. Die augenblicklichen Resultate in der Aufstellung internationaler Regeln und Normalien waren nicht sehr bedeutend, aber das Zusammentreffen mit bedeutenden Fachleuten aus allen Ländern und ihren Familienmitgliedern war höchst erfreulich. Gerade damals veröffentlichte die englische technische Presse die endgültige Entscheidung des House of Lords über den Patentprozeß zwischen Metrovick und British Thomson-Houston und die Bestätigung der Gültigkeit meines Patentes für selbstsynchronisierende Synchronmaschinen, und viele Leute sprachen mit mir über die Angelegenheit. Aber bekannter war ich noch als „Vater des Rosenbergmädels". In der Gesellschaft war eine große Zahl junger Mädchen, italienischer und auswärtiger. Meine Frau und Tochter und die Damen im allgemeinen hatten allen Grund, mit dem Erfolg der Versammlung zufrieden zu sein, und wir sahen viel von der wunderbaren Landschaft, der Kunst und Geschichte Italiens. Marconi war ein wichtiger Teilnehmer der Versammlung. Ihr Präsident war Guido Semenza, der 21 Jahre früher in England als Redner geglänzt hatte; aber jetzt war er sehr krank, und eine Lautsprecheranlage war installiert worden, um seine Stimme vernehmlich zu machen. Die folgende Internationale Versammlung erlebte er nicht mehr. „The Great Old Man" der Versammlung war Crompton, der in privater Unterhaltung von seinen Jugenderfahrungen in Indien und Wien berichtete, wo er 40 Jahre früher die erste Beleuchtungsanlage für die Hoftheater aufgestellt hatte. Gleich interessant waren die folgenden Versammlungen: 1930 in Skandinavien mit einem Ausflug zu den Lofoten-Inseln, wo man Anfangs Juli um Mitternacht die Sonne bewundern konnte, und 1935 in Holland und Belgien. Das Wichtigste war immer das Zusammentreffen mit Freunden aus allen Teilen der Welt. An der Zusammenkunft in Skandinavien nahm Colonel Crompton auch teil, aber er war viel ruhiger geworden.

Unmittelbar vor der Zusammenkunft in Skandinavien wurde in Berlin die Weltkraftkonferenz von 1930 abgehalten. Für die meisten Besucher war die größte Neuheit die gleichzeitige Übertragung einer Rede in mehreren Sprachen, wie sie schon früher beim Völkerbund in Genf zur Anwendung gekommen war. Während ein Redner einen Vortrag hielt, sprachen Übersetzer mit leiser Stimme in drei verschiedene Mikrophone und jeder Zuhörer konnte sein eigenes Telephon mit einer der drei Linien verbinden.

In der Kroll-Oper wurden die großen Versammlungen abgehalten, in deren einer Einstein sprach. Oskar v. Miller führte den Vorsitz und beglückwünschte die Anwesenden dazu, daß sie sich rühmen könnten, Einstein gehört zu haben, wenn sie vielleicht auch seine Theorie nicht verstanden. Bei dieser Versammlung war Miller „The Great Old Man". Er hatte schon im Jahre 1882 eine elektrische Kraftübertragungsanlage ausgestellt und war beteiligt an der berühmten Drehstromhochspannungsübertragung von Lauffen nach Frankfurt bei der Ausstellung im Jahre 1891. Er war der führende Geist des technischen „Deutschen Museums" in München und einer der maßgebenden Männer bei der Errichtung der Wasserelektrizitätswerke in Süddeutschland nach dem Kriege von 1918. In sehr fortgeschrittenem Alter unternahm er eine Reise um die Welt.

Die Reise durch Dänemark, Schweden und Norwegen zeigte hervorragende Beispiele von Wasserkraftausnützung. Solche hatten auch in Italien nicht gefehlt. Bei einer hoch im Norden gelegenen norwegischen Station ereignete sich ein komischer Zwischenfall. Nach Besichtigung des Kraftwerkes, dem das Wasser eines großen Gletschers zufloß, vergnügten sich mehrere der Besucher damit, in der heißen Mittagssonne im kalten Wasser zu schwimmen. Wir glaubten, daß alle wieder an Bord seien und unser Schiff „ZETA" hatte schon eine hübsche Strecke des Rückweges zurückgelegt, als einer der polnischen Ingenieure mit der Nachricht kam, daß einer seiner Kollegen fehlte. Dem Kapitän blieb nichts anderes übrig als zurückzukehren und nach dem Fehlenden Ausschau zu halten. Als man ihn von der Ferne wohlbehalten sah, wandelte sich die Besorgtheit in Unwillen über die unnötige Verzögerung, die durch ihn verursacht worden war. Aber er zeigte sich durchaus nicht reuig und bemerkte abweisend, es wäre ganz unnötig gewesen, seinetwegen zurückzukehren, er hätte seinen Weg nach Süden auch allein gefunden. Er war ein hübscher, junger Mensch, und der Unwillen der Damen legte sich bald. Einige Jahre später traf ich ihn in Warschau, wo er die Stelle eines Sekretärs des Ingenieurvereines bekleidete. Da gestand er mir, daß er bei seinem Ausflug fast ohne Geld gewesen sei, nicht einmal eine Weste anhatte und daß es wohl etwas schwierig gewesen wäre, das nächste Schiff nach

Süden abzuwarten, das vielleicht erst in einem Monat erwartet wurde.

Zu Anfang 1930 feierte der Elektrotechnische Verein, Berlin, das fünfzigste Jahr seiner Gründung und ernannte verschiedene auswärtige Elektrotechniker zu Ehrenmitgliedern und korrespondierenden Mitgliedern. Ich war einer von den letzteren. Miller, Georges und Feldmann von der alten Garde waren anwesend, und Feldmann berichtete über den kalten Empfang, den die Herzog-Feldmannsche Berechnungsmethode für Leitungsnetze zuerst an manchen Stellen gefunden hatte. Ich hatte gemäß der Tagesordnung der Versammlung gehofft, auch Thury persönlich kennenzulernen, aber er erschien nicht und sein Vortrag wurde von Sulzberger vorgelesen.

Vorträge in Rußland.

Im Jahre 1929 wurde ich eingeladen, in Moskau und Leningrad Vorträge über Schweißung und über meine Zugbeleuchtungsdynamo zu halten, die in Rußland sehr verbreitet war. Ich hatte zum ersten Mal in meinem Leben Gelegenheit, das Innere von Rußland zu sehen. Ich hielt meine Vorträge deutsch und sie wurden Absatz für Absatz ins Russische übersetzt. Wenn der Vortragende einen Scherz macht, kann er deutlich sehen, welche Zuhörer seine Sprache verstehen: sie lachen sofort, die anderen erst, wenn der Übersetzer den Scherz gebracht hat. Ein Vortrag mit der Diskussion dauerte ungefähr drei Stunden, aber die Zuhören waren an so lange Dauer der Versammlungen gewöhnt. Die Reise interessierte mich sehr und ich sah auch mehrere Fabriken, in denen dem Anschein nach ordentlich gearbeitet wurde. Die Fabrikation am laufenden Band zeigte aber deshalb keinen großen Vorteil, weil Teile fehlten, insbesondere Kugellager. Sie kamen von auswärts und waren noch nicht angeliefert. Wahrscheinlich war zwischen den verschiedenen Regierungsstellen eine Meinungsverschiedenheit entstanden, ob solche Teile aus dem Ausland bezogen werden müssen. In Rußland zeigte man damals das eifrigste Bestreben, überall die elektrische Schweißung einzuführen, und es wurden dafür auch ausländische Fachleute verpflichtet. Sie fanden aber große Schwierigkeiten durch das Fehlen von Materialien, die nicht leicht zu beschaffen waren.

Typhus.

Im Sommer 1924 wurde meine älteste Tochter typhuskrank. Es konnte nicht ermittelt werden, woher die Ansteckung kam, aber der Typhus starb in Weiz niemals aus. 1930 traten 60 Fälle der Krankheit auf, eine erschreckend große Zahl an einem kleinen Ort. Alle möglichen Vermutungen nach dem Erreger der Infektion tauchten auf: einige Leute wurden als Bazillenträger angesehen, die neue Wasserleitung wurde angeklagt, ebenso das städtische Bad, ein offener Zweig des Weizbaches wurde verdächtigt und die Einwölbung dieses Kanals gefordert. Die Projekte, die Hilfe bringen sollten, waren sehr kostspielig, und die Landesregierung sollte die Mittel aufbringen. Sie sandte einen ärztlichen Sachverständigen, der die Fälle aufmerksam untersuchte und nach genauer Prüfung der Lokalitäten, in denen der Typhus aufgetreten war, zum Schluß kam, daß es weder an der Wasserleitung noch an den anderen Gewässern liegen könne. Er schickte eine Pflegerin nach Weiz. Niemand war damit zufrieden, in Weiz gab es genug Pflegerinnen und Ärzte. Aber sechs Monate später hatte der Typhus aufgehört. Die Pflegerin, eine taktvolle und verschwiegene Frau, arbeitete vollkommen unaufdringlich. Sie sprach vertraulich mit jeder Person, bei der die Möglichkeit bestand, daß sie ein Bazillenträger sei, und belehrte sie, wie sie sich reinigen und verhalten müßte, um die Weiterverbreitung der Infektion zu verhindern, im Falle daß sie wirklich eine Bazillenträgerin wäre, und zeigte ihr, daß sie bei richtigem Verhalten ihren Beruf ruhig fortsetzen könne. Alle Leute, die mit dem Melken und der Milchlieferung zu tun hatten, die Köchinnen in Speisehäusern, die Angestellten von Lebensmittelläden wurden von ihr besucht und belehrt und niemand war beleidigt. Obwohl hinter ihr keine staatliche Macht stand, hatte sie vollen Erfolg. Die Pflegerin schied so unauffällig wie sie gekommen war und der Typhus kam nicht wieder.

Ein Weizer Arzt, dem ich meine Verwunderung ausdrückte, daß diese einfache Frau etwas erzielt hatte, was die Ärzte durch Jahre hindurch vergeblich erstrebten, bestritt, daß der kausale Zusammenhang zwischen der Tätigkeit der Pflegerin und dem Aufhören der Typhuserkrankungen erwiesen sei. Epidemische und endemische Krankheiten entstehen und vergehen oft ohne sichtbaren Grund.

Politische Störungen.

Der 15. Juli 1927 war ein Schicksalstag für Österreich, dessen Nachwirkungen zu jener Zeit nicht ermessen werden konnten. In Wien gab es eine Demonstration wegen des freisprechenden Verdiktes bei einem Geschworenengericht, das die Sozialdemokraten nicht billigten. Bei dieser Demonstration wurde der Justizpalast angezündet und die Feuerwehr am Löschen verhindert, weil die Demonstranten fürchteten, daß die Wasserschläuche gegen sie selbst gerichtet würden. Dann verwendete die Polizei Feuerwaffen, und es gab eine Zahl von Todesopfern, wie sie bisher bei keiner Volkskundgebung je zu verzeichnen war. Es wurde niemals aufgeklärt, wer den Brand gestiftet hatte. Bis dahin hatten die Führer der Sozialdemokratischen Partei es immer verstanden, bei Kundgebungen strenge Disziplin zu halten, sogar in der verzweifelten

Lage der Revolution und der Hungersnot. Die Folgen dieser Tat waren verhängnisvoll für die Partei, die mehr als ein Drittel der österreichischen Bevölkerung und die Mehrheit der Bevölkerung von Wien repräsentierte. Eine bisher unbedeutende kleine Partei, die Heimwehr, erfuhr dadurch eine außerordentliche moralische Stärkung und formte ein Parteiheer mit Waffen und militärischer Organisation, um die Heimat zu schützen. Die Sozialdemokraten stärkten ihrerseits den Schutzbund, der die Arbeiter gegen die Heimwehr schützen sollte.

Ich hatte Wien am frühen Morgen des 15. Juli im Eisenbahnzug verlassen, als noch alles ruhig war, und hatte meine Reise in Wiener-Neustadt unterbrochen, um die elektrischen Lokomotiven anzusehen, die „ELIN"-Monteure in der Wiener-Neustädter Lokomotivfabrik mit elektrischer Einrichtung versahen. Noch ehe ich die Fabrik verließ, erfolgte eine Arbeitseinstellung, aber es wurde nicht gesagt, warum. Der Mittagszug war sehr verspätet, und einige Passagiere kannten einen Teil der Geschehnisse. Der Zug fuhr nur bis Bruck an der Mur, ungefähr 50 km nördlich von Graz. Glücklicherweise hatte meine Frau davon Kenntnis, daß sich etwas ungewöhnliches vorbereite und holte mich mit einem Automobil in Bruck ab. Es brach ein Generalstreik aus, der aber nur von kurzer Dauer war. Einer der Führer der Sozialdemokratischen Partei, der in Genf in Fühlung mit ausländischen Parteigenossen war, kehrte im Flugzeug nach Wien zurück und veranlaßte den Abbruch des Streikes, der auch befreundeten Parteien des Auslandes unsympathisch war. Dieser Tag leitete ein trauriges Kapitel in der Geschichte Österreichs ein.

Die Heimwehren wurden so mächtig, daß sie dachten, sich den Luxus einer Spaltung leisten zu können. Im Jahre 1931 versuchte ein Flügel der Partei einen Staatsstreich, wurde aber von dem anderen Flügel im Stich gelassen. Meine Frau und ich waren gerade auf Urlaub in Athen und im Begriff, zu Schiff nach Istanbul zu fahren. Zum Abschied teilte uns der „ELIN"-Vertreter Dr. Demosthenes Hadziannaky aus der griechischen Tageszeitung zwei unglaubliche Neuigkeiten mit: Die mißlungene österreichische Revolution und das Aufgeben des Goldstandards durch England.

Für Österreich war der Fall des englischen Geldes ein größerer Schlag als der Fall der Creditanstalt in Wien, der einige Monate vorher großes Aufsehen gemacht hat.

Aber auch andere interessante Nachrichten kamen von Wien, nicht sensationell, aber für das Gemüt bestimmt. In diesem Jahr hatte der Winter ungewöhnlich früh eingesetzt. Die Schwalben hatten noch nicht ihren Flug nach Süden angetreten und Tausende gingen durch den Frost zugrunde. Der Wiener Tierschutzverein sammelte die schwachen Vögel, die noch keine guten Flieger waren, und sandte sie mit Flugzeugen nach Venedig oder mit Schnellzügen nach

Istanbul. Es hieß, daß die Vögel in gutem Zustand angekommen waren.

Der mißlungene Staatsstreich hatte keine bedeutenden unmittelbaren Folgen. Einige Führer wurden angeklagt, aber die Urteile waren sehr mild, wie meistens bei politischen Vergehen vor österreichischen Geschworenen.

Viel schlimmer war die Depression, die die Finanzkrise mit sich brachte. Ich bezweifle, daß die angewendeten Mittel die Industriekriese milderten: Löhne und Gehälter wurden verringert und möglicherweise wurde dadurch die Krise sogar verschärft. Unsere Schweißabteilung hatte weiter gute Aufträge, aber Elektrizitätswerke wurden nicht gebaut oder vergrößert und die Elektrifizierung der Vollbahn wurde verlangsamt, so daß starke Entlassungen von Arbeitern und Angestellten folgten. In anderen elektrotechnischen Fabriken war dies noch schlimmer als in Weiz.

Die Depression dauerte eine lange Zeit. Ende 1935 besuchte ich Schweizer Fabriken, in denen wenig Arbeit zu sehen war. Im Frühjahr 1936 besuchte ich mit meiner Frau die Vereinigten Staaten. Man hatte uns erzählt, daß dort schon wieder eine Konjunktur beginne, aber wir sahen nichts davon. Die große Lokomotivfabrik von Baldwin in Philadelphia beschäftigte statt zehntausend nur wenige hundert Arbeiter und die Bahnmotorenabteilungen der elektrischen Fabriken waren leer, wie ich ähnliches noch nicht gesehen hatte. Eine wichtige Phase der Elektrifizierung der Pennsylvania-Bahn war zu Ende gekommen, und es entstand eine große Leere.

In Österreich führte die Depression zu dauernder Schädigung. Die Arbeitslosigkeit großer Massen schafft den Boden für politische Abenteuer. Im Februar 1934 hörte man eines Mittags um 1 Uhr die Radiomeldung, daß die Autonomie der Stadt Wien suspendiert und die Stadt unter die Verwaltung eines Ministers gestellt worden war. Am Nachmittag, um 2 Uhr, wurde ein Ausstand der Arbeiter und Beamten in der Weizer Fabrik ausgesprochen. Während der Nacht blieben die Leute in der Fabrik. Außerhalb der Fabrik wurde geschossen. In der Früh hörte man, daß die Arbeiter mit Blechtafeln einen gewöhnlichen Bahnlastwagen in einen „Panzerwagen“ verwandelt hatten. Mit Waffen waren sie zum Bahnhof gefahren und hatten unzählige Gewehrschüsse gegen das Polizeihaus gerichtet. Einer von den freiwilligen Helfern der Polizei war getötet worden.

Ich hatte sonderbarerweise während der Nacht gut geschlafen. In der Fabrik meldeten mir die Angestellten (von denen sehr viele Sympathien mit den Nationalsozialisten hatten), daß sie sich von den Arbeitern getrennt hatten. Innerhalb der Fabrik führten die Leute Waffen. Außerhalb war Heimwehr mit Waffen, und es wurde mir die Absicht mitgeteilt, die Fabrik zu stürmen, manche sprachen sogar von der Anwendung von Artillerie.

Ein junger Beamter der Bezirkshauptmannschaft, namens Gerdes, hatte die ganze Nacht gewacht. Ich schlug ihm vor, mit mir in die Fabrik zu gehen und mit den Arbeitern zu verhandeln. Er stimmte sofort bei. Ein Gendarmeriebeamter in Uniform wollte uns begleiten, aber ich bat ihn, davon abzusehen, und wir zwei allein marschierten in die belagerte Festung. Später hörte ich, wie gut es gewesen war, daß ich auf die bewaffnete Begleitung verzichtet hatte. Die Leute auf dem Fabriksdach hatten Auftrag, zu schießen, wenn Bewaffnete sich nahten. Glücklicherweise wurde Blutvergießen vermieden. Die Leute sahen, daß sie die Partie verloren hatten und verließen die Fabrik unter der Bedingung, daß sie nicht unmittelbar eingesperrt würden. Zuerst wollten sie die Bedingung stellen, daß sie beim Verlassen des Werkes nicht untersucht würden, was bedeutete, daß sie ihre Waffen mitnehmen könnten, aber bestanden nicht auf dieser Bedingung. Die Waffen wurden in der Fabrik gelassen; einige Leute wurden nachher eingesperrt und bei Gericht angeklagt, aber in Weiz geschah nicht viel. Die Arbeit wurde fortgesetzt wie immer, einige der Anführer flohen. Die Grenze war nicht weit. In Wien wurden reguläre Schlachten geschlagen und Häuser mit Artillerie belagert. Tausende von Menschen wurden getötet. Auch an anderen Stellen wurde tagelang gekämpft. Einige sozialdemokratische Führer wurden durch Kriegsgerichte zum Tod verurteilt und gehängt. Ein Gewerkschaftssekretär in Graz, mit dem wir öfter verhandelt hatten, wurde lediglich wegen des Besitzes einer Waffe gehängt. Man wollte zeigen, daß die Führer nicht straflos ausgingen. Der wirkliche Führer dieser Revolte versteckte sich in den Wäldern und wurde erst am nächsten Tag gefangen und gehängt. Hätte man ihn am Tag vorher erwischt, so wäre der Gewerkschaftsfunktionär in Graz mit dem Leben davongekommen.

Trotz der blutigen Kämpfe, die durch schreckliche Irrtümer beider Parteien verursacht worden waren, schien bald Beruhigung Platz zu greifen. Aber eines Tages im Juli 1934 gab es wieder eine aufregende Mittagmeldung im Radio. Es hieß, der Kanzler Dollfuß sei zurückgetreten und der frühere Landeshauptmann Steiermarks, Dr. Rintelen, wäre an seine Stelle getreten. Unmittelbar nach dieser Nachricht war Lärm, dann Stille und dann wurden stundenlang Walzer gespielt. Keine Nachricht folgte.

Rund um die Fabrik marschierten Leute mit dem nationalsozialistischen Abzeichen auf, das seit Monaten verboten war. Sie hatten Gewehre und arretierten einzelne von den Beamten, die als Heimwehrleute bekannt waren. Die Arbeiter setzten ihre normale Beschäftigung fort; sehr wenige von ihnen gehörten zur Partei der Nationalsozialisten. Später am Nachmittag wurde es bekannt, daß die Nationalsozialisten einen Putsch auf die Wiener Radiostation vorgenommen hatten und daß ihre Mitteilungen nicht den Tatsachen entsprachen. Die Weizer Naziführer, die den Bezirkshauptmann und einige seiner Anhänger arretiert hatten, begannen zu unterhandeln und gaben ihre Gefangenen frei. Spät bei Nacht erfuhr man durch das Radio, daß Dollfuß ermordet worden war. In Steiermark und in Kärnten dauerten blutige Kämpfe zwischen den Nationalsozialisten auf einer Seite und den regulären Truppen und den Heimwehren auf der anderen mehrere Tage lang. Mussolini sammelte Truppen an der italienisch-österreichischen Grenze und drohte, in Österreich einzumarschieren, falls deutsche Truppen nach Österreich kämen. Um dies zu vermeiden, unterstützte Deutschland die österreichischen Nazis nicht und der Kampf endete zu Gunsten der österreichischen Regierung unter Schuschnigg. Von den Fabriksbeamten wurden einige arretiert, andere flohen nach Deutschland.

Meine Tochter Maria, die in London einen Posten hatte, telephonierte sofort, als sie vom Aufstand hörte und kam nach Hause, um ihren Eltern nahe zu sein. Sie kam spät nachts mit der Eisenbahn in Graz an, und wir holten sie mit einem Automobil ab. Nahe unserem Hause wurden wir von sieben Mann mit aufgepflanztem Bajonett aufgehalten und durften erst dann passieren, als sie sich überzeugt hatten, daß wir keine feindlichen Zwecke verfolgten. Es war ein sonderbarer Willkommensgruß, aber zu dieser Zeit mußten Schildwachen mißtrauisch sein. Wir brachten dann einige Tage am Wörthersee in Kärnten zu.

In diesen Tagen fuhr ich mit einem Ingenieur aus Süd-Afrika, der an Eisenbahntraktion interessiert war, nach Wien, und Wien machte einen merkwürdigen Eindruck. Die Stephanskirche war durch eine Kette von Polizei und Militär im weiten Umkreis abgesperrt. Die Leute, die Dollfuß getötet hatten, sollten an diesem Tag gehängt werden, und die Nationalsozialisten hatten gedroht, die Stephanskirche und den erzbischöflichen Palast in die Luft zu sprengen. Auch das Landesgericht, wo die Exekution stattfinden sollte, war in der gleichen Weise abgesperrt. Der Fiakerkutscher, der uns durch die Straßen führte, erklärte all dies und erzählte uns auch, daß der Präsident der deutschen Republik, Hindenburg, gestorben sei oder im Sterben liege.

Während dieser stürmischen Zeiten gab es plötzliche Verschiebungen in den Ämtern, mit denen Industrielle zu tun hatten. In der Verwaltung der Bundesbahnen wechselten mehrmals in wenigen Jahren die Leiter und maßgebenden Beamten. Die sozialistischen Bürgermeister von Wien und Graz wurden im Februar 1934 abgesetzt. Im Juli wurde Rintelen, früher Landeshauptmann von Steiermark und Gesandter in Italien, ein maßgebender Politiker, unter der Anschuldigung eingesperrt, an Dollfuß' Tod beteiligt zu sein, versuchte Selbstmord, wurde zum Tode verurteilt und die Todesstrafe in lebenslängliche Kerkerstrafe verwandelt. Alle diese Leute hatten mit uns gearbeitet bei der Elektrifizierung der Eisenbahnen und Wasserkräfte.

Aber die Arbeit dauerte fort. So wie Bauern während Krieg, Revolution und Aufständen fortfahren zu pflügen, zu säen und zu ernten, so ging die Arbeit in der Fabrik weiter.

Umpolschutz.

Im Frühjahr 1936 arbeitete ich eine Vorrichtung aus, die den Zweck hatte, zu verhindern, daß reihenschlußerregte Stromerzeuger sich umpolen, wenn zwei Arbeiter, die am selben Arbeitsstück schweißen, ihre Elektroden zur gegenseitigen Berührung brachten. Es wurde ein permanenter Magnet verwendet, der einen mäßigen magnetischen Fluß führt und umgeben ist von einem Rohr aus weichem Stahl, das den größten Teil des Flusses führt und einen Luftspalt enthält. Wenn durch falsche Handhabung von Seiten der Schweißer Strom von einer der Maschinen die andere umpolen will, so fließt der umgekehrte Magnetfluß ohne Schaden durch das Rohr aus weichem Stahl und dessen Luftspalt und es erfolgt keine Umpolung des permanenten Magneten. Wenn dann die falsche Verbindung unterbrochen ist, so bewirkt der permanente Magnet wieder einen korrekten Aufbau des Magnetfeldes in der Maschine. Eine neue magnetische Legierung, die in Japan entdeckt worden war, ermöglicht diese Anordnung ohne allzugroße Kosten. Die gleiche Anordnung kann auch für Erregermaschinen großer Generatoren angewendet werden, bei denen eine Umpolung durch andere Ursachen vorkommen kann.

Vorher waren von Projektierungs- und Verkaufsingenieuren der Schweißabteilung viele unausführbare Vorschläge zur Verhinderung der Umpolung gemacht worden. Ich habe aber oft die Erfahrung gemacht, daß ein Vorschlag von Seiten eines Kunden, eines Verkäufers oder eines Mitarbeiters wohl nicht ausführbar war, aber einen guten Kern enthielt. Oft kann der beabsichtigte Zweck dann in anderer Weise erreicht werden.

Es gibt Leute, die der Meinung sind, daß die Verkaufsabteilung stets befragt werden solle, ehe eine neue Maschine oder ein Apparat zur Einführung gelangt. In manchen Fällen ist dies möglich, in anderen würde es zu keinem Ziele führen. Ehe eine neue Maschine wirklich in Betrieb ist, und zwar nicht nur in einigen Probeexemplaren, sondern in größeren Quantitäten, kann der Konstrukteur selbst ihre Eigenschaften nicht kennen. Es können nach längerer Betriebszeit verborgene Fehler und verborgene Vorzüge zu Tage kommen. Wenn man sich dann auf eine Abstimmung der Verkäufer berufen würde, würde mit Recht geantwortet: „Vor der Abstimmung habt ihr uns nichts von den Eigenschaften der Maschine erzählt, die sich erst jetzt gezeigt haben.“ Auch aus einem anderen Grund darf man den Wert einer solchen Abstimmung nicht überschätzen. Manche Verkäufer sind konservativ und unnötigen Neuerungen nicht zugetan; aber vielleicht die große Mehrzahl ist eifrig dahinter her, Schlagworte zu hören, um auf Besonderheiten der Maschine hinzuweisen, die sie vor den Konkurrenzfabrikaten auszeichnen. Oft sind es Besonderheiten ohne wirklichen technischen Vorteil. Der Konstrukteur und der Fabrikleiter sollen die Meinungen der Verkäufer wägen und nicht zählen. Überall gibt es Menschen mit gesunden Ideen. Besonders soll man die Ziele beachten, die kluge Verkäufer erreichen wollen.

Bald nach der Einreichung der Anmeldung für den Umpolschutz im Juni 1936 fuhr ich mit meiner Frau nach Amerika. Es war ihre erste und letzte Reise dorthin, während ich die Vereinigten Staaten zum dritten Mal sah. Die Reise von Le Havre auf der „Manhattan" begann unter keinem günstigen Stern. In Frankreich war ein „Teilweiser Generalstreik" und wir hatten keine Zeitungen. Wir mußten in Le Havre neun Stunden auf eine nach New York bestimmte Goldsendung von Paris warten. Es wurde mir gestattet, während der Wartezeit die Werke der Compagnie Electromécanique anzusehen, die früher der französischen Westinghouse Co. gehört hatten. Die Arbeiter waren auf ihren Plätzen, aber arbeiteten nicht. In Frankreich, in England und in Irland erhielten wir an diesem und dem folgenden Tag keine Zeitungen und ich wußte nichts davon, daß der Generaldirektor Van Henkel der reorganisierten Creditanstalt in Wien bei einem Flugzeugunglück seinen Tod gefunden hatte. Van Henkel hatte kurz vorher die Fabrik in Weiz besucht.

Die Reise in die Vereinigten Staaten brachte sehr viel Interessantes. Manche Fabriken waren leer, aber Schweißwerke hatten viel zu tun und führten hochinteressante Arbeiten aus. Die Fabrik von A. O. Smith in Milwaukee war für mich noch viel interessanter als die weltberühmten Automobilfabriken in Detroit. Die kleineren Werke von Wellman in Cleveland und Lukenweld in Coatesville Pa., hatten sich spezialisiert auf Schweißarbeiten und waren ebenso angefüllt mit Arbeit als die Fabriken, die selbst Schweißmaschinen und Elektroden herstellten. Auf den Werften wurde viel geschweißt. Doch wurde streng darauf gesehen, daß nur Besucher mit besonderen Erlaubnisscheinen zugelassen wurden, ein Anzeichen dafür, wieviel ernster die internationale Lage angesehen wurde als die bei meinen früheren Besuchen in den Jahren 1907 und 1913.

In den großen Elektrofabriken sah man Generatoren für Wasserkraftanlagen und andere Arbeit, die die öffentlichen Körperschaften in Auftrag gegeben hatten, um der Arbeitslosigkeit entgegenzuwirken. Man konnte sehen, daß große Synchronmotoren mit Wasserstoffkühlung über das Stadium der interessanten Versuche hinausgewachsen waren und wie große Arbeit auf Versuchsanlagen mit Quecksilberdampf verwendet worden war.

Die Rückreise auf der Normandie zeigte die Entwicklung des turboelektrischen Antriebes der großen Schiffe. Vier Synchronmotore von je 40 000 PS trieben die vier Propeller mit 243 Umdrehungen in der Minute, während die vier großen Turbogeneratoren 2430 Umdrehungen in der Minute machten. Die Frequenz war 81 Perioden in der Sekunde. Ich bin nicht sicher, ob diese Frequenz unter den hundert verschiedenen in England ausgeführten Frequenzen enthalten war, ehe die Frequenz normalisiert wurde: aber ein Schiff von mehr als 80 000 Tonnen und mit einer Leistung von 160 000 PS kann sich ohne Rücksicht auf andere Verwendungen den Luxus gestatten, eine ungewöhnliche Frequenz zu wählen, die in dem einen Fall die besten Verhältnisse gibt.

Patentprozesse.

Durch fast drei Jahre wurde in Österreich und Deutschland über das Hauptpatent der Regulierpoldynamo gekämpft. Und erst zu Ende des Jahres 1937 wurde die Sache in beiden Ländern endgültig entschieden: die Patente mit allen ihren Ansprüchen wurden voll aufrecht erhalten.

Zum Streit kam es in folgender Art: Siemens-Schuckert in Wien brachte eine neue Schweißdynamo mit einem Regulierpol heraus, den ich für einen Eingriff in mein Patent hielt. Statt die Sache vor ordentlichen Gerichten auszufechten, vereinbarten wir, in Österreich nur das Patentamt und den Patentgerichtshof anzurufen. Beide entschieden, daß mein Patent zu Recht bestand und daß die Konstruktion von Siemens-Schuckert keine Verletzung des Patentes beinhalte. In Deutschland hatte die Beschwerdeabteilung des Patentamtes zuerst eine Beschränkung der Ansprüche beabsichtigt, und es war notwendig, an das Reichsgericht in Leipzig zu berufen. Ich hatte die Berufungsschrift ausgearbeitet und es blieben noch ein oder zwei Tage bis zum Termin, wo sie zu überreichen war. Aber ich war noch nicht ganz zufrieden damit und dachte weiter über eine vereinfachte Darstellung nach bei einem langen Spaziergang, den ich über die Berge unternahm. Dabei fand ich, daß alles sich vereinfachte, wenn man die Betrachtung auf das eine neue Problem konzentrierte, das früher niemals aufgetreten war: die Querfeldmaschine, die sich sonst zum Speisen des Lichtbogens vorzüglich eignete, konnte mit den früher angewendeten Mitteln nicht auf eine kleine Stromstärke eingestellt werden, ohne daß eine fortwährende Umpolung eintrat. Das war wohl in der Patentanmeldung erwähnt, aber die Beschwerdeabteilung des deutschen Patentamtes hatte dies in ihrer Entscheidung nicht beachtet, obwohl sie nicht nur die Patentansprüche, sondern auch die Beschreibung hätte berücksichtigen sollen. Ich hätte mir wohl diesen Punkt für die mündliche Verhandlung beim Reichsgericht in Leipzig vorbehalten können, aber ein solcher Vorbehalt ist nicht immer rätlich. Sachverständige und Richter, die die Akten studieren, fällen meist schon auf Grund dieser ihre Meinung und ändern sie nicht gerne. Manche Leute sind auch nicht dazu imstande, ein neues Argument bei der mündlichen Verhandlung in seiner vollen Tragweite zu erfassen und betrachten es als unangemessene Überraschung, wenn ein solches vorgebracht wird, auch wenn es, wie in diesem Falle, in der Patentbeschreibung enthalten, aber erst jetzt gründlich durchbesprochen wird. So kehrte ich von meinem Bergspaziergang ins Büro zurück und ließ meine Sekretärin und die Postexpedientin suchen. Der Sekretärin bereitete ich eine unangenehme Überraschung; sie hatte sich für einen Ball angezogen, erschien mit einer schönen Frisur und „in voller Kriegsbemalung“, aber sie setzte sich bereitwillig an diesem Samstagabend hin und arbeitete stundenlang an der neuen Eingabe, während an den Patentanwalt ein kurzer Brief abging, daß er die erstgesandte Eingabe nur dann abliefern sollte, wenn die zweite, durch Flugpost folgende unvorhergesehenerweise nicht rechtzeitig eintreffen sollte. Die Sekretärin stellte am Samstag und Sonntag die zweite Eingabe fertig, sie kam zeitgerecht an und beeinflußte zweifellos die Entscheidung.

Die Verhandlung vor dem Reichsgericht gestaltete sich dramatisch. Fünf gelehrte Richter hörten zuerst eine Erklärung des Professors Georges an, der mit Zustimmung beider Parteien vom Gericht als Sachverständiger bestellt worden war. Geheimrat Goerges, früher Professor an der technischen Hochschule in Dresden, war ein allgemein anerkannter Fachmann, beinahe 80 Jahre alt und nicht mehr ganz agil. Sein schriftlich überreichtes Gutachten war der Aufrechterhaltung des Patentes günstig, war aber nicht in allen Einzelheiten ganz klar. Die Gegenseite versuchte daher, seine Meinung zu diskreditieren und hatte einen schlauen Feldzugsplan ausgearbeitet. Als Goerges eben begann, die schriftlich vorgebrachten Einwände der Gegenseite zu seinem Gutachten zu beleuchten, erbat ein von ihrem Wiener Patentbüro eingelangter Helfer Erlaubnis, ihn für eine Minute zu unterbrechen, um einen Punkt aufzuklären. Die Erlaubnis wurde gegeben und nun begann eine Diskussion über einen vollständig unwichtigen theoretischen Punkt, die stundenlang anhielt und den Sachverständigen so verwirrte, daß er der Diskussion nicht mehr folgen konnte. Es war unmöglich, vom Sachverständigen irgend eine weitere Auskunft zu erhalten, und für die Argumente von unserer Seite blieb sehr wenig Zeit. Zuerst sprach unser Anwalt und dann setzte ich in wenigen Worten das hauptsächliche technische Argument auseinander. Dabei hatte ich die Genugtuung zu sehen, daß der juristische Referent auf der Richterbank meine Begründung so genau verstand, daß er mich in einer Einzelheit ausbesserte, und das gab mir Hoffnung, während mein Rechtsanwalt ganz pessimistisch war. Die Richter, die am Abend noch in einer anderen Sache Recht zu sprechen hatten, schlugen uns vor, die Entscheidung für eine Woche hinauszuschieben, um den Parteien Gelegenheit zu geben sich auszugleichen; aber die Gegenseite fühlte sich so sicher, daß ihre Bedingungen unannehmbar waren. Aber sie zogen den Kürzeren. Sie waren zu schlau gewesen. Die Verwirrung des Sachverständigen half ihnen nichts. Die Richter hatten seine schriftliche Meinungsäußerung und der Referent verstand die Angelegenheit.

Daß das Patent noch in so später Zeit durch Berufung auf alte Veröffentlichungen angefochten werden konnte, war nur durch die große Verzögerung in der Patenterteilung zu erklären, die durch die Kjellbergschen Einsprüche hervorgerufen worden war. Nach der damaligen deutschen Patentgesetzgebung konnte ein Patent nur während der ersten fünf Jahre nach der Patenterteilung auf Grund früherer Veröffentlichungen angefochten werden, und die Klage von Siemens erfolgte am letzten Tag des fünften Jahres. Für mich war es sehr interessant, eine Verhandlung beim Reichsgericht in Leipzig zu beobachten und darin zu intervenieren.

Letzte Reise.

Bald nach den erfolgreichen Verhandlungen nahmen meine Frau und ich unseren letzten Urlaub, eine Reise nach Ägypten und Palästina. Ein Herzspezialist, Dr. Donath, hatte mir, nach Untersuchung mit Kardiograph, einige Zeit vorher mitgeteilt, daß sie nur mehr zwei oder drei Jahre zu leben hätte, empfahl aber durchaus nicht volle Ruhe, sondern erklärte sich mit der Reise sehr einverstanden. Die Seereise, Athen, Ägypten und Palästina waren für uns überaus interessant und ihr Gesundheitszustand war über Erwartungen gut.

Bald nach unserer Rückkehr erfolgten in Österreich aufregende Ereignisse. Am 12. Februar 1938 hörten wir im Radio, daß der Kanzler Schuschnigg auf einem Besuch bei Hitler in Berchtesgaden sei. Die Kommentare beider Parteien betreffs des Besuchsresultates waren sehr verschieden.

Am 8. März fuhren wir im Automobil nach Wien, wo verschiedene Dinge zu verhandeln waren. An diesem Abend sah ich Herrn Altmann zum letzten Mal. Dann gingen wir in ein Konzert von Egon Petri, den wir 30 Jahre vorher in Manchester gekannt hatten. Am folgenden Tag wurde es bekannt, daß Schuschnigg am Abend eine wichtige Mitteilung im Radio machen würde, und trotz ihrer Herzzustände, erstieg meine Frau das dritte Stockwerk des Hauses, wo eine Nichte wohnte, um Schuschnigg zu hören, der im Radio eine Volksabstimmung für Sonntag, den 13. März ansagte. Hitler gab ihm keine Zeit dafür, er besetzte Österreich in der Nacht vom 11. auf den 12. Am Morgen des 12. März war überall die Hakenkreuzflagge gehißt, viele Regierungsbeamte und Politiker waren verhaftet. Die Zeiten waren gefährlich für ein schwaches Herz.

Im April mußte ich meine Stellung aufgeben. Wir erhofften gute Erfolge von einer Kur in einem Wiener Sanatorium, aber sie brachte keine Besserung. Wir wollten nach England gehen, aber es dauerte lang, bis wir die Bewilligung erhielten. Zum Schluß wurden Plätze in Flugzeugen von Graz nach Wien und von Wien nach London für den 2. Juli reserviert. Aber am 1. Juli 1938 starb meine Frau und wurde in Weiz begraben, neben ihrer Mutter, die acht Jahre früher gestorben war. Elf Jahre später fand ich das Grab wieder, wohl gepflegt und mit Blumen geschmückt. Es war ein Zeichen dafür, welche Liebe und Verehrung sie genoß.

Auswanderer.

Zwei Tage nach dem Begräbnis meiner Frau flog ich nach London und fühlte mich im freien Lande glücklich. Die Wiederaufnahme meines Berufes hatte ich mir leicht vorgestellt. Ich war in Fachkreisen bekannt, meine Schweißdynamo hatte einen vorzüglichen Ruf; ich erwartete, daß sich die Fabrikanten drängen würden, Lizenz für die Fabrikation einer so gut eingeführten Maschine zu erhalten; als technischer Schriftsteller war ich anerkannt, und es gab manche interessante Dinge, die ich bisher aus Zeitmangel nicht niedergeschrieben hatte. Es kam aber anders als ich es erwartete. Professor Reginald Kapp, den ich als vierzehnjährigen Knaben auf der Yacht seines Vaters auf dem Wannsee bei Berlin kennengelernt hatte, zeigte nicht die Begeisterung, die ich erwartet hatte, als ich erwähnte, ich wäre bereit, das Buch über meine Querfeldmaschine ins Englische zu übersetzen. Er gab mir wohl die Namen zweier Verleger, aber diese fanden die Sache nicht anziehend. In späterer Zeit, als schon der Krieg begonnen hatte, fand ich einmal in einer öffentlichen Bibliothek mein Buch „ELECTRICAL ENGINEERING", erkundigte mich beim Nachfolger des Verlegers über das Schicksal der beiden Übersetzer Kinzbrunner und Gee, hörte, daß beide gestorben seien (eine Angabe, die für Kinzbrunner nicht zutraf, wie ich viele Jahre nachher erfuhr); aber als ich mich erbot, eine Neuausgabe des Buches zu veranstalten, fand ich dazu ebensowenig Bereitwilligkeit wie bei dem anderen Buch.

In der Kriegszeit war kein Papier zu haben, die alten Bildstöcke waren verschwunden, die Anfertigung neuer würde zu viel kosten. Einige Artikel nahm die Zeitschrift „The Engineer" zur Veröffentlichung an, ein Aufsatz „Rosenberg Dynamo with Fixed Polarity" wurde von der Institution of Electrical Engineers angenommen, aber es war doch ganz anders als früher.

Die Suche nach einem Lizenznehmer für die Schweißdynamo erwies sich als weitaus schwieriger, als ich gedacht hatte. Eine Firma wollte nichts mit einem Patent zu tun haben, das einer deutschen Firma gehörte und auch nicht indirekte Abmachungen mit einer solchen Firma schließen. Dann gab es die Erwägung: Wenn es zu einem Krieg kommt, dann wissen wir nicht, was wir im nächsten Monat werden fabrizieren müssen. Wir können nicht eine neue Maschine beginnen, die neue Schnitte, neue Modelle, neue Zeichnungen, neue Arbeitsmethoden erfordert. Die originellste Antwort erhielt ich von Schweißspezialisten, die sich im Herbst 1939 recht eingehend mit der Sache beschäftigten und mit einer Dynamofabrik zusammen arbeiten wollten. Nach eingehender Untersuchung entschieden sie sich dafür, die Sache fallen zu lassen. „Wenn der Krieg wirklich in sechs Wochen zu Ende geht, wie manche Zeitungen schreiben, wozu sollen wir jetzt die Sache beginnen?"

Eines Tages im Frühjahr 1940 wurde ich von einer sehr bedeutenden Dynamofabrik angerufen, die sich ernstlich für die Sache interessierte und in Aussicht nahm, daß ich in ihre Dienste trete. Sie bot mir außer einer Lizenzgebühr einen kleinen festen Gehalt an. Während der ersten Konferenz erschienen die Abendblätter, die über die Ereignisse in Norwegen berichteten, die merkwürdigerweise von den Anwesenden als recht zufriedenstellend angesehen wurden. Bei einer anderen Konferenz erzählte der Exportchef, daß der südafrikanische Vertreter meine Maschine als die beste dort bekannte Schweißmaschine bezeichnet hatte. Ich wurde um meine Meinungsäußerung gefragt und begnügte mich mit dem Wort: „Ich gebe es zu." (I admit it.)

Mir wurde die Fabrik gezeigt und wir wären wahrscheinlich bald zu einer Einigung gekommen, da ja die Maschine nicht nur für Schweißzwecke, sondern auch zur Speisung von Scheinwerfern große Vorteile bot. Aber zu Ende des Frühjahrs kam die Furcht vor einer deutschen Invasion, und es sollten alle Deutschen und Österreicher im Alter unter 70 Jahren interniert werden, auch solche, von denen man genau wußte, daß sie keine Freunde des Hitlersystems waren. Man befürchtete, daß das deutsche Heer bei einer Invasion die Emigranten zu Kundschafterdiensten pressen würde. Ich war damals noch nicht 70 Jahre alt und kabelte an meinen Schwiegersohn nach Barranquilla, ob die Einwanderung möglich wäre. In wenigen Tagen erhielt ich die telegraphische Erlaubnis und fuhr in derselben Woche in einem Convoy nach Jamaika und von dort nach Barranquilla.

Die Fahrt in einem Convoy ist ungeheuer interessant für den, der sie zum ersten Mal macht. Es waren vielleicht 60 Schiffe, die ziemlich langsam nach Westen segelten, ihre gegenseitige Stellung fortwährend veränderten, Schiffsartillerie an Bord hatten und von umkreisenden Torpedobooten begleitet wurden, überwacht von Flugzeugen, die ständig scharfen Auslug hielten. Ich glaubte damals, daß Unterseeboote es nie wagen würden, ein solches Convoy anzugreifen, lernte aber später, daß die deutschen Unterseeboote eine erfolgreiche Technik für solche Angriffe entwickelten. Damals merkten wir nichts von deutschen Unterseebooten und konnten nach Auflösung des Convoys mit erhöhter Geschwindigkeit nach Jamaika fahren. Von dort fuhr ich nach mehrtägigem Aufenthalt in etwa 24 Stunden nach Barranquilla, wo die luxuriöse Nachtbeleuchtung einen wohltuenden Gegensatz zur Verfinsterung in den kriegführenden Ländern darstellte. Nach dreiwöchigem Aufenthalt in Barranquilla ging es nach Bogotá, gelegen auf einer Hochebene 2600 Meter über dem Meere, mit mildem Klima, wo ich dann blieb.

Colombia erzeugt nur wenige elektrische Artikel, und für Fabrikation von Dynamomaschinen interessierte sich niemand. Jetzt hätte ich vielleicht unter anderen Umständen das Kapitel eines Emigrantenromanes zu erzählen, in dem der Held eines Tages seinen letzten Groschen ausgibt, einsieht, daß er jede Arbeit annehmen muß, bei der er sich ein Mittagessen verdienen kann, und es dann nach harter Arbeit und vielen Wechselfällen zum Schluß wieder zu etwas bringt. Aber zu meinem Vorteil oder Schaden kam ich nicht in diese Lage. Fast 30 Jahre vorher war ich eine Lebensversicherung bei einer englischen Gesellschaft eingegangen und hatte diese trotz aller Schwierigkeiten während der Inflationszeit aufrecht erhalten, auch nachdem die Auszahlungstermine schon reif waren. Es war die beste Investition, die ich in meinem Leben gemacht hatte, trotz der Sterlingentwertung zu Anfang der Dreißigerjahre. 1920 machte ich auf einer Donaufahrt von Wien nach Linz die Bekanntschaft eines Funktionärs der Wiener Versicherungsgesellschaft „Anker" und erstaunte ihn durch das Geständnis, daß ich dem „Anker" zu lebenslänglichem Dank verpflichtet bin dafür, daß er im Jahre 1912 in seinen Versicherungsbestimmungen die Klausel gehabt hatte, daß bei überseeischen Reisen die Versicherung erlischt. Zum Unterschied von den meisten Leuten, die Versicherungen abschließen, hatte ich die gedruckten Bestimmungen genau durchgelesen, und die Klausel bewog mich, mich nicht beim „Anker", sondern bei einer englischen Gesellschaft zu versichern. Das war ein Glück, sonst wäre die Versicherung schon im ersten Weltkrieg wertlos geworden. Im Jahre 1938 verbrannte ich wohl die Versicherungspolizzen vor meiner Abreise aus Österreich, hatte aber keine Schwierigkeiten, in London Ersatzpolizzen zu erhalten. So war ich nicht ein mittelloser Emigrant, sondern konnte mich, wenn auch in bescheidener Weise, ohne bezahlte Stellung erhalten. Dies mag ein Vor- oder ein Nachteil gewesen sein, aber in meinem Alter hielt ich den Nachteil nicht für groß.

Ich beabsichtigte einmal, in Bogotá eine Schweißerei-Werkstätte zu eröffnen, aber es wurde mir davon abgeraten und ich beharrte nicht darauf. Ich war bereit zu lehren und gab an der Technischen Fakultät der staatlichen Universität Bogotá durch zwei Semester Vorträge, hauptsächlich um mich im Spanischen zu üben: während eines Semesters über Schweißung, während des zweiten über elektrische Maschinen. Ich fand aber, genau so wie während meiner eigenen Studienzeit, daß Vorträge, die nicht obligat sind und deren Erfolge im Studiennachweis nicht bewertet werden, kein zahlreiches Publikum anlocken. Die Studenten haben mit den obligaten Vorlesungen schon genug zu tun. Das Maximum meiner Zuhörerschaft dürfte ein Dutzend nicht überschritten haben, das Minimum bestand, getreu dem Grundsatz: „Tres faciunt collegium" aus zwei Zuhörern. Aber dies genügte mir, da mein hauptsächliches Interesse in der Ausarbeitung der Vorlesungen bestand.

Im colombianischen Ingenieurverein hielt ich einen spanischen Vortrag, der gedruckt wurde. Und bei den Salesianern wurden sogar meine Vorträge von einigen hundert Schülern besucht und, was noch mehr ist, bezahlt.

Auch als englischer Sprachlehrer betätigte ich mich, teilweise im Austausch gegen Unterricht im Spanischen.

Bei Aufsätzen in spanischer Sprache, die ich teilweise einer Tageszeitung, teilweise einer Universitätszeitung zur Verfügung stellte, machte ich die traurige Erfahrung, daß die Manuskripte verloren wurden und nirgends aufzufinden waren. Einige Artikel wurden mit, einer ohne Namensnennung in der bogotanischen Zeitung „La Razón" veröffentlicht. Meine Lebensgeschichte schrieb ich englisch, dann auch spanisch nieder. Aber von den englischen und amerikanischen Verlegern, die darüber befragt wurden, ob sie ein solches Werk veröffentlichen wollen, lehnten alle höflich ab.

Bei einer Vereinigung der Österreicher in Colombia arbeitete ich mit und leitete die Vortragsabteilung. Sonst machte es mir Vergnügen, auf dem Gute meines Schwiegersohnes nahe Bogotá im Alter etwas von Landwirtschaft und das Reiten zu erlernen. Viel Zeit hatte ich, um Bücher zu lesen, sowohl wissenschaftlicher als literarischer Natur, zu deren Lektüre ich in der Jugend nicht gekommen war. Grillparzer hatte sich einmal darüber beklagt, daß er alle Bücher, die des Lesens wert waren, schon aus seiner Jugend kannte und daß ihm im Alter nur schlechte Lektüre übrig blieb. Ich war glücklicher. Ich las mit Interesse vieles, was ich schon gerne 50 Jahre vorher gelesen hätte, wozu mir aber damals keine Zeit blieb.

Ich selbst konnte den Krieg still und ruhig, ohne große eigene Aufregungen durchleben. Meine Geschwister habe ich leider alle verloren.

Betreffs der Dauer des Krieges habe ich mich als großer Prophet erwiesen. Man ist immer ein großer Prophet, wenn man von 100 eigenen Aussprüchen 99 vergißt und sich, mit oder ohne Absicht, an eine einzige erinnert. Als Ende September 1938 Chamberlain aus München „Peace with Honour" brachte, fühlte ich mich glücklich, daß ich nicht wieder „alien enemy" geworden war, auch wenn vielleicht der Ausbruch des Krieges nur für ein Jahr aufgeschoben wäre. Ein Engländer meiner Bekanntschaft glaubte, daß der Krieg kein großes Unglück und daß er in sechs Wochen vorbei gewesen wäre. Ich erwiderte ihm: „Sagen Sie lieber sechs Jahre, statt sechs Wochen.“ Die sechs Jahre erwiesen sich als richig, allerdings nicht aus den Gründen, die ich damals angenommen hatte. Ich glaubte, daß die Maginotlinie und die Siegfriedlinie eine Stagnation hervorrufen würden, wie sie vom Herbst 1914 bis in den Sommer 1918 geherrscht hatte. Andere Leute hofften 1939, wie ihre Väter im Jahre 1914 gehofft hatten, daß die Soldaten ruhmreich nach Hause zurückkommen würden, „wenn die Blätter fallen“.